Java程序设计基础案例教程

（微课版）

李　洋　主编

清華大学出版社
北　京

内 容 简 介

本书是“Java 应用程序设计”课程的教材，系统地介绍了 Java 桌面程序设计的完整技术体系。本书是作者联合 IT 企业共同开发的，从解决实际问题的角度出发，通过案例教学的形式，针对 Java 程序语言的各知识点设计了多个相互关联的应用案例，将知识点的讲解融入到实际项目中，以任务驱动的方式引导教学，力求使读者在完成案例任务的过程中，全面掌握 Java 编程的基本技能。书中融入了 IT 领域的育人进阶素材，引导读者树立正确的 IT 职业观和价值观。

全书共分为 11 章，包括 Java 简介、Java 语法基础、类和对象、类和对象进阶、常用系统类、异常处理、输入和输出、图形界面编程、多线程编程、数据库编程和网络编程。书中选用的案例由浅入深，代码简洁规范，并配有详细的注释，便于读者理解。本书配有丰富的学习资料（含微课视频、教学课件、案例代码、习题答案等）。本书适合作为高职院校计算机与软件类专业的教材、其他层次院校和培训机构相关专业的 Java 基础开发教材，也可作为 Java 爱好者的参考用书。

图书在版编目（CIP）数据

Java 程序设计基础案例教程. 微课版 / 李洋主编. —北京：清华大学出版社，2022.2
ISBN 978-7-302-59786-5

Ⅰ. ①J…　Ⅱ. ①李…　Ⅲ. ①JAVA 语言—程序设计－高等职业教育－教材　Ⅳ. ①TP312

中国版本图书馆 CIP 数据核字（2021）第 279274 号

责任编辑： 贾小红
封面设计： 飞鸟互娱
版式设计： 文森时代
责任校对： 马军令
责任印制： 曹婉颖

出版发行： 清华大学出版社
网　　址： http://www.tup.com.cn，http://www.wqbook.com
地　　址： 北京清华大学学研大厦 A 座　　**邮　　编：** 100084
社 总 机： 010-83470000　　**邮　　购：** 010-62786544
投稿与读者服务： 010-62776969，c-service@tup.tsinghua.edu.cn
质量反馈： 010-62772015，zhiliang@tup.tsinghua.edu.cn
印 装 者： 三河市龙大印装有限公司
经　　销： 全国新华书店
开　　本： 185mm×260mm　　**印　　张：** 18.25　　**字　　数：** 487 千字
版　　次： 2022 年 3 月第 1 版　　**印　　次：** 2022 年 3 月第 1 次印刷
定　　价： 68.00 元

产品编号：092749-01

前　言

本书是以教育部《国家职业教育改革实施方案》和《职业教育改革提质培优行动计划》为指导，以职业教育“三教”（教师、教材、教法）改革攻坚行动计划为抓手，秉持“产教融合、校企合作”的职业教育理念，联合多家 IT 企业共同策划和精心编撰的成果。本书将企业中的案例按高职学生的学习特点加以改进，引入教程，用通俗、简明的语言深入浅出地介绍了 Java 程序设计的有关技术，以工作任务为驱动，先由任务引出问题，再探讨解决问题的思路和方法，然后阐述实现任务的具体步骤，引导读者从简单任务入手，逐步提升，最终完成一个较为完整的“职员信息管理系统”，以拓展和延伸有关知识点加深读者的理解和认识。本书为响应教育部“立德树人、课程育人”的号召，把 IT 领域一些真实的育人素材融入其中，使读者在学习知识和技术的同时，树立起正确的 IT 职业观和价值观。

在本书编写过程中，作者努力遵循如下原则。以校企合作为基础，以培养正确的职业素养和价值观为导向，以完成相互关联的任务案例为主线，把掌握编程的正确方法作为落脚点；在任务案例的选取上力求全面系统，逐步进阶，立足基础，强调应用；通过提问题、找方法、树典型、重实践，使读者在实操中学会语言规则，掌握编程技能，培养职业素养；文字简明，注释清晰，通俗易懂；例题、习题前后呼应，丰富多样；重难点清晰，分析深入而透彻。书中所有程序代码，均在开发环境中调试通过。

全书共分为 11 章，第 1 章 Java 简介，主要介绍 Java 语言的发展及现状、Java 开发工具、运行原理以及 Java 程序的开发过程等。第 2 章介绍 Java 的基本语法，通过一些简明的案例，使读者理解并掌握诸如数据类型、数组及各种流程控制语句等的语法规则，学会 Java 的基本应用。第 3、4 章涉及 Java 面向对象编程技术，也是 Java 语言的核心所在。通过引入“职员信息管理系统”的案例，使读者正确理解面向对象程序设计的基本概念和方法，掌握 Java 中的类与对象及它们之间的相互关系，以及包和封装、继承、多态、抽象和接口等重要的面向对象高级编程的相关概念和技术。第 5 章常用系统类、第 6 章异常处理及第 7 章输入和输出，主要介绍 Java 开发中一些常见的应用技术，通过对“职员信息管理系统”案例的逐步完善，使读者掌握 Java 中常用的系统功能类、字符串处理、异常处理、I/O 流和文件操作等技术。第 8 章图形界面编程，通过为“职员信息管理系统”设计图形用户界面并实现界面操作响应，使读者理解和掌握图形用户界面程序设计的原理和实现方法。第 9 章多线程编程，精选了“二维弹球游戏”这个实用而有趣的案例，使读者进一步掌握类集框架和多线程技术的运用。第 10 章数据库编程，使读者掌握运用 Java 程序对数据库进行增、删、改、查的基本操作和相关的数据库技术。第 11 章网络编程，主要让读者了解网络访问和通信的有关概念及原理，正确掌握使用 URL 获取网络资源和实现客、服两端通信的编程技术，完成对于 Java 语言基础开发技术的系统学习。

本书还提供了对应章节的教学课件、案例源程序代码、习题参考答案、微课视频等参考资料。在每章的章首页，均印有该章微课资源的二维码，可通过微信“扫一扫”观看视频讲解。每章后除基础知识练习题外，还设计了任务编程题目。建议读者在案例的基础上先模仿，在模仿的基础上改进，在改进的基础上提高，最终能够顺利完成每部分的编程任务。

本书在编写过程中，得到了北京联想科技有限公司的技术支持、湖南新软互联科技有限公司的人员协助、北京学银在线教育科技有限公司的课程推广、湖南优课工坊文化传媒有限公司的课程制作等，感谢上述企业的支持和帮助。同时，感谢本书的策划编辑杜一诗。

由于编者水平有限，书中难免存在各种瑕疵，恳请各位专家和读者批评指正。

李　洋

2022 年 1 月

目　录

第 1 章　Java 简介

学习目标与要求

本章主要介绍 Java 语言的发展及现状、Java 开发工具和运行原理以及 Java 程序的开发过程等。通过本章的学习，读者应能够掌握以下知识点。

- ❖ 了解 Java 语言的发展过程及其特点。
- ❖ 理解 Java 虚拟机的工作原理和运行机制。
- ❖ 掌握 JDK 的安装及环境变量的配置。
- ❖ 掌握 Java 开发环境的安装与配置。
- ❖ 了解 Java 当前常用开发工具的特点。
- ❖ 掌握使用记事本编写和运行 Java 应用程序。
- ❖ 掌握使用 MyEclipse 编写和运行 Java 应用程序。
- ❖ 掌握 Applet 小应用程序的编写和运行。

学习重点

Java 开发环境配置及 Java 程序的开发过程。

1.1　任务案例：搭建 Java 开发环境

1.1.1　实现过程

【任务说明】

小王所在的软件公司新承接了一个项目开发任务，经公司技术部门分析和权衡，决定选择 Java 作为本项目的开发语言，小王接到的任务是为本项目的开发搭建好 Java 应用程序的开发环境。

【任务目的】

（1）学习下载安装 Java 的开发工具包（Java Development Kit，JDK）并配置环境变量。

（2）了解常用的 Java 开发工具。

（3）掌握 Java 集成开发工具 MyEclipse 的安装和配置。

（4）了解 Java 开发环境的有关特点。

【技术要点】

Java 开发环境的各种配置。

【实现步骤】

1. 下载 JDK

（1）进入 Java 官网选择所需的 JDK 版本，如图 1.1 所示，单击 JDK Download 进入下载页面。

（2）选择不同操作系统下的安装版本，如图 1.2 所示为选择 Windows 64 位平台下的 exe 安装文件并下载。

2. 安装 JDK

（1）双击所下载的文件 jdk-14.0.2_windows-x64_bin.exe，根据安装向导开始安装，如图 1.3

所示。

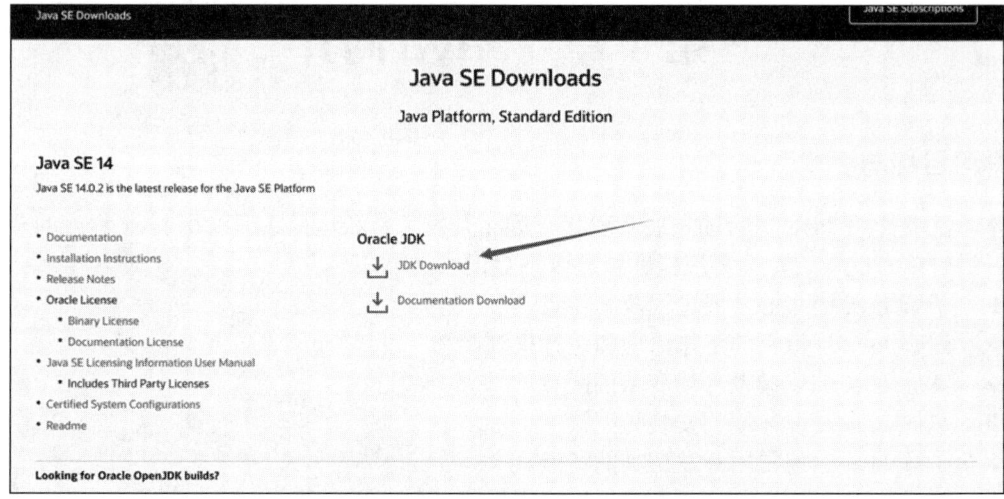

图 1.1　选择 JDK 版本

Product / File Description	File Size	Download
Linux Debian Package	157.93 MB	jdk-14.0.2_linux-x64_bin.deb
Linux RPM Package	165.06 MB	jdk-14.0.2_linux-x64_bin.rpm
Linux Compressed Archive	182.06 MB	jdk-14.0.2_linux-x64_bin.tar.gz
macOS Installer	176.37 MB	jdk-14.0.2_osx-x64_bin.dmg
macOS Compressed Archive	176.79 MB	jdk-14.0.2_osx-x64_bin.tar.gz
Windows x64 Installer	162.11 MB	jdk-14.0.2_windows-x64_bin.exe
Windows x64 Compressed Archive	181.56 MB	jdk-14.0.2_windows-x64_bin.zip

图 1.2　选择相应操作系统的 exe 文件

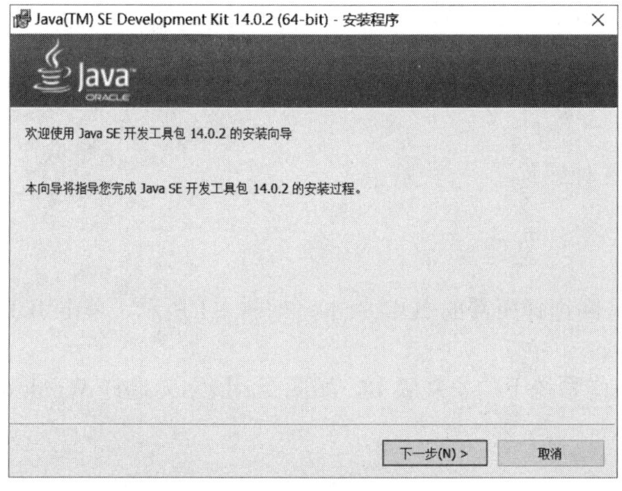

图 1.3　根据安装向导安装 JDK

（2）单击“下一步”按钮，选择安装路径，建议目标文件夹以英文命名，以方便后面的环境配置，如图 1.4 所示。

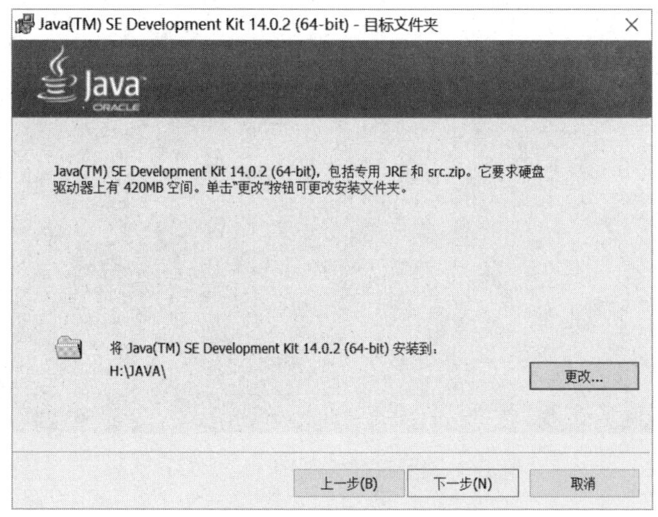

图 1.4　选择安装路径

（3）单击“下一步”按钮，按照向导的提示进行后续操作，直至完成安装。

3. 创建 jre 目录

JDK 14.0.2 安装完成以后，需要手动创建一个 jre 文件夹。这里必须以管理员身份进入命令提示符状态并生成 jre 目录，具体步骤如下。

（1）在 Windows 10 系统的搜索框中直接输入命令 cmd，在搜索结果所罗列的“命令提示符”上右击，在弹出的快捷菜单中选择“以管理员身份运行”命令，如图 1.5 所示。

图 1.5　进入“命令提示符”窗口

（2）修改默认路径，更改为刚才安装 Java 时所选择的安装路径，如图 1.6 所示。

图 1.6　提示符行状态下进入安装路径

（3）提示符行状态下，输入如下命令：

```
bin\jlink.exe --module-path jmods --add-modules java.desktop --output jre
```

再按 Enter 键，就会在安装路径文件夹下生成一个 jre 文件夹，如图 1.7 所示。

> 此电脑 > .C (H:) > JAVA >

名称	修改日期	类型	大小
bin	2020/7/27 21:55	文件夹	
conf	2020/7/27 21:55	文件夹	
include	2020/7/27 21:55	文件夹	
jmods	2020/7/27 21:55	文件夹	
jre	2020/7/27 22:04	文件夹	
legal	2020/7/27 21:55	文件夹	
lib	2020/7/27 21:55	文件夹	
COPYRIGHT	2020/7/8 23:52	文件	4 KB
release	2020/7/27 21:55	文件	2 KB

图 1.7　生成 jre 文件夹

4. 设置环境变量

（1）在桌面上，右击“此电脑”，在弹出的快捷菜单中选择“属性”命令，打开“系统”窗口，接着选择“高级系统设置”，如图 1.8 所示，从而打开“系统属性”对话框。

（2）选择“高级”选项卡，单击“环境变量”按钮，如图 1.9 所示，进入环境变量设置界面。

（3）在“环境变量”对话框的“系统变量”中单击“新建”按钮，进入“新建系统变量”对话框。在“变量名”文本框中输入“JAVA_HOME”，在“变量值”文本框中输入安装 JDK 时所选择的目录。例如，把 JDK 安装在 H 盘的 JAVA 目录下，那么变量值的输入如图 1.10 所示。

（4）再次新建一个系统变量，名为 CLASSPATH，如图 1.11 所示。在“变量值”文本框中输入“.;%JAVA_HOME%\lib;%JAVA_HOME%\lib\dt.jar;%JAVA_HOME%\lib\tools.jar”。

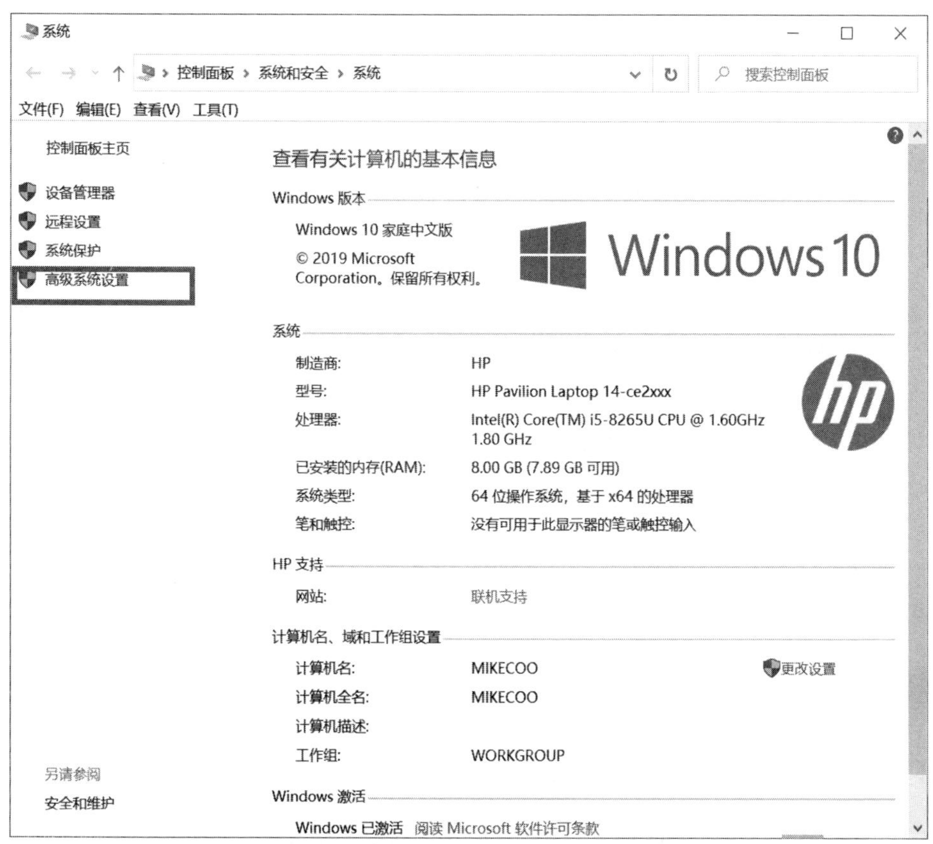

图 1.8　“系统”窗口

图 1.9　进入环境变量设置

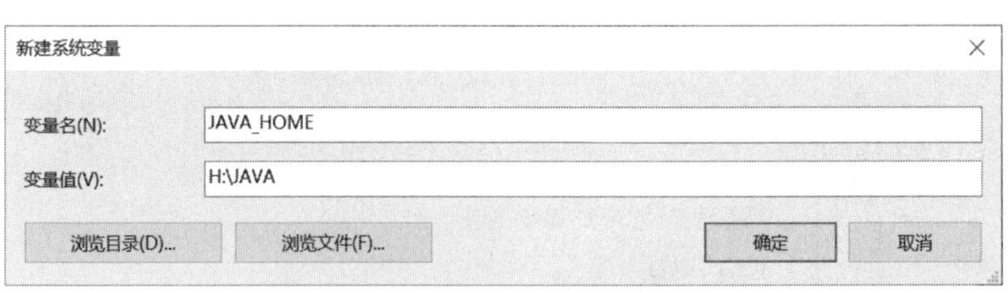

图 1.10　新建 JAVA_HOME 系统变量

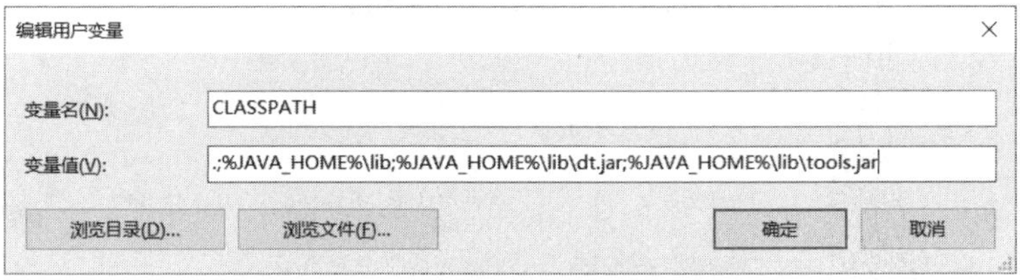

图 1.11　新建 CLASSPATH 系统变量

（5）编辑系统变量中的 Path 变量，在 Path 变量列表中新增加以下两个变量值：

;%JAVA_HOME%\bin;

;%JAVA_HOME%\jre\bin;

这里输入的分别是 jdk 目录下的 bin 文件夹和该目录下 jre 子目录中 bin 文件夹的相对路径。

（6）完成上述配置后，再次返回命令提示符行窗口，输入 java、javac 等命令进行测试，如能正确显示对应命令的使用方法，如图 1.12 所示，则表示 JDK 安装配置成功。

图 1.12　执行 javac 命令验证 JDK 安装配置成功

5. 安装和配置 MyEclipse

（1）从 MyEclipse 官网下载最新版本，本书以 MyEclipse 2020.5.18.exe 为例介绍其安装和配置过程。

（2）双击安装文件 MyEclipse 2020.5.18.exe，进入其安装向导界面，如图 1.13 所示。

（3）选中 I accept the terms of the license agreement 复选框，同意 MyEclipse 2020.5.18 这款软件的使用协议，如图 1.14 所示。

（4）选择 MyEclipse 的安装路径，如图 1.15 所示。

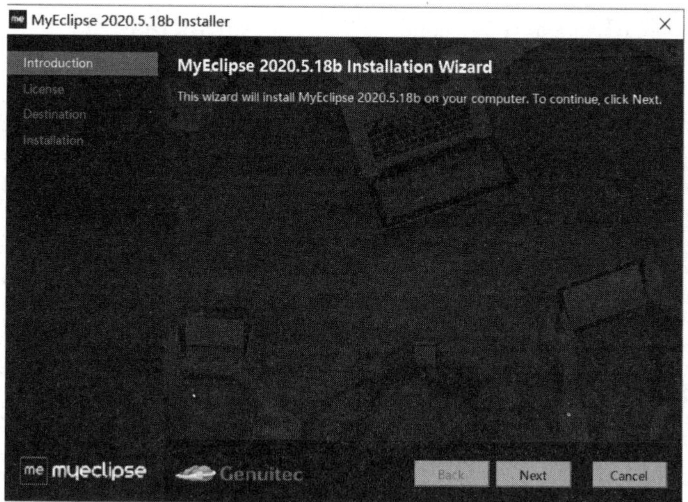

图 1.13　MyEclipse 的安装向导界面

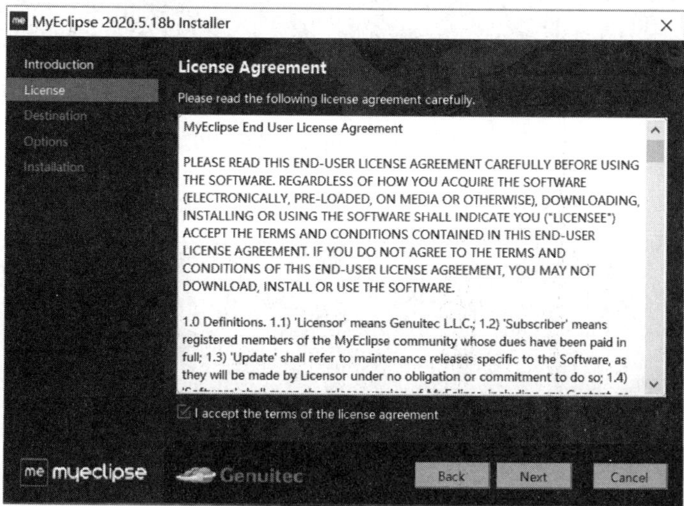

图 1.14　接受 MyEclipse 的使用协议

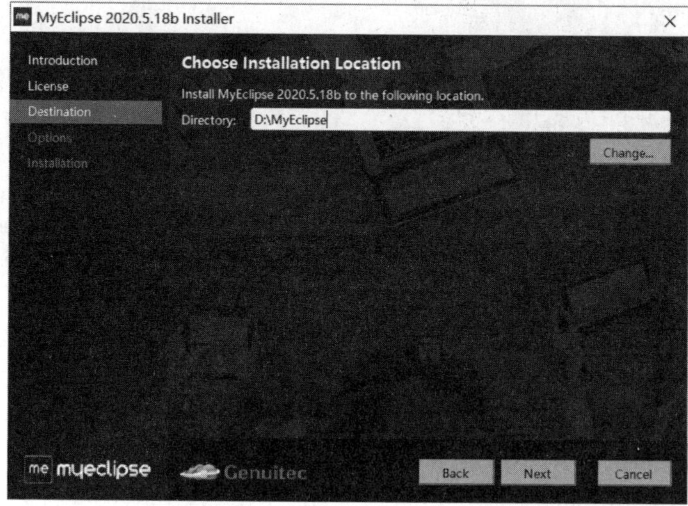

图 1.15　选择 MyEclipse 的安装路径

（5）单击 Next 按钮，开始安装，直至安装完成，如图 1.16 所示。

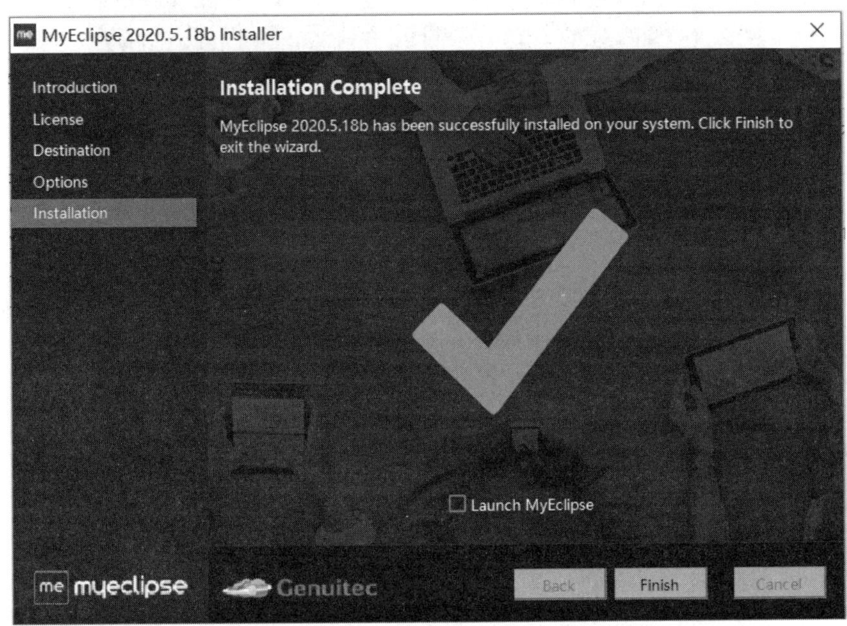

图 1.16　MyEclipse 安装完成

（6）安装完成后，进行 MyEclipse 的配置，选择自己喜欢的编辑界面风格，如图 1.17 所示。

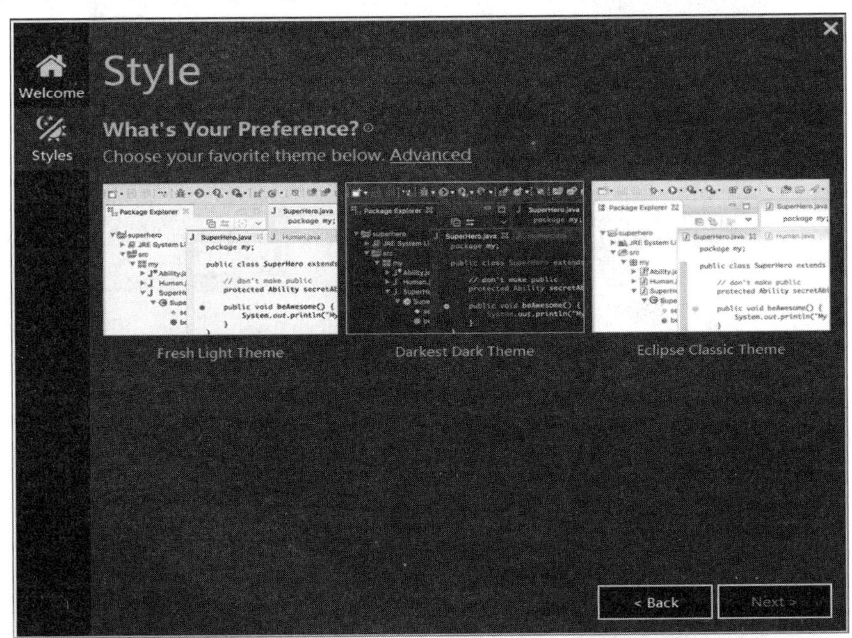

图 1.17　选择 MyEclipse 编辑界面的主题风格

（7）为 MyEclipse 选择其工作空间，该空间能保留开发者在项目创建过程中对应用程序所做的更改，如图 1.18 所示。

（8）MyEclipse 是一个收费软件，若要长期使用其全部功能，需要注册并激活。首次进入 MyEclipse 工作空间会弹出如图 1.19 所示的提示框，单击 Activate Now 按钮，进行激活操作。具体激活过程不在此赘述。

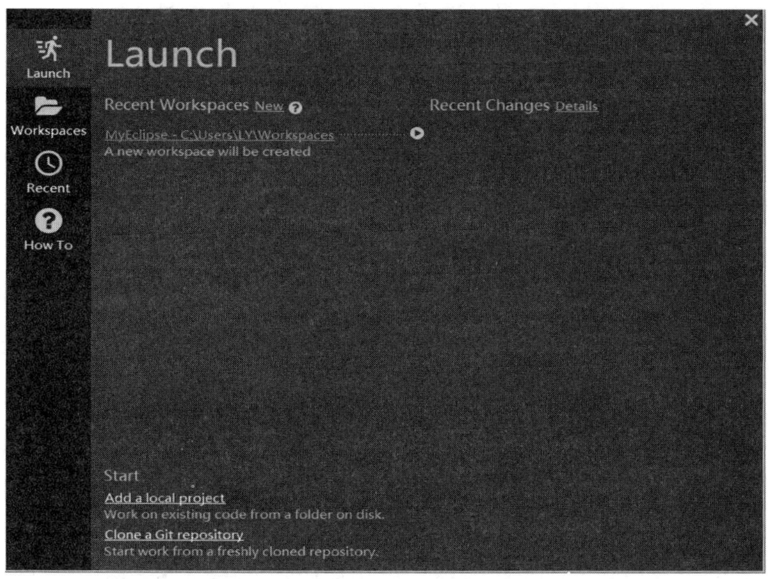

图 1.18　选择 MyEclipse 的工作空间

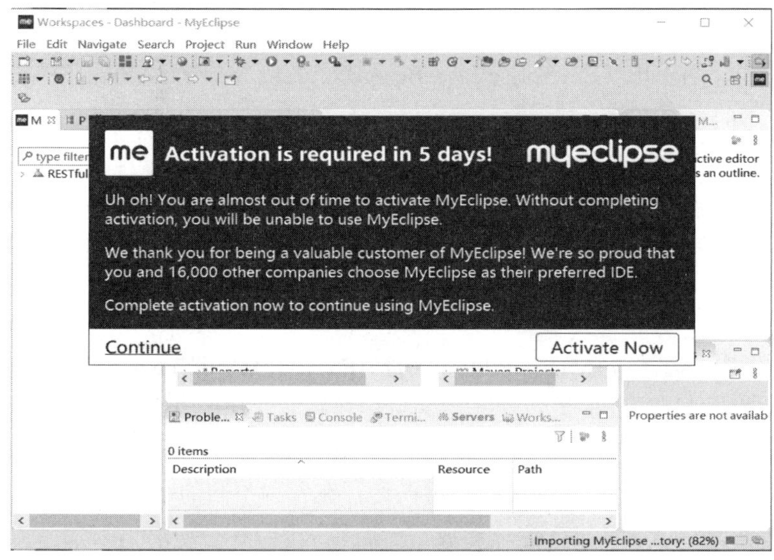

图 1.19　激活 MyEclipse

1.1.2　知识集萃

1. 环境变量配置的作用

（1）设置 JAVA_HOME 变量的作用，是指明 JDK 的安装路径，在其他变量中用到 JDK 的安装路径时，可用 JAVA_HOME 变量的值来替换，使用时用%JAVA_HOME%来表示，其中，%用来匹配安装路径之前和之后的路径字符。这样设置的优点是，若改变了 JDK 的安装路径，则只需要修改 JAVA_HOME 变量的值即可。

（2）设置 CLASSPATH 变量，主要用于说明 JDK 中所用到的系统类和工具类的位置，变量中的“.;”是不能省略掉的，其中“.”主要用于表示当前目录，“;”是各个部分值的分隔符。

（3）设置 Path 变量，使得系统可以在任何路径下识别 java 命令。

2. Java 的发展和特点

1）Java 的发展

1991 年年初，美国的 Sun 公司成立了一个以加拿大人 James Gosling 为首、名为 Green 的项目研发小组，其目标是开发消费类电子产品市场。这类产品必须具有平台独立性，即在任何软硬件平台上都能运行。于是，该公司自行开发出一种新的语言，并将该语言命名为 Oak（橡树）。

1994 年，Gosling 继续完善 Oak（发布时改名为 Java），同时使用 Java 开发出一种名为 HotJava 的 WWW 浏览器，并于 1995 年年初在 Internet 上免费发布。由于 Java 是一种分布式、安全性高、包括编译器在内又非常小的适合网络开发环境的语言，因而一经发布，立即得到各 WWW 厂商的广泛支持。而今，Java 已成为首选的网络编程语言。

Java 发展到今天，已从编程语言发展成为全球第一大通用开发平台。Java 技术已被计算机行业的主要公司采纳。早在 1999 年，Sun 公司就推出了以 Java 2 平台为核心的 J2EE、J2SE 和 J2ME 这三大平台。

（1）Java 2 Platform，Enterprise Edition（J2EE）。J2EE 是一种利用 Java 2 平台来简化企业解决方案的开发、部署和管理等相关复杂问题的体系结构。J2EE 技术的核心是 Java 平台或 Java 2 平台的标准版，它不仅保留了标准版的许多优点，如“一次编写、随处运行”的特性、方便存取数据库的 JDBC API、CORBA 技术，以及能够在 Internet 应用中保护数据的安全模式等，同时还提供了对 EJB（Enterprise Java Beans）、Java Servlets API、JSP（Java Server Pages）以及 XML 技术的全面支持。

（2）Java 2 Platform, Standard Edition（J2SE）。J2SE 即 Java 2 平台标准版，它包含构成 Java 语言核心的系统类，如数据库连接类、接口定义类、输入/输出类、网络编程类等。它适用于 Java 桌面系统应用程序的开发。本书中所使用到的各种案例程序，就是利用 J2SE 6.0 版的相关 API 包来开发的。J2SE 是 J2EE 的基础，其中大量的 JDK 代码库是每个要学习 J2EE 的编程人员必须掌握的。

（3）Java 2 Platform，Micro Edition（J2ME）。J2ME 即 Java 2 平台微型版。Sun 公司将 J2ME 定义为“一种以广泛的消费性产品为目标、高度优化的 Java 运行环境”。自 1999 年 6 月在 Java One Developer Conference 上声明之后，J2ME 进入小型设备开发的行列。鉴于 Java 的特性，遵循 J2ME 规范开发的 Java 程序可以运行在各种不同的小型设备上。

随着三大平台的迅速推进，全球形成了一股巨大的 Java 应用的浪潮。

2）Java 的特点

Java 是一种跨平台、适合于分布式计算环境的面向对象编程语言。具体来说，它具有如下特性：简单性、面向对象、分布式、解释型、可靠、安全、平台无关、可移植、高性能、多线程、动态性等。下面将重点介绍 Java 语言的面向对象、平台无关性和安全性。

（1）面向对象。对象其实是现实世界模型的自然延伸，现实世界中的任何实体都可以看作是对象，对象之间通过消息相互作用。另外，现实世界中的任何实体都可归属于某类事物，任何对象都是某一类事物的实例。如果说传统的过程式编程语言是以过程为中心、以算法为驱动的，面向对象的编程语言则是以对象为中心、以消息为驱动的。用公式表示，过程式编程语言为：程序=算法+数据；面向对象编程语言为：程序=对象+消息。

所有面向对象编程语言都支持 3 个概念：封装、多态性和继承。

① 封装。Java 语言的封装性较强，因为 Java 无全程变量，无主函数，在 Java 中绝大部分成员是对象，只有简单的数字类型、字符类型和布尔类型除外。而对于这些类型，Java 也提供

了相应的对象类型以便与其他对象交互操作。

② 多态性。多态性就是多种表现形式，具体来说，可以用“一个对外接口，多个内在实现方法”表示。针对不同的数据类型，编程人员不必手工选择，只需使用统一的接口名，系统就可自动选择。

③ 继承。继承是指一个对象直接使用另一个对象的属性和方法。Java提供给用户一系列类（class），且这些类有层次结构，子类可以继承父类的属性和方法。与其他面向对象编程语言不同的是 Java只支持单一继承。

（2）平台无关性。Java的平台无关性是指用Java编写的应用程序不用修改就可在不同的软硬件平台上运行。Java主要靠Java虚拟机（JVM）在目标码级实现平台无关性。

Java的平台无关性具有深远意义。它使得编程人员所梦寐以求的事情（“一次编写、随处运行”）变成事实，这将大大加快和促进了软件产品的开发。

（3）安全性。Java语言在编译及运行程序时，都要进行严格的检查。作为一种强制类型语言，Java在编译和连接时都进行大量的类型检查，以防止不匹配问题的发生。如果引用一个非法类型或执行一个非法类型操作，Java将在解释时指出该错误。在Java程序中，不能采用地址计算的方法即通过指针访问内存单元，这大大减少了错误发生的可能性，而且Java的数组并非用指针实现，这样就可以避免数组越界的发生。无用内存自动回收机制也增加了Java的鲁棒性。

3. Java的工作原理

1）Java虚拟机

Java虚拟机是软件模拟的计算机，它附着在具体的操作系统之上，本身具有一套虚机器指令，并有自己的栈、寄存器组等。JVM通常是在软件上实现的。

JVM可以在任何处理器上安全且兼容地执行保存在.class文件中的字节码。Java虚拟机的“机器码”保存在.class文件中，.class文件也称为字节码文件。Java程序的跨平台性主要是指字节码文件可以在任何具有 Java 虚拟机的计算机或者电子设备上运行，Java 虚拟机中的 Java解释器负责将字节码文件解释成特定的机器码。

Java源程序需要通过编译器编译成扩展名为.class的文件（字节码文件），构成Java软件程序的字节码文件在运行时被加载、校验并在解释器中运行。Java 程序的编译和执行过程如图1.20所示。

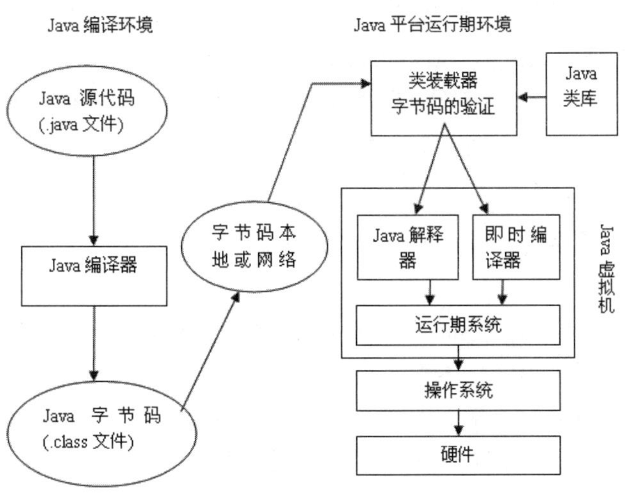

图1.20　Java编译执行过程

当运行 Applet 时，字节码可被下载，然后由浏览器中的 JVM 解释。解释器具备两种功能：一是执行字节码，二是对底层硬件做适当调用。

2）无用内存自动回收机制

在程序的执行过程中，部分内存在使用过后处于废弃状态，如果不及时进行无用内存的回收，就会导致内存泄漏，进而导致系统崩溃。在 Java 运行环境中，始终存在一个系统级的线程，专门跟踪内存的使用情况，定期检测出不再使用的内存并进行自动回收，从而避免了内存的泄漏，也减轻了程序员的工作量。

3）代码安全性检查机制

Java 编程语言是一种网络语言，它的安全性必须得到保证。Java 的字节码的执行需要经过 3 个步骤：首先，由类装载器负责把类文件（.class 文件）加载到 Java 虚拟机中，在此过程中需要检验该类文件是否符合类文件规范；其次，字节码校验器检查该类文件的代码中是否存在某些非法操作，如 Applet 程序中写本机文件系统的操作；最后，如果字节码校验器检验通过，则由 Java 解释器负责把该类文件解释成机器码进行执行。Java 虚拟机采用的是“沙箱”运行模式，即把 Java 程序的代码和数据都限制在一定的内存空间中执行。不允许程序访问该内存空间外的内存，如果是 Applet 程序，则不允许访问客户端机器的文件系统。

4. Java 类库

Java API 是一个很大的 Java 类库集合，它为程序员提供了大量的可重用的类，如同 C 语言中的库函数，给编程人员提供了丰富的功能。这些类以包的形式组织，包也可以理解为一个文件夹，它把类库中各种功能相近或者相关的类组织在一起。下面介绍最常用的 6 个包。

（1）java.lang：Java 语言的核心类库，包含基本数据类型和出错处理方法。

（2）java.io：Java 语言的标准输入/输出类库，包含 Java 程序与操作系统、用户界面等进行交互时使用的类。

（3）java.awt：Java 语言用来构建图形图像的类库，包含创建用户界面和绘制图形图像所需的所有类。

（4）java.applet：实现运行 Internet 浏览器中 Java Applet 的工具类库，包含创建 Applet 以及实现 Applet 所需的所有类。

（5）java.util：Java 语言的一个集合包，包含如 Map、Set、日期及与时间相关的类等。

（6）java.sql：支持通过 JDBC 对数据库进行访问操作。

编写 Java 应用程序时，如能熟练自如地运用类库中的类，便能在很大程度上提高编程的效率和质量。

5. Java 开发工具和配置

Java 的开发工具有很多种，常用的有以下几种。

1）JDK

JDK 由 Java 语言原有美国的 Sun 公司所开发（现已被 Oracle 公司所收购）。Sun 公司为 Java 不仅提供了一个丰富的语言和运行环境，而且提供了一个免费的 Java 开发工具集，即 JDK。

JDK 简单易学，可以通过任何文本编辑器（如 Windows 记事本、UltrEdit 等）编写 Java 源文件，然后在 DOS 环境下通过 javac 命令将 Java 源程序编译成字节码，通过 java 命令来执行编译后的.class 文件。无论是 Java 的初学者还是高级开发人员，在开发 Java 应用程序时都离不开这种开发工具集的支持。

采用 JDK 开发 Java 应用程序，便于读者理解源程序执行过程中各步骤和各环节之间的关系，有利于理解 Java 面向对象的设计思想。其缺点是单纯依靠 JDK 从事大规模企业级 Java 应用的开发非常困难，也不利于团队协同开发。

2）NetBeans

NetBeans 是第一款支持创新型 Java 开发的开放源代码的集成开发环境（IDE）。开发人员可以利用业界强大的开发工具来构建桌面、Web 或移动应用程序。同时，通过 NetBeans 和开放的 API 模块化结构，第三方能够非常轻松地扩展或集成 NetBeans 平台。

3）Borland 的 JBuilder

JBuilder 环境开发程序方便，它是纯 Java 开发环境，适合企业级的 J2EE 开发。

4）Eclipse

Eclipse 最初是由 IBM 公司开发的 IDE，由非营利性软件供应商联盟 Eclipse 基金会（Eclipse Foundation）管理。它本身就是由 Java 语言开发出来的，是一个开放源代码的、基于 Java 的可扩展开发平台。它附带了一个标准的插件集，包括 Java 开发工具集 JDK。它的最大特点就是其扩展性，可用于通过插件组件来构建开发环境，几乎能够集成开发人员编写的任何开放源代码插件。

5）MyEclipse

MyEclipse 是一个十分优秀的集成开发平台。用于开发 J2SE 和 J2EE 应用程序，整合了 Eclipse 中的各种插件。MyEclipse 的功能非常强大，支持也十分广泛，尤其是对各种开源产品和主流开发框架。MyEclipse 可以支持 Java Servlet、AJAX、JSP、JSF、Struts、Spring、Hibernate、EJB3 和 JDBC 数据库链接工具等多项功能。可以说，MyEclipse 是几乎囊括了所有主流开源产品的专属 Eclipse 的开发工具。本书主要就是以 MyEclipse 和 NetBeans 两款工具来开发 Java 应用程序的。

1.1.3 拓展知识

如果所编写的应用程序只是运行在单机版计算机上，那么是不需要服务器的。但是如果想要把所创建的 Java 网络项目程序部署到网络上，使得其他人可以通过互联网去访问，那么在搭建 Java 开发环境时，服务器的安装与配置就是不可或缺的了。

需要进一步说明的是，由于本书定位于 Java 的基础案例教程，不涉及 Java 项目程序的互联网应用，服务器的安装对于本书来说并不是必需的。下面关于 Tomcat 服务器的安装与配置，作为拓展知识，供有兴趣进一步学习 Java Web 编程的爱好者参考。

1. Tomcat 服务器的下载

在众多 Java 应用服务器中，Apache Tomcat 无疑是使用得最多的一款。这款软件可以直接进入官网 http://tomcat.apache.org/，找到适合自己计算机的版本下载。这里以 Windows 平台 64 位的 Tomcat 9 版本为例进行说明。

2. 解压安装 Tomcat

解压 apache-tomcat-9.0.30-windows-x64.zip 压缩包，将其解压至想要存放的盘符（建议最好不放在 C 盘，否则 Windows 平台出于安全防范的因素，可能会出现拒绝访问的情况）。解压完毕，无须另行安装，即可直接使用。

3. 配置环境变量

（1）进入桌面，按路径“此电脑”→“属性”→“高级系统设置”→“环境变量”，进入环境变量设置界面，在“系统变量”设置部分，单击“新建”按钮，创建一个新的系统变量：变量名为 CATALINA_HOME，变量值为解压 Tomcat 时所选择的路径，如图 1.21 所示。

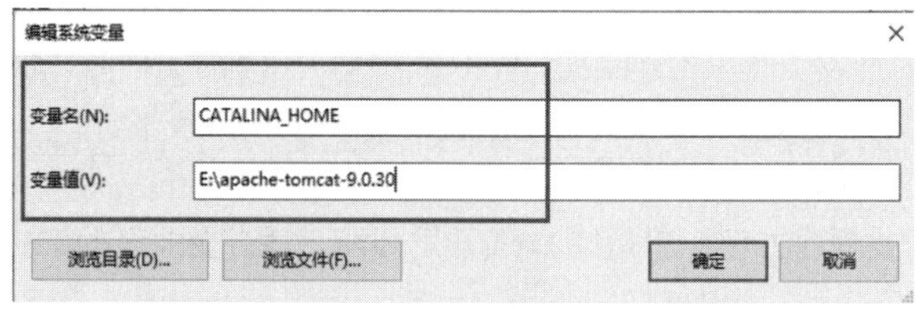

图 1.21　新建 CATALINA_HOME 系统变量

（2）在“系统变量”设置部分，找到 Path 变量，单击“编辑”按钮，在 Path 变量列表末尾新增 1 个变量值：%CATALINA_HOME%\bin，如图 1.22 所示。

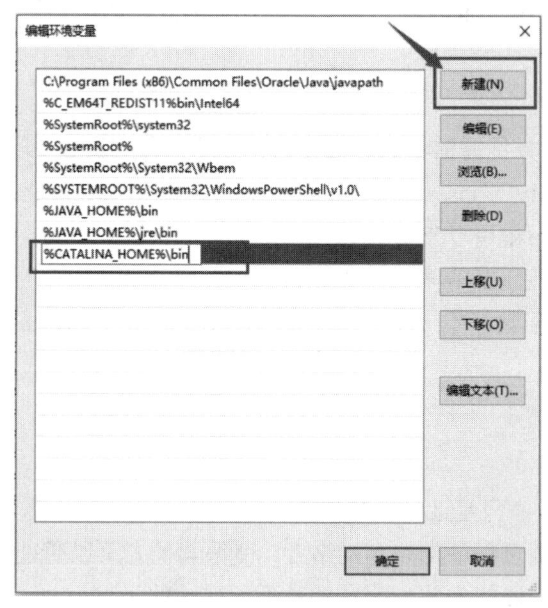

图 1.22　新增 Path 变量值

（3）完成上述配置后，再次进入“命令提示符”窗口，将提示符的默认路径更改为 tomcat 目录下的 bin 目录，输入 service.bat install 命令，该命令能将 Tomcat 服务器安装为 Windows 的一个服务。安装成功后，以后便可以到 Windows 的服务列表中去启动和停止 Tomcat 服务器的运行。

4. 启动 Tomcat 服务器

进入桌面，右击“此电脑”，按照路径“管理”→“服务和应用程序”→“服务”，进入 Windows 安装的服务列表，找到 Apache Tomcat 9.0 Tomcat9 服务项，在此可以启动（或停止）Tomcat 服务器，如图 1.23 所示。

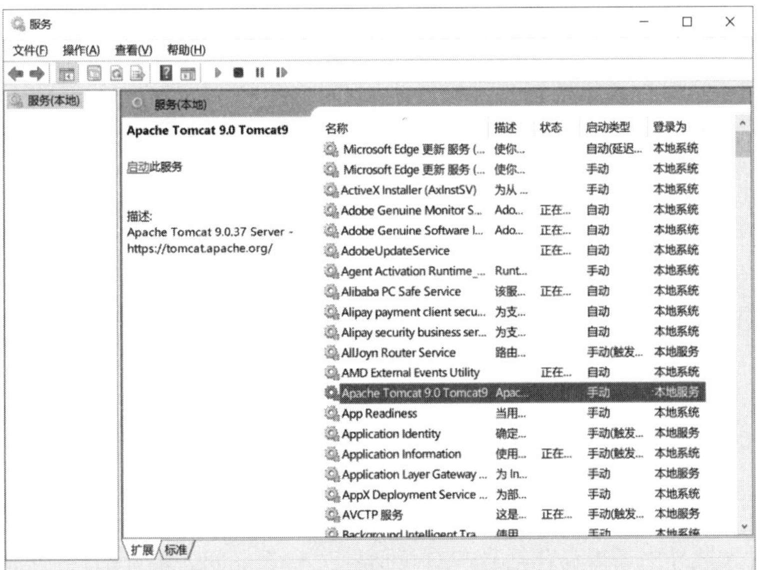

图 1.23　在 Windows 服务列表启动 Tomcat 服务器

1.2　任务案例：输出“Hello Java!”

1.2.1　实现过程

【任务说明】

编写 Java 应用程序，输出“Hello Java!”字符串。

【任务目的】

（1）了解 Java 程序的基本结构。

（2）熟悉 MyEclipse 的开发环境。

（3）掌握编辑、编译和运行 Java 程序的基本步骤。

【技术要点】

（1）要通过程序输出字符串信息，必须先定义好一个 Java 类。

（2）实现过程：先编写 Java 源文件（HelloJava.java），然后编译生成可执行文件（HelloJava.class），最后运行.class 文件。

【实现步骤】

实现本程序有两种方法：第一种是采用记事本方法输入代码，通过 Java 开发工具集 JDK 中的工具类完成编译和运行；第二种是通过第三方的 MyEclipse 集成开发平台来完成代码输入、编译和运行。下面对两种方法分别予以介绍。

1. 使用记事本编写程序

打开记事本，编写 Java Application 应用程序，写入如下内容。

```
/**
  * 此类用于在屏幕上显示消息
  * @author ly
*/
class HelloJava{
/**
  * 这是一个 main方法
```

```
*/
    public static void main(String [] args){
    //输出此消息
    System.out.println("Hello Java!");
  }
}
```

程序说明如下。

（1）文档注释语句（/**……*/）：注释从/**开始，到*/结束，是 Java 所特有的 doc 注解，执行 javadoc 命令时，会自动生成 javadoc 文档。

（2）多行注释（/*……*/）：注释从/*开始，到*/结束，可以注释多行也可以注释单行。

（3）单行注释（//）：以//开始，以行末结束。

1）类声明

```
class HelloJava{
}
```

其中，关键字 class 声明类的定义，还帮助编译器理解它是一个类的声明。整个类及其所有成员都是在一对大括号中（即左花括号和右花括号“{ }”之间）定义的，它们标志着类定义块的开始和结束。

2）main()方法

```
public static void main(String [] args) { }
```

（1）关键字 public 是一个访问说明符，控制类成员的可见度和作用域。

（2）关键字 static 允许调用 main()方法，而无须创建类的实例。

（3）关键字 void 指示编译器 main()方法在执行时不返回任何值。

（4）main()方法是所有 Java 应用程序的起始点。

（5）args[]是 String 类型的数组。

3）程序语句

```
System.out.println("Hello Java!");
```

println()方法通过 System.out 显示作为参数传递给它的字符串。可在控制台输出字符串“Hello Java！”。

（1）将文件保存为 HelloJava.java，路径为 D 盘根目录。

（2）在命令提示符窗口中，输入“d:”命令，改变当前目录为 D:\>，然后输入 javac HelloJava.java 命令，对 HelloJava.java 进行编译。执行 javac 命令后，会在当前目录下生成 HelloJava.class 文件。

注意： javac 命令的功能是把 Java 源文件变成字节码.class 文件，字节码文件是由 Java 虚拟机执行的文件。

（3）再输入 java HelloJava 命令，执行该程序。程序的运行就是执行.class 文件中指令的过程。.class 文件不能直接运行在一般的操作系统平台上，而必须运行在 Java 虚拟机内部。程序的运行结果如图 1.24 所示。

2. 使用 MyEclipse 开发 Application 程序

（1）从计算机“开始”菜单中打开 MyEclipse，启动界面如图 1.25 所示。

（2）选择并设置好工作空间，如图 1.26 所示。

（3）进入编辑界面，选择 File→New→Project→Java Project 命令，打开 New Java Project 对话框，如图 1.27 所示，在 Project name 文本框中填写项目名称 project1，单击 Finish 按钮，创

建新项目。

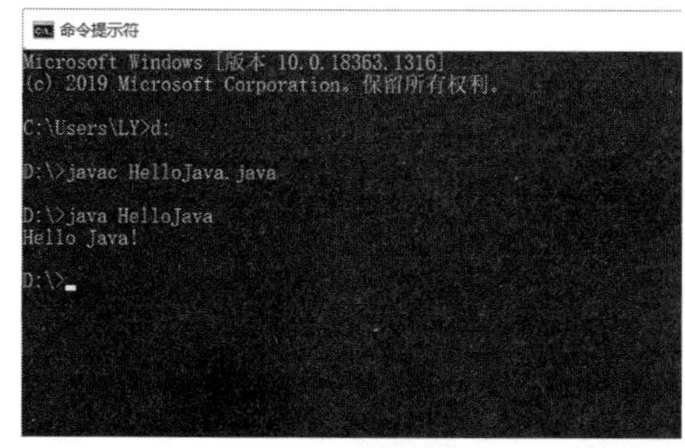

图 1.24　输出“Hello Java!”的 Java 示例程序

图 1.25　MyEclipse 2018 启动界面

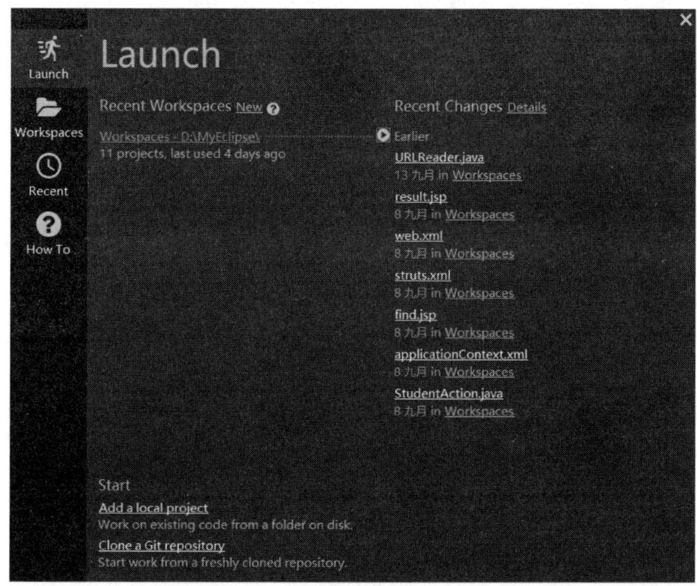

图 1.26　选择 MyEclipse 工作空间

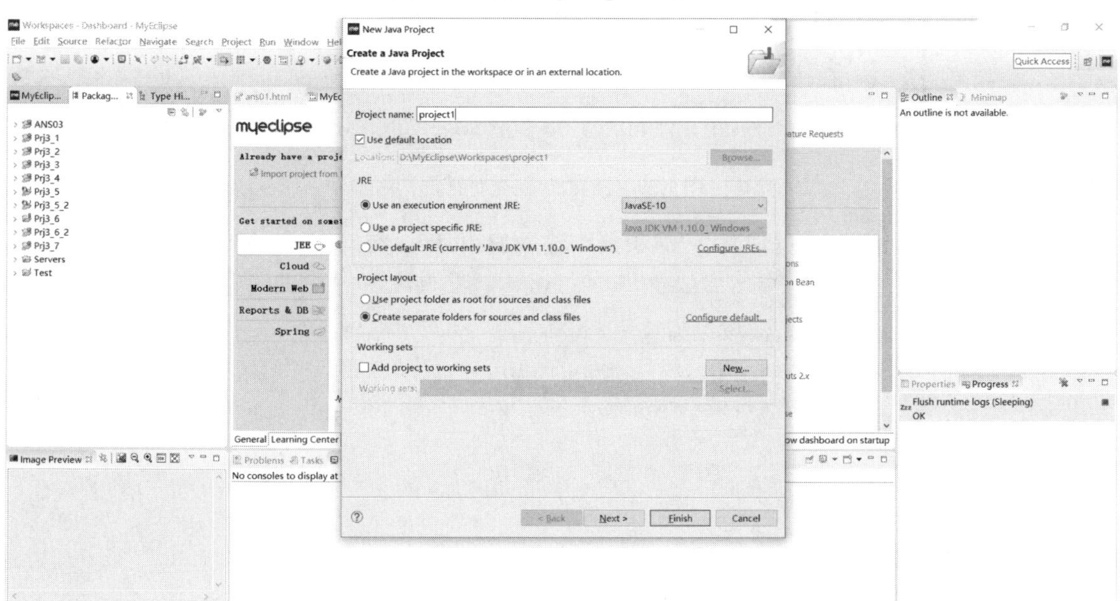

图 1.27　新建 Java 项目

（4）创建完 Java 项目，会弹出一个切换透视图的对话框，如图 1.28 所示，一般不需要更换视图，单击 No 按钮进入正常编辑窗口。

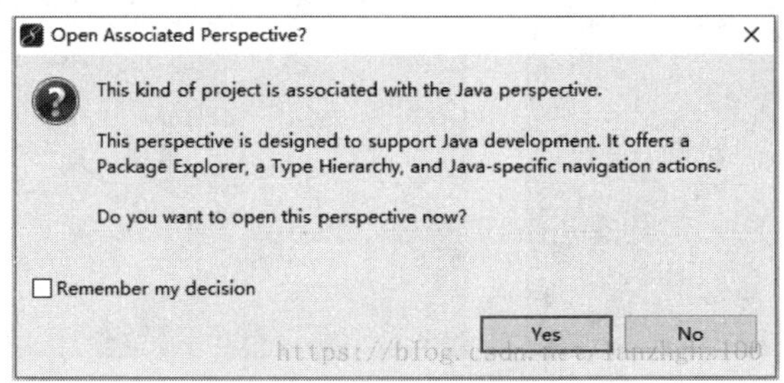

图 1.28　切换透视图对话框

（5）在 MyEclipse 工作界面，选中刚新建的 project1，选择 File→New→Class 命令，打开新建 Java 类对话框，在 Name 文本框中输入 HelloJava，选中 public static void main(String[] args) 复选框，这样能在新建的 HelloJava 类中自动添加主方法 main()，如图 1.29 所示。

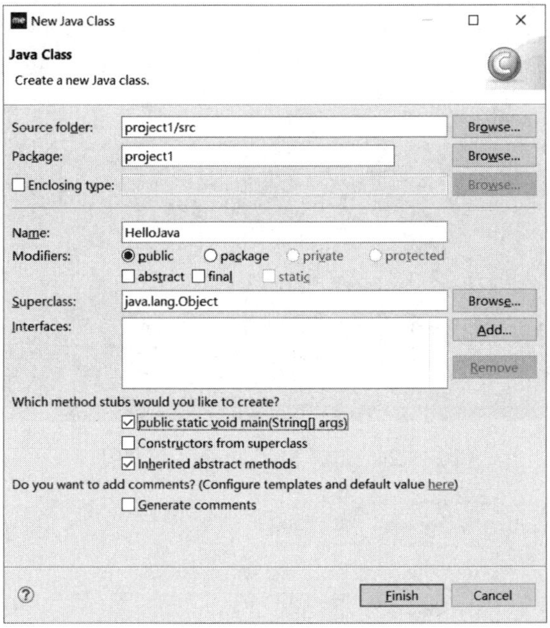

图 1.29　新建 Java 类对话框

（6）在 MyEclipse 主窗口的代码编辑器中输入 HelloJava 类的代码，如图 1.30 所示。

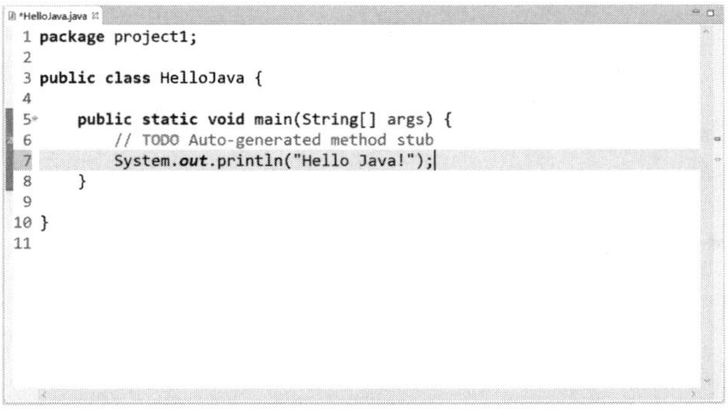

```
package project1;

public class HelloJava {

    public static void main(String[] args) {
        // TODO Auto-generated method stub
        System.out.println("Hello Java!");
    }

}

```

图 1.30　在编辑窗口输入 HelloJava 类的代码

（7）选择所要运行的项目，右击，在弹出的快捷菜单中选择 Run as→Java Application 命令，弹出一个询问是否要保存修改的对话框，如图 1.31 所示，单击 OK 按钮。

（8）程序最终运行结果为在控制台显示“Hello Java!”字符串，如图 1.32 所示。

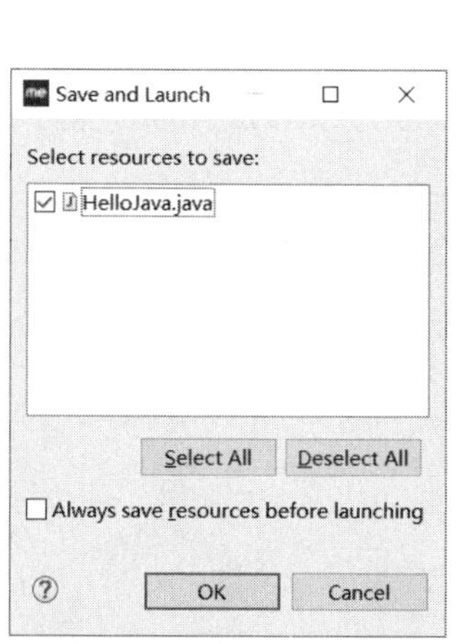

图 1.31　保存代码对话框

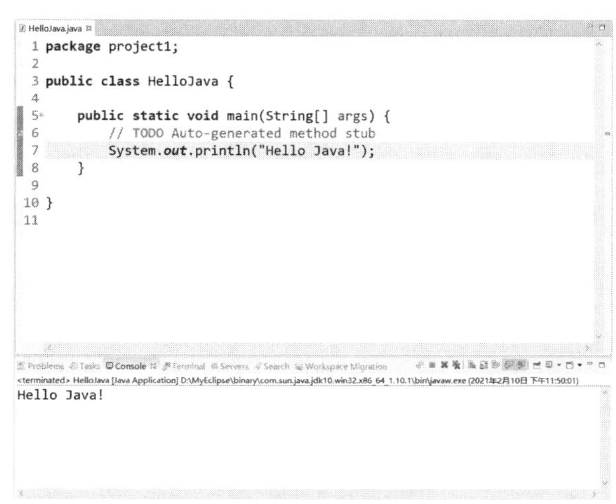

图 1.32　程序运行结果

1.2.2　知识集萃

1. Java 程序结构示例

一个完整的 Java 程序结构如下。

```
package hellojava;
import java.awt.*;
import javawork.Newcentury;
public class HelloJavaApp {…}  //0～1个
class TheFirstClass {…}
class TheSecondClass {…}
…
interface TheFirstInterface {…}
…
```

2. 程序结构说明

（1）类命名：如果.java 文件包含一个 public 类，则该文件名必须按 public 类名来命名。

（2）类个数：在一个.java 源文件中最多只能有一个 public 类，其他类的个数不限。

（3）package hellojava：package 后接包的名字。一个包内可以包含一到多个.java 源文件。在一个 Java 程序中，package 可以有 0 或 1 条语句，它必须放在整个程序的开始处。

（4）import java.awt.*：import 语句用于导入外部类到当前程序中。在一个 Java 程序中，import 可以有 0 或多条语句，它必须放在所有类定义之前。

（5）public class HelloJavaApp：在一个 Java 程序中，public 类可以有 0 或 1 个，如果有一个，则.java 源文件名必须与 public 类的类名完全相同。

（6）class TheFirstClass：非公共类。在一个 Java 程序中，非公共类可以定义 0 或多个。

（7）interface TheFirstInterface：interface 后跟接口的名字。在一个 Java 程序中，interface 可以有 0 或多条语句。

1.2.3 拓展知识

Java 程序可分为两种：Java Application 程序和 Java Applet 程序。Java Application 程序是完整的程序，由 Java 解释器加载执行，入口方法为 main()；Java Applet 是小应用程序，不能独立运行，可以嵌入 HTML 文件，由包含在浏览器中的 Java 虚拟机来运行。

以上编写的 HelloJava.java 程序为 Java Application 程序，下面介绍 Java Applet 程序的开发过程。

（1）打开记事本，编写 Java Applet 程序，输入代码如下。

```
import java.awt.Graphics;
import java.applet.Applet;
public class HelloJavaApplet extends Applet {
   public String s;
   public void init() {
      s = new String("Hello Java! ");
   }
   public void paint(Graphics g) {
      g.drawString(s,25,25);
   }
}
```

（2）将文件命名为 HelloJavaApplet.java，保存在 D 盘根目录下。

（3）执行 javac HelloJavaApplet.java 命令，生成 HelloJavaApplet.class 文件。

（4）Applet 文件需要嵌入在 HTML 文件中才能执行。编写 example.html 文件代码如下。

```
<HTML>
   <applet code="HelloJavaApplet.class" width=400 height=400>
   </applet>
</HTML>
```

编写完成后，将其与 HelloJavaApplet.class 文件保存在同一目录下。

（5）进入命令提示符窗口，执行 appletviewer example.html 命令，程序输出结果如图 1.33 所示。

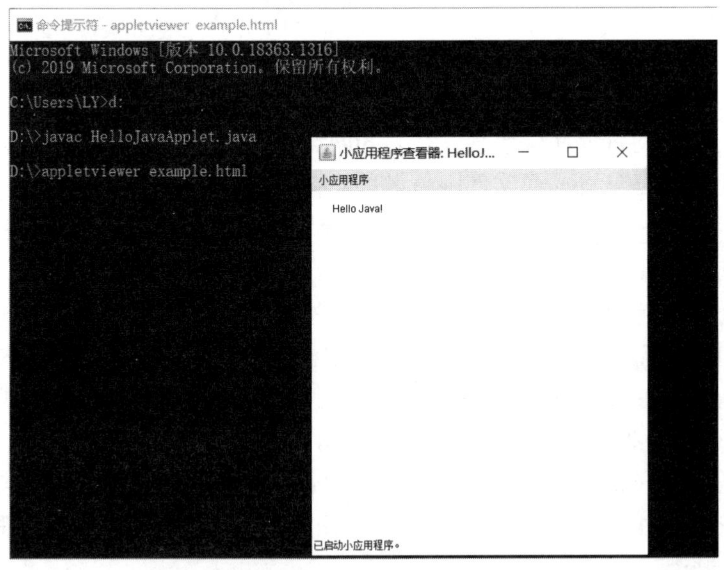

图 1.33　运行 Applet 结果

1.3　第 1 章小结

本章介绍了 Java 语言的历史、相关特性和运行机制，JDK 运行环境的安装与配置，MyEclipse 开发环境的安装与配置。通过学习同一个程序在 JDK 环境和 MyEclipse 开发环境下的一般开发步骤，对比两种运行方式的差异，为后面的深入学习打下基础。

1.4　育人进阶——如何学好程序设计

俗话说“兴趣是最好的老师”，但只靠兴趣是远远不够的，还需要付出艰辛的努力。程序设计是一种技能，如果想要在较短的时间内学会，就不可能像学习汉语一样，通过十几年甚至更长的时间来学好，也不能只利用业余时间来学习。

那么如何学好程序设计呢？或者更现实一点，如何在短时间内成为一名合格的程序员呢？

其实，学好程序设计的方法很简单——勤学苦练。

多读代码，多写代码，是学好程序设计的基本方式。需要把各种技术熟练到可以灵活使用的程度。由于学习的时间有限，很难练习到像使用汉语那样习惯成自然的程度，但在开始学习程序设计的初期，确实是需要大量记忆的，在记忆的基础上再使用，仔细记忆并体会每个细节，把合适的内容用在合适的地方。

当然，学习语言最好的开始方式是模仿。由于程序设计很灵活，一定要在模仿的基础上理解，理解以后再进行创新，把东西理解透彻以后，这些内容就变成了自己的东西。即使今后忘记了，也很容易再捡起来，切不可不求甚解、囫囵吞枣式地学习，那样无法做到融会贯通。

当你熟练掌握了程序设计的技巧以及程序设计的精髓，就可以成为大师级的人物，就像武侠小说里的大侠一样，做到“意由心生”“无招胜有招”了。最后，祝福每位初学者以及从事程序开发的人员，能够早日进入程序设计的高级境界。

1.5　巩 固 练 习

一、选择题

1．下面是一组有关 Java 程序的描述，其中错误的是（　　）。

A．Java 程序的最大优点是它的跨平台性

B．Java 程序是依赖于 JVM 解释执行的

C．Java 程序由一个或多个类组成，其中以包含 main()方法的类为主类，它是程序的入口

D．Java 程序可编译成可执行程序，直接运行

2．下面是一组关于 JDK 的描述，其中正确的是（　　）。

A．JDK 只能用于运行 Java 程序

B．JDK 是一个 Java 程序开发平台，既可以编译 Java 程序，也可以运行 Java 程序

C．JDK 是一个 Java 程序编辑器

D．JDK 只能编译 Java 程序，而无法运行

3．下面是一组关于 Java 类的描述，其中错误的是（　　）。

A．所有 Java 程序都是由一个或多个类组成的

B．Java 程序中只能有一个 public（公共）类

C．Java 程序中只能有一个主类

D．Java 主程序不能是类，否则无法运行

4．main()方法是 Java Application 程序执行的入口点，关于 main()方法的方法头合法的是（　　）。

A．public static void main

B．public static void main(String[] args)

C．public static int main(String[] args)

D．public void main(String args[])

5．Java Application 中的主类需包含 main()方法，main()方法的返回类型是（　　）。

A．int　　B．float　　C．double　　D．void

6．Java 程序在执行过程中用到一套 JDK 工具，其中 java.exe 是指（　　）。

A．Java 文档生成器　　B．Java 解释器

C．Java 编译器　　D．Java 类分解器

7．在 Java 中，负责对字节代码解释执行的是（　　）。

A．垃圾回收器　　B．虚拟机

C．编译器　　D．多线程机制

8．下列叙述中，正确的是（　　）。

A．Java 语言的标识符是区分大小写的

B．源文件名与 public 类名可以不相同

C．源文件名的扩展名为.jar

D．源文件中 public 类的数目不限

二、填空题

1．根据结构组成和运行环境的不同，Java 程序可分为__________和__________两类。

2．Java 源程序文件编译后产生的文件称为__________文件，其扩展名为__________。

3．面向对象方法中，类的实例称为__________。

4．Java 源文件中最多只能有一个__________类，其他类的个数不限。

5．Java 的几个版本分别是__________、__________和__________。

三、简答题

1．Java 语言主要应用于哪些方面？

2．Java 程序分哪两种？它们之间的区别是什么？

3．什么是 Java 虚拟机？Java 的运行机制是怎样的？

4．Java 语言有哪些主要特点？

5．简要说明用 Java JDK 开发 Java 应用程序和 Java Applet 小程序的方法与步骤。

四、编程题

1．编写一个分行显示自己的姓名、地址和电话的 Java 应用程序，并将其保存为 Test.java。

2．编写一个分行显示自己的姓名、地址和电话的 Java Applet 小程序和 HTML 网页文件，并分别保存为 TestApplet.java 与 TestApplet.html。

第 2 章　Java 语法基础

学习目标与要求

本章主要介绍 Java 语言的基础语法，包括数据类型、数组及各种流程控制语句等。通过本章的学习，读者应能够掌握以下知识点。

- ❖ 掌握 Java 语言各种数据类型的规定。
- ❖ 了解强制数据类型的转换格式及使用。
- ❖ 掌握 Java 语言算术运算符、关系运算符、逻辑运算符、位运算符和复合赋值运算符的功能及使用。
- ❖ 了解运算符的优先级和结合性。
- ❖ 熟练掌握 Java 语言变量、常量的使用及其运算操作。
- ❖ 熟练掌握 Java 语言各种流程控制语句的功能及使用方法。
- ❖ 熟练掌握一维数组的定义、初始化和引用等操作。
- ❖ 了解多维数组的使用。

学习重点

Java 的各种数据类型、数组和各种流程控制的运用。

2.1　任务案例：计算圆周长和面积

2.1.1　实现过程

【任务说明】

编写一个简单的 Java 程序。程序功能是根据输入圆的半径，计算并显示圆的周长和面积。

【任务目的】

（1）学习 Java 中不同类型的数据和运算符的知识。

（2）掌握变量和常量的定义和使用。

（3）了解 Java 语言的类的概念。

【技术要点】

（1）求圆周长和面积需要定义变量、常量来保存圆的半径、圆周率、圆周长和面积等。

（2）计算圆周长和面积需要通过表达式的运算来完成。

（3）学习定义一个类，以类的形式来完成求解圆周长和面积的编程任务。

【实现步骤】

（1）打开 MyEclipse，新建一个 Java 工程 project2_1，在 project2_1 中创建主类文件 Circle，在 Name 文本框中输入主类文件名 Circle，并选中 public static void main(String[] args)复选框，如图 2.1 所示。

（2）单击 Finish 按钮，自动打开代码编辑窗口，如图 2.2 所示，在其中输入程序代码。

图 2.1　创建 Java 主类

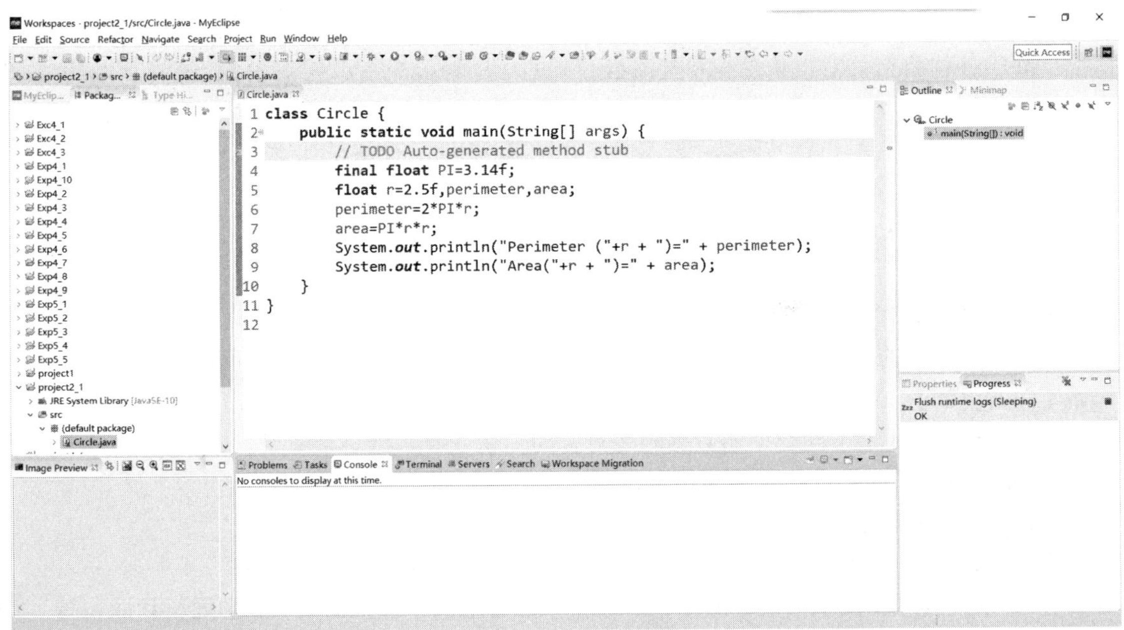

图 2.2　Java 类代码编辑窗口

（3）在代码编辑窗口中添加计算圆周长和面积的相关代码。

```
public static void main(String[] args)
{
   final float PI=3.14f;
   float r=2.5f,perimeter,area;
   perimeter=2*PI*r;
   area=PI*r*r;
```

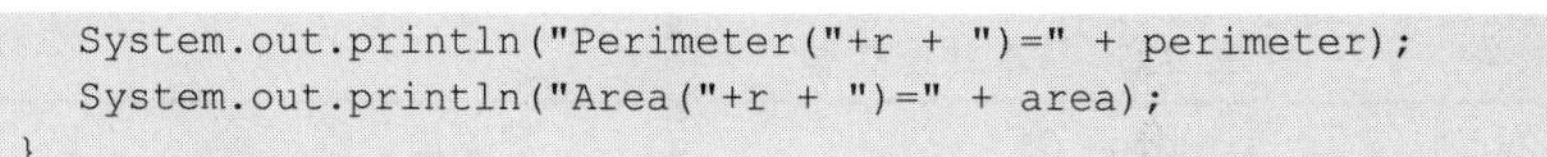

```
    System.out.println("Perimeter("+r + ")=" + perimeter);
    System.out.println("Area("+r + ")=" + area);
}
```

（4）运行计算结果。

```
Perimeter(2.5)=15.700001
Area(2.5)=19.625
```

2.1.2　知识集萃

1. 基本数据类型和变量

不同的编程语言中，数据类型的定义和处理方法各不相同，但都是必不可少的部分，用于表示各种数据的格式和结构。

常量和变量可以理解为计算机在处理数据时，必须将它们装入内存，并按照不同的数据类型分配不同的存储空间，借助于对内存单元的命名来访问这些数据。

1）标识符和关键字

（1）标识符。

① 标识符用作给变量、类和方法命名。

② 必须以字母、下画线和“$”符开头。

③ 首字符除外，其后可以跟上字母、下画线、“$”符或数字。

Java 对字母大小写是敏感的，标识符也不例外，Java 标识符的选取要注意“见名知意”且不能与 Java 语言的关键字重名。

（2）关键字（Keyword）。关键字也称保留字，是 Java 中具有特殊含义的字符序列，Java 中不允许对关键字赋予其他含义。Java 中的关键字都是小写，一共定义有 53 个关键字，如表 2.1 所示。

表 2.1　关键字表

abstract	class	extends	implements	null	strictfp	true
assert	const	false	import	package	super	try
boolean	continue	final	instanceof	private	switch	void
break	default	finally	int	protected	synchronized	volatile
byte	do	float	interface	public	this	while
case	double	for	long	return	throw	
catch	else	goto	native	short	throws	
char	enum	if	new	static	transient	

2）基本数据类型

在 Java 语言中，数据类型可分为基本（简单）数据类型（primitive type）和引用数据类型（reference type）。基本（简单）数据类型有整型（integral）、浮点型（floating）、布尔型（logical）和字符型（textual）；引用数据类型包括类（class）、数组（array）和接口（interface）。

基本（简单）数据类型是 Java 语言中预定义的、长度固定的、不能再分的类型，其中各数据类型的名字被当作关键字（或保留字）予以保留。

由于 Java 程序跨平台运行，所以它的数据类型不依赖于具体的计算机系统。Java 的基本（简单）数据类型如表 2.2 所示。

表 2.2　基本数据类型

类　　型		默　认　值	长　　度	数据值范围
整型	byte	0	8 位	-128～127
	short	0	16 位	-32768～32767
	int	0	32 位	-2147483648～2147483647
	long	0	64 位	-9223372036854775808～9223372036854775807
浮点型	float	0.0	32 位	3.4E-038～3.4E+038
	double	0.0	64 位	1.7E-308～1.7E+308
布尔型	boolean	false	1 位	false、true
字符型	char	\u0000	16 位	\u0000～\uFFFF

（1）整型。整型数有正整数、零和负整数，其含义同数学中的一样。Java 的整数有 3 种进制的表示形式。

① 十进制：用多个 0~9 的数字表示，如 123 和-100，其首位不能为 0。

② 八进制：以 0 打头，后跟多个 0~7 的数字，如 0123。

③ 十六进制：以 0x 或 0X 打头，后跟多个 0~9 的数字或 a~f 的小写字母或 A~F 的大写字母，a~f 或 A~F 分别表示值 10~15，如 0X123E。Java 的 4 种整型数如表 2.3 所示。

表 2.3　Java 的 4 种整型数

类　　型	长　　度	数 值 范 围
字节型 byte	8 位	-128～127，即-2^{7}～$2^{7}-1$
短整型 short	16 位	-32768～32767，即-2^{15}～$2^{15}-1$
整型 int	32 位	-2147483648～2147483647，即-2^{31}～$2^{31}-1$
长整型 long	64 位	-9223372036854775808～223372036854775807，即-2^{63}～$2^{63}-1$

【例 2-1】求一个三位数各个位置上的数字之和。

首先求得这个三位数的个、十、百位上的数字，将各个位置上的数字相加就是该三位数的数字之和。本例用以演示整数类型数值的运算，程序如下。

```
class Comsum{
  public static void main(String[] args){
    int n=256,a=0,b=0,c=0, comsum=0;
    a=n%10;            //取个位
    b=(n%100)/10;      //取十位
    c=n/100;           //取百位
    comsum=a+b+c;
    System.out.println("Comsum(" +n+ ") = " +comsum);
  }
}
```

程序运行结果如下。

```
Comsum(256) =13
```

（2）浮点型。Java 用浮点型表示数学中的实数，即有整数部分和小数部分。浮点数有两种表示方式。

① 标准计数法：由整数部分、小数点和小数部分构成，如 1.0、123.45 等。

② 科学计数法：由十进制整数、小数点、小数和指数部分构成，指数部分由字母 E 或 e 跟带正负号的整数表示，如 123.45 可表示为 1.2345E+2。

浮点数用于需要小数位精确度的计算。例如，计算平方根或三角函数等，都会产生浮点型

的值。Java 的浮点格式完全遵循 IEEE-754 标准。Java 的浮点型有单精度浮点（float）和双精度浮点（double）两种，如表 2.4 所示。

表 2.4 Java 的浮点型

类 型	数 值 长 度	范 围
单精度浮点	32 位	3.4E-038～3.4E+038
双精度浮点	64 位	1.7E-308～1.7E+308

【例 2-2】计算球的体积。

给出球的半径，求出球的体积值。本例演示浮点数类型的运算，定义 PI 为浮点型常量，程序如下。

```
class Globe{
   public static void main(String[] args){
      final float PI=3.14f;
      float r=2.5f,vol;
      vol=4*PI*r*r*r/3;
      System.out.println("Volume(" +r+ ")= " +vol);
   }
}
```

程序运行结果如下。

```
Volume(2.5) =65.416664
```

（3）布尔型。Java 中的布尔型属于 boolean 类型，只有两种形式：true 与 false。与 C/C++中的逻辑值不同，它不能代表整数，也不是字符串，不能被转换成字符串常量。

（4）字符型。字符型是用单引号括起来的一个字符，如'a'、'A'。另外，与 C、C++相同，Java 也提供转义字符，它是以反斜杠（\）开头，将其后的字符转变为另外的含义。表 2.5 列出了 Java 中的转义字符。

表 2.5 转义字符

转 义 序 列	Unicode 转义代码	含 义
\n	\u000a	回车
\t	\u0009	水平制表符
\b	\u0008	空格
\r	\u000d	换行
\f	\u000c	换页
Y	\u0027	单引号
\"	\u0022	双引号
\\	\u005c	反斜杠
\ddd		ddd 为 3 位八进制数
\udddd		dddd 为 4 位十六进制数

3）变量

变量是一个存储地址（storage location）而且有其相关类型，有时也称编译时期类型（compile-time type）。变量具有以下 3 个特性。

（1）名称：标识符。

（2）初始值：为其赋值或者是保留默认值。

（3）作用域：在不同程序块中的可用性及生命周期。

变量声明的语法格式如下。

```
[修饰符] 数据类型 标识符1[=初值], [标识符2…]
```

例如：

```
int a=1024,b=123;
static char charVar='A';
```

4）常量

Java 中的常量值是用文字串表示的，它区分为不同的类型，例如，整型常量 123，字符常量'a'，布尔常量 true、false，以及字符串常量 Java Course。

Java 中定义常量是用关键字 final 来实现的。

常量定义：定义成 final 以后，就不可再修改了，原先定义的变量就变成了常量，常量命名一般全为大写。例如：

```
public class finalnum{
   final int AA=0;
   final int BB=3;
}
```

5）数据类型的转换

用常量、变量或表达式为一个变量赋值时，两者的数据类型必须一致，否则需要类型转换。Java 中的类型转换有两种：自动类型转换和强制类型转换。

（1）自动类型转换。不同类型的数据进行混合运算时，系统将自动把数据从低级转换到高级（域小的自动转换为域大的数据类型）。系统允许且安全的类型转换包括 byte→short→int→long→float→double，以及 char→int。

如上所示，把位于左边的一种类型的变量赋给位于右边的类型的变量不会丢失任何数据信息。

例如：

```
byte a=20; short b=30;
int c=a+b;                    //域小的自动转换为域大的数据类型
```

注意：① 当进行类型转换时，要注意使目标类型能够容纳原类型的所有信息，否则就可能造成数据信息的丢失。

② 所有整型数据类型都能向 float 或 double 自动转换，反之则必须强制转换。

③ 字符类型可向 int、long、float、double 自动转换，反之则必须强制转换。

④ 字符类型转换为 byte 时必须强制转换。

⑤ 布尔类型不可和其他任何数据类型转换。

（2）强制类型转换。高级的数据类型转换到低级时，必须强制进行数据类型转换。强制类型转换是一种显式的类型转换。强制类型转换的语法格式如下。

```
(目标数据类型)变量名或表达式
```

例如：

```
int a=20;
byte b=(byte)a;               //域大者转换为域小者，则应强制转换
```

上面的程序段将 int 型强制转换成 byte 型。

需要注意的是：当进行一个理论上并不安全的转换时总是很危险的，例如，如果整数的值过大，超出了 byte 型的取值范围，则它的值将会因为对 byte 型值域取模（整数除以 byte 的值域 256 所得到的余数）而减小了。又如，当把浮点值赋给整数类型时，它的小数部分会被舍去。例如，将浮点数 323.142 赋给一个 byte 型的变量时，其结果值只是 67。这是因为在转换时，小

数部分首先被舍弃掉，变为 323，然后除以 byte 的值域 256 并取模，结果即为 67。

2. 运算符与表达式

1）运算符

运算符是对操作数进行运算的符号。运算符包括算术运算符、关系运算符、逻辑运算符、位运算符和其他运算符等。

（1）算术运算符。算术运算符用于实现数据运算，如表 2.6 所示。

表 2.6　算术运算符

运　算　符	含　　义	示　　例
+	加	c = a + b
-	减	c = a - b
*	乘	c = a * b
/	除	c = a / b
%	取模	c = a % b
++	递增	a++或++a
--	递减	b--或--b
-	取反	c = - a

【例 2-3】算术运算符的使用示例。

```
class ArithmeticTest{
   public static void main(String[] args){
      short x=6;
      int y=4;
      float a=12.5f;
      float b=7f;
      System.out.println("x is " + x + ", y is " + y);
      System.out.println("x + y = " + (x+y));
      System.out.println("x - y = " + (x-y));
      System.out.println("x / y = " + (x/y));
      System.out.println("x % y = " + (x%y));
      System.out.println("a is " + a + ", b is " + b);
      System.out.println("a / b = " + (a/b));
   }
}
```

编译并运行程序，其输出结果如下。

```
x is 6 , y is 4
x + y = 10
x - y = 2
x / y = 1
x % y = 2
a is 12.5 , b is 7.0
a / b = 1.7857143
```

① 一元运算符。一元运算符有一元正（+）、一元负（-）、加 1（++）和减 1（--）。

注意： 一元运算符与操作数之间不允许有空格，一元正（+）或一元负（-）运算符不能用于表达式而只能用于简单变量。

【例 2-4】一元运算符使用示例。

```
int i=10, j, k, m, n;
j=+i;
k=-i;
m=i++;
```

```
m=++i;
n=i--;
n=--i;
```

② 二元运算符。加（+）、减（-）、乘（*）、除（/）和取模（%）属于二元运算符，其中“+”“-”“*”“/”完成加、减、乘、除四则运算，“%”则是求两个操作数相除的余数。这 5 种运算符均适用于整型和浮点型。当在不同数据类型的操作数之间进行算术运算时，所得结果的类型应与精度最高的那种类型一致。

例如，如果用 d 表示今天的星期数目，如 d=1 表示星期一，则明天、昨天可分别用下式表示：

```
d= (d+1)%7          //明天
d= (d-1+7)%7        //昨天
```

（2）关系运算符。关系运算符用于测试两个操作数之间的关系，形成关系表达式。关系表达式将返回一个布尔类型的值 true（false）。它多用在控制结构的条件判断中。Java 的关系运算符如表 2.7 所示。

表 2.7 关系运算符

运 算 符	含 义	示 例
==	等于	a==b
!=	不等于	a!=b
>	大于	a>b
<	小于	a<b
>=	大于或等于	a>=b
<=	小于或等于	a<=b

【例 2-5】关系运算符的例子。

```
class ArithmeticRelation{
  public static void main(String[] args){
    System.out.println("Test of relation operation: ");
    System.out.println("result of 2 == 2: " + (2==2));
    System.out.println("result of 2 != 2: " + (2!=2));
    System.out.println("result of 1 >  2: " + (1>2));
    System.out.println("result of 1 <  2: " + (1<2));
    System.out.println("result of 2 <= 2: " + (2<=2));
    System.out.println("result of 2 >= 2: " + (2>=2));
    System.out.println("result of 1 >= 2: " + (1>=2));
    System.out.println("result of 1 <= 2: " + (1<=2));
  }
}
```

程序执行结果如下。

```
Test of relation operation:
  result of 2 == 2: true
  result of 2 != 2: false
  result of 1 > 2: false
  result of 1 < 2: true
  result of 2 <= 2: true
  result of 2 >= 2: true
  result of 1 >= 2: false
  result of 1 <= 2: true
```

（3）逻辑运算符。逻辑运算符与布尔操作数一起使用，用来进行逻辑运算，同样返回一个布尔类型的值 true（false）。Java 的逻辑运算符如表 2.8 所示。

表 2.8 逻辑运算符

运 算 符	含 义	示 例
&	逻辑与	A & B
|	逻辑或	A | B
^	逻辑异或	A ^ B
!	逻辑非	!A
||	条件或	A || B
&&	条件与	A && B

（4）位运算符。位运算是对整数中的位进行测试、置位或移位处理，是对数据进行按位操作的手段，Java 的位操作数只限于整型。Java 的位运算符有非（~）、与（&）、或（|）、异或（^）、右移（>>）、左移（<<）、0 填充的右移（>>>），如表 2.9 所示。

表 2.9 位运算符

运 算 符	含 义	示 例
~	按位非（NOT）	b = ~a
&	按位与（AND）	c = a & b
|	按位或（OR）	c = a | b
^	按位异或（XOR）	c = a ^ b
>>	右移（右移 1 位相当于除 2 取商）	b = a >> 2
>>>	右移，左边空出的位以 0 填充	b = a >>> 2
<<	左移（左移 1 位相当于乘 2 取积）	b = a << 1

在不产生溢出的情况下，左移运算相当于乘运算，也就是左移 n 位相当于该操作数乘以 2 的 n 次方；而右移运算相当于除运算，即右移 n 位相当于该操作数除以 2 的 n 次方取商。通过位运算实现乘、除要比直接执行乘除运算效率高。

【例 2-6】位运算符示例。

6 | 2=6 等价于二进制 0110 | 0010=0110。

4 & 2=0 等价于二进制 0100 & 0010=0000。

6 ^ 2=4 等价于二进制 0110 ^ 0010=0100。

9 >>2=2 等价于二进制 1001 右移 2 位为 0010，相当于 9 除以 2 的 2 次方取商为 2。

1<<2=4 等价于二进制 0001 左移 2 位为 0100，相当于 1 乘以 2 的 2 次方为 4。

（5）其他运算符。

① 复合赋值运算符。赋值运算符“=”可以在其前面加上其他运算符（如二元、布尔和位运算符等）组合成一种更简捷使用的方式，称为复合赋值运算符。它能够简化一些常用的表达式，也能够提高程序的编译速度。

该运算符使用的一般语法形式如下。

```
变量名 操作符=表达式
```

例如：

```
x %=y;          //等价于 x = x%y;
```

表 2.10 列出了 Java 中的复合赋值运算符及等价的表达式。

表 2.10　Java 中的复合赋值运算

运　算　符	运算表达式	等效表达式
+=	opl += op2	opl = opl + op2
-=	opl -= op2	opl = opl - op2
*=	opl *= op2	opl = opl * op2
/=	opl /= op2	opl = opl / op2
%=	opl %= op2	opl = opl % op2
&=	opl &= op2	opl = opl & op2
|=	opl |= op2	opl = opl | op2
^=	opl ^= op2	opl = opl ^ op2
>>=	opl >>= op2	opl = opl >> op2
>>>=	opl >>>= op2	opl = opl >>> op2
<<=	opl <<= op2	opl = opl << op2

此外，普通的赋值运算符“=”一次可以为多个变量赋值，例如：

```
int a = 20000;
int p,q,r,s;
p = q = r = s = a;
```

② 三元条件运算符（?：）。Java 语言提供了高效简便的三元条件运算符（?：），该运算符的语法格式如下。

```
<表达式1>?<表达式2>:<表达式3>
```

该运算符的作用是：先计算<表达式 1>的值，当<表达式 1>的值为 true 时，则将<表达式 2>的值作为整个表达式的值；当<表达式 1>的值为 false 时，则将<表达式 3>的值作为整个表达式的值。

【例 2-7】三元条件运算符示例。

```
class TripleOp{
    public static void main(String args[]){
        int salary,daysPresent = 30;
        salary = daysPresent == 20 ? 2000 : 3000;
        System.out.println("您本月薪资为 $"+salary);
    }
}
```

程序运行结果如下。

```
您本月薪资为 $3000
```

③ 对象运算符 instanceof。对象运算符 instanceof 用来测试一个指定对象是否是指定类（或它的子类）的实例，若是则返回 true，否则返回 false。

【例 2-8】对象运算符示例。

```
class InstanceOfDemo{
    public static void main(String args []){
        InstanceOfDemo t = new InstanceOfDemo();
        if (t instanceof InstanceOfDemo){
            System.out.println("T 是InstanceOfDemo 的实例! ");
        }else {
            System.out.println("T 不是InstanceOfDemo的实例! ");
        }
    }
}
```

程序运行结果如下。

```
T 是InstanceOfDemo 的实例!
```

2）表达式

表达式是算法语言的基本组成部分，它表示一种求值规则，通常由操作数、运算符和圆括号组成。操作数是参加运算的数据，可以是常数、常量、变量或方法引用。表达式中出现的变量名必须已经被初始化过。

表达式按照运算符的优先级进行计算，求得一个表达式的值。运算符中圆括号的优先级最高，运算次序是“先内层，后外层”，因此先计算由圆括号括起来的子表达式，圆括号还可以多级嵌套。大多数运算符按照从左向右的次序进行计算，只有少数运算符的运算次序是从右向左的，如赋值运算符、三元条件运算符等。

Java 规定了表达式的运算规则，对操作数类型、运算符性质、运算结果类型及运算次序都做了严格的规定，程序员在使用时必须严格遵循系统的规定，不得自定义。

操作数和运算符都是有类型的，因而表达式也是有类型的，表达式的类型不一定和操作数相同，它取决于其中的运算结果。

【例 2-9】表达式示例。

```
(i + 1)*2              //结果为int
(i>=0) && (I<=9)       //结果为boolean
"Abc" + "xyz"          //结果为string
```

Java 表达式既可以单独组成语句，也可出现在循环条件、变量定义、方法的参数调用等场合。

3）表达式中运算符的优先级

运算符的优先级决定了表达式中运算符执行的先后顺序。在 Java 中，圆括号的优先级最高，赋值运算符的优先级最低，而通过改变运算符的结合方向和使用圆括号可以改变执行的顺序。例如，对于表达式 a=b+c-d，由于“+”“-”的优先级高于“=”，故先计算右侧表达式。此外，由于“+”“-”的结合方向为从左向右，故先执行 b+c，再将结果减 d，最后将结果赋予 a。运算符优先级从高到低排列以及对应的结合方向如表 2.11 所示。

表 2.11　运算符的优先级与结合方向

优 先 级	运 算 符	结 合 方 向
1	( )，[ ]（下标运算符、引用数组元素），.（分量运算符，用于引用对象的属性和方法）	从左向右
2	!，+（正），-（负），~，++，--	从右向左
3	*，/，%	从左向右
4	+（加），-（减）	从左向右
5	<<，>>，>>>	从左向右
6	<，<=，>，>=，instanceof	从左向右
7	==，!=	从左向右
8	&（按位与）	从左向右
9	^（按位异或）	从左向右
10	|（按位或）	从左向右
11	&&（逻辑与）	从左向右
12	||（逻辑或）	从左向右
13	? :（三元运算符）	从右向左
14	=，+=，-=，*=，/=，%=，&=，|=，^=，~=，<<=，>>=，>>>=	从右向左

2.1.3 拓展知识

平时在构造数学表达式时，一定要注意不要为图省事而构造包含较多一、二元运算符在内的复杂表达式，因为这种表达式既不好判断，又容易出错。下面不妨看两个例子。

（1）如果有整型数 a=2，b=3，c=4，对于表达式 x = ++a+b+++c++的执行结果，由于包含较多一元递增运算符（++）并混合二元相加运算符（+）在一起，很难判断其执行结果。事实上，根据表 2.11 中所列出的运算符的优先级和结合顺序，可以知道一元递增运算符（++）的优先级要高于二元相加运算符（+），所以当前这个表达式可以通过自加最高优先级的圆括号而协助判断运算的先后顺序及步骤。

x = ++a+b+++c++ 等价于 x = (++a)+(b++)+(c++)

这里还有一点需要特别留意，那就是一元递增运算符（++）写在操作数之前还是之后是有区别的：递增运算符（++）如果写在前面，意味着先对操作数递增 1，再把递增之后的结果输出；而如果把（++）写在后面，则意味着先把操作数输出，再对操作数递增 1。这显然对表达式最终输出的结果是有显著影响的。

假设(++a)运算的结果暂存中间临时变量 op1，(b++)运算的结果暂存临时变量 op2，(c++)运算的结果暂存临时变量 op3，那么对于上面的等价表达式 x = (++a)+(b++)+(c++)，可分为两步计算。

第一步：op1=3, op2=3, op3=4；（注：b=4，c=5。）

第二步：x=op1+op2+op3=10；

所以，如果把 a、b、c 和 x 都予以输出，最终运算显示的结果：

a=3，b=4，c=5，x=10

（2）对于表达式 a+=a*=b-=(a=6)/(b=2)，它实则包含以下 4 步运算。

第一步：a=6, b=2, a/b=3；

第二步：b=b-a/b= -1；

第三步：a=a*b= -6；

第四步：a=a+a= -12。

很显然，像以上两例由多个运算符所组成的复合表达式，晦涩难懂，极易出错，实际操作中不提倡这样定义，而应尽量把复杂表达式分解为由多个简单表达式构成的组合。虽然这样可能会多写几句代码，但是便于后期的排错和维护。

2.2 任务案例：找最大值、最小值并输出

2.2.1 实现过程

【任务说明】

编写一个简单的 Java 应用程序。程序功能是从已知的一组整数中找出最大值与最小值，并打印输出程序结果。

【任务目的】

（1）巩固运用 Java 运算符的知识点。

（2）学习数组知识，掌握一维数组的定义和使用。

（3）掌握 Java 程序的控制语句和循环语句。

【技术要点】

（1）找出最大值和最小值，需要运用运算符比较数值的大小。

（2）将一组随机数存放在数组中，需要学习数组的有关知识。

（3）为了简化程序代码和控制程序运行，需要学习程序控制结构。

（4）定义一个类，完成求最大值和最小值的任务。

【实现步骤】

（1）进入 MyEclipse 工作空间，在 project2_2 中新建主类 MaxMin，如图 2.3 所示。

图 2.3　创建主类 MaxMin

（2）单击 Finish 按钮，打开代码编辑窗口并在其中输入程序代码，如图 2.4 所示。

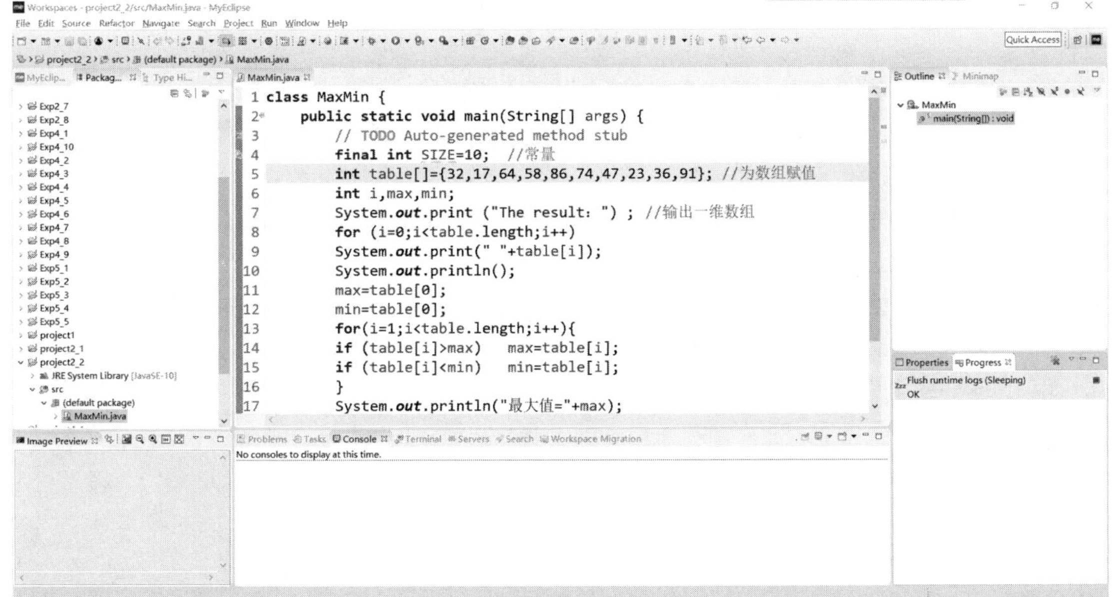

图 2.4　Java 类代码编辑窗口

（3）在主类中添加的代码如下。

```
public static void main(String[] args)
{
    final int SIZE=10;                                      //常量
    int table[]={32,17, 64,58,86,74,47,23,36,91};           //为数组赋值
    int i,max,min;
    System.out.print("The result: ");                       //输出一维数组
    for(i=0;i<table.length;i++)
    System.out.print(" "+table[i]);
    System.out.println();
    max=table[0];
    min=table[0];
    for(i=1;i<table.length;i++){
        if (table[i]>max)   max=table[i];
        if (table[i]<min)   min=table[i];
    }
    System.out.println("最大值="+max);
    System.out.println("最小值="+min);
}
```

（4）程序运行结果如下。

```
The result: 32 17 64 58 86 74 47 23 36 91
最大值=91
最小值=17
```

2.2.2 知识集萃

1. 控制结构

Java 程序是通过流控制来执行程序流、完成一定任务的。程序流是由若干个语句组成的，语句可以是单一的一条语句，也可以是用大括号括起来的一个复合语句。

1）分支语句

条件语句 if-else。语句根据判定条件的真假来执行两种操作中的一种，它的格式如下。

```
if (布尔逻辑表达式)
语句1;
[else
语句2;]
```

说明：① 布尔表达式是任意一个返回布尔型数据的表达式。

② 每个单一的语句后都必须有分号。

③ 语句 1、语句 2 可以为复合语句，这时要用大括号括起。建议对单一的语句也用大括号括起，这样程序的可读性强，而且有利于程序的扩充。

④ else 子句是任选的（注：语法表达式中，中括号[ ]表示可选项）。

⑤ 若布尔表达式的值为 true，则程序执行语句 1，否则执行语句 2。

⑥ if-else 语句的一种特殊形式如下。

```
if (表达式1){
语句1
}else if (表达式2){
语句 2
}...
}else if (表达式 M){
语句M
}else{
```

```
语句N
}
```

else 子句不能单独作为语句使用，它必须和 if 配对使用。else 总是与离它最近的 if 配对。可以通过使用大括号来改变配对的关系。

【例 2-10】任意给定年份，判断该年是否为闰年。闰年的条件是符合下面两者之一。

① 能被 4 整除，但不能被 100 整除。

② 能被 400 整除。

```
class LeapYear{
public static void main(String args[]){
    int year=1988;
    if ((year%4==0 && year%100!=0) || (year%400==0))
        System.out.println(year+" is a leap year!");
    else
        System.out.println(year+" is not a leap year!");
    year=2000;
    boolean leap;
    if(year%4!=0)
        leap=false;
    else if (year%100!=0)
        leap=true;
    else if(year%400!=0)
        leap=false;
    else
        leap=true;
    if (leap==true)
        System.out.println(year+" is a leap year!");
    else
        System.out.println(year+" is not a leap year!");
    year=2021;
    if (year%4==0){
        if (year%100==0 ) {
            if (year%400==0)
                leap=true;
            else
                leap=false;
        }else
            leap=false;
    }else
        leap=false;
    if (leap==true)
        System.out.println(year+" is a leap year!");
    else
        System.out.println(year+" is not a leap year!");
}
}
```

程序运行结果如下。

```
1988 is a leap year!
2000 is a leap year!
2021 is not a leap year!
```

2）switch 语句

switch 语句（又称开关语句）是和 case 语句一起使用的，其功能是根据某个表达式的值在多个 case 引导的分支语句中选择一个来执行。如果任何分支都不匹配，就执行可选的 default 默认语句块。它的一般格式如下。

```
switch (表达式)
{
    case 判断值1: 语句块1; [break;]
    case 判断值2: 语句块2; [break;]
    case 判断值3: 语句块3; [break;]
    ...
    case 判断值n: 语句块n; [break;]
    [default: 语句块n+1;]
}
```

在 switch 后面括号中的表达式的值必须是符合 byte、char、short、int 类型的常量表达式，而不能使用浮点类型或 long 类型，也不能为一个字符串。

当遇到 break 语句时，switch 语句就会终止。程序跳转到 switch 语句后面的语句执行。break 语句是可选项，如果没有 break 语句出现，程序就会继续执行下一条 case 语句，直至遇到 break 语句，则跳出 swtich 语句结构。

一个 switch 语句可以代替多个 if-else 语句组成的分支结构，但 switch 语句从思路上显得更加清晰。

【例 2-11】编写程序，显示星期几对应的英文字符串。

假设用 weekday 表示星期几，可以使用 switch 语句将 weekday 转换成对应的英文字符串，程序如下。

```
class WeekdaySwitch{
    public static void main(String[] args){
        int weekday=6;
        System.out.print("weekday= "+weekday+ " ");
        switch(weekday){
            case 0:System.out.println(" Sunday ");break;
            case 1:System.out.println(" Monday ");break;
            case 2:System.out.println(" Tuesday ");break;
            case 3:System.out.println(" Wednesday ");break;
            case 4:System.out.println(" Thursday ");break;
            case 5:System.out.println(" Friday ");break;
            case 6:System.out.println(" Saturday ");break;
            default:System.out.println(" Data Error! ");
        }
    }
}
```

程序运行结果如下。

```
weekday=6 Saturday
```

3）循环结构

循环结构是程序中一种重要的基本结构，在一定的条件下被反复执行的某段程序称为“循环体”。

Java 中有 3 种语句实现循环结构，分别是 while、do-while 和 for 语句。它们的结构框图如图 2.5 所示。

（1）for 语句。for 语句是 3 个循环语句中功能最强、使用最广泛的一个，for 语句的格式如下。

```
for(表达式1;表达式2;表达式3)
{
    循环体语句;
}
```

表达式 1 一般是一个或多个（逗号隔开）赋值语句，它用来给循环控制变量赋初值；表达式 2 是一个布尔类型的表达式，它决定什么时候退出循环；表达式 3 一般用来修改循环变量，控制变量每循环一次后按什么方式变化。这 3 个部分之间用“;”分开。

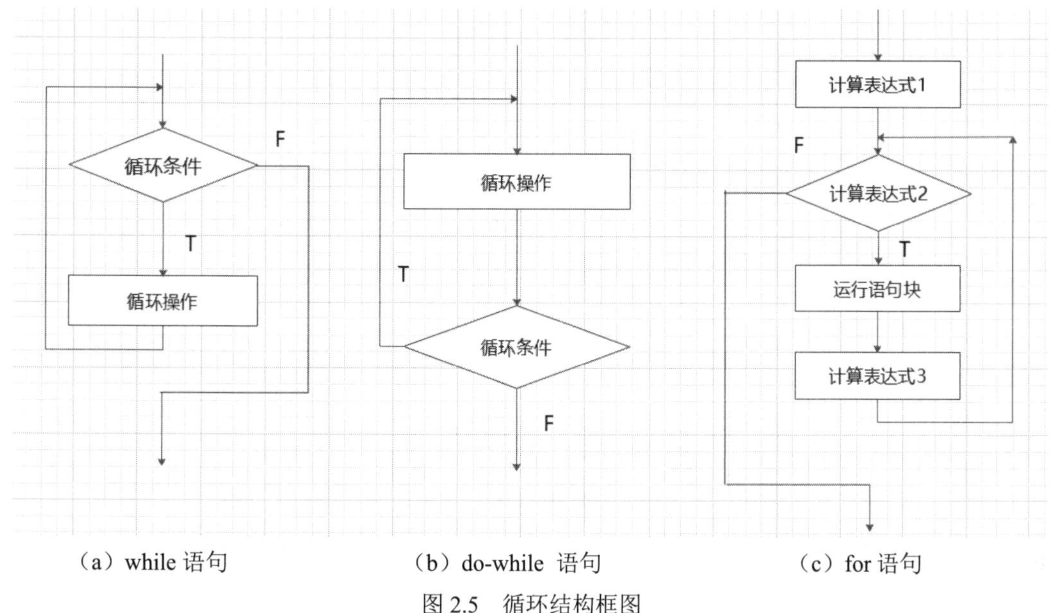

（a）while 语句　　（b）do-while 语句　　（c）for 语句

图 2.5　循环结构框图

for 语句的执行过程如下。

① 在循环刚开始时，先计算表达式 1 的值。在这个过程中，一般完成的是初始化循环变量或其他变量。

② 根据计算表达式 2 的值来决定是否执行循环体。表达式 2 是一个返回布尔值的表达式，若该值为假，将不执行循环体并退出循环；若该值为真，将执行循环体。

③ 执行完一次循环体后，再计算表达式 3 的值。在这个过程中一般会修改循环变量。

④ 转入第②步继续执行。

【例 2-12】 求 1～12 的 12 个数字的累加和。

本例演示 for 语句的如下两种使用方法。

方法一：循环变量 i 以递增方式从 1 变化到 n，循环体语句执行 n=12 次，循环执行完后写出结果 s。

方法二：以递减方式变化。由于要写出累加的算式，i 及“+”应写在循环体中，而 n 个数只需写 n−1 个加号，所以循环体语句只需执行 n−1=11 次就够了，此时设计 i 从 n 变化到 2，循环执行完后再写最后一个 i 值及最后一次运算的结果（s+i）。

本实例将两种运算方法分别写到同一个程序里，代码如下。

```
class ForSum{
    public static void main(String[] args){
        int i=1,n=12,s=0;
        for (i=1;i<=n;i++)
            s=s + i;
        System.out.println("Sum=1 + … + " +n+ " = " +s);
        s=0;
        System.out.print("Sum=");
        for (i=n;i>1;i--){
            s+=i;
```

```
            System.out.print(i+" + ");
        }
        System.out.println(i+ " = "+(s+i));
    }
}
```

程序运行结果如下。

```
Sum=1 + ... + 12 = 78
Sum=12 + 11 + 10 + 9 + 8 + 7 + 6 + 5 + 4 + 3+ 2 + 1 = 78
```

（2）while 语句。while 语句的语法格式如下。

```
while(条件表达式)
{
    循环体语句;
}
```

在循环刚开始时，会计算一次条件表达式的值。当条件为假时，将不执行循环体，而直接跳转到循环体外，执行循环体外的后续语句；当条件为真时，将执行循环体。每执行完一次循环体后，都会重新计算一次条件表达式的值，当条件为真时，便继续执行循环体，直到条件为假才结束循环。

【例 2-13】计算斐波那契（Fibonacci）序列。

Fibonacci 序列是指序列的最开始两项为 0 和 1，以后各项的值是其前两项之和的序列，即 0, 1, 1, 2, 3, 5, 8,…。该序列的数学规律遵循以下两个算式：$F_1=F_2=1$，Fn= Fn-1+Fn-2（n≥3）。

计算程序如下。

```
class WhileFib{
    public static void main(String[] args){
        final int MAX=16;          //设置待计算的序列长度
        int i=0,j=1,k=0;           //设i为Fn-1, j为Fn-2, k为控制循环结束的变量
        while(k<MAX){
            System.out.print(" " + i + " "+j);
            i=i+j;
            j=i+j;
            k=k+2;
        }
        System.out.println();
    }
}
```

程序运行结果如下。

```
 0  1  1  2  3  5  8  13  21  34  55  89  144  233  377  610
```

（3）do-while 语句。do-while 语句的语法格式如下。

```
do{
    循环体语句;
}while(条件表达式);
```

do-while 循环与 while 循环的不同点在于它先执行循环中的语句，然后再判断条件是否为真，如果为真，则继续循环；如果为假，则终止循环。因此，do-while 循环至少要执行一次循环语句。

【例 2-14】输入一个正整数，编写程序将各个位置的数字反转后输出。

分析：将一正整数反转输出，即先输出个位，然后输出十位、百位、…。可采用不断除以 10 取余数的方法，直到商等于 0 为止，这显然是一个循环过程。无论整数是几，至少要输出一个个位数，因此程序中可使用 do-while 循环。

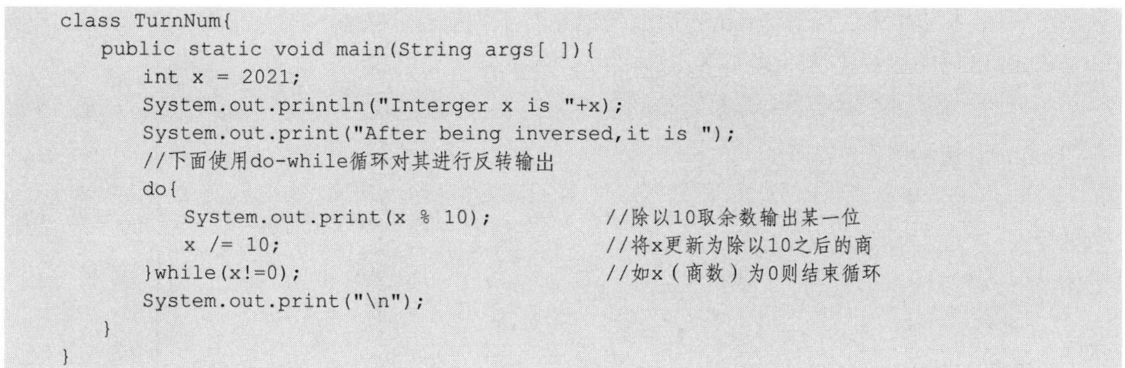

```
class TurnNum{
    public static void main(String args[ ]){
        int x = 2021;
        System.out.println("Interger x is "+x);
        System.out.print("After being inversed,it is ");
        //下面使用do-while循环对其进行反转输出
        do{
            System.out.print(x % 10);            //除以10取余数输出某一位
            x /= 10;                             //将x更新为除以10之后的商
        }while(x!=0);                            //如x（商数）为0则结束循环
        System.out.print("\n");
    }
}
```

程序运行结果如下。

```
Interger x is 2021
After being inversed,it is 1202
```

4）跳转语句

（1）break 语句。break 语句的用途是从一个封闭语句中跳出，如 switch、do-while、for、while 等语句，并将控制权交给循环语句或分支语句后面的语句或是由标号所指定的语句，其语法格式如下。

```
break [标号];                                    //标号是可选的，用于指定跳转的位置
```

break 语句最主要的用途有如下两个。

① 在 switch 语句中终止某个 case 分支的执行，跳出整个 switch 语句结构。

② 使某一个循环立即结束。

break 语句示例程序如下。

```
for (int i=1;i<=10;i++) {
    if (i==4)
        break;
    System.out.print(i+" ");
}
```

执行结果输出：1 2 3

（2）continue 语句。continue 语句的用途是跳出本次循环，不再执行本次循环 continue 语句之后的部分，转而继续执行下一次循环。continue 语句的格式如下。

```
continue [标号];                                 //标号是可选的，用于指定跳转的位置
```

与 break 语句不同，continue 语句并不终止当前循环。在循环体中遇到 continue 语句时，本次循环结束，然后重新回到循环条件处，判断是否执行下一次循环。

假设把上面示例程序中的 break 替换为 continue，程序如下。

```
for (int i=1;i<=10;i++) {
    if (i==4)
        continue;
    System.out.print(i+" ");
}
```

则执行结果输出：1 2 3 5 6 7 8 9 10

（3）return 语句。return 语句总是和 Java 的方法（或函数）有密切关系，return 语句总是用在方法体中，它有如下两个作用。

① 返回方法指定类型的值。

② 用于方法结束的标志，return 后面的语句将不被执行。

return 语句的一般语法格式如下。

```
return [方法指定返回类型的变量];
```

return 语句示例程序如下。

```
public String test(){                    //test()方法（函数）的返回值为String字符串类型
        System.out.println("---------有返回值类型的return语句测试--------");
        return "返回一个字符串";              //return语句返回的是一个字符串类型的值
}
```

2. 数组

数组是一个长度固定的数据结构，它存储多个相同类型的数值。数组直接被 Java 编程语言所支持，但是无论数组是由原始类型构成的，还是带有其他类型数据，它都是一个对象。数组是一个 Object 类的一个不明显的扩展，所以可以指定一个数组给一个类型定义为 Object 的变量。数组只有经过定义、分配内存及赋值后才能使用。

1）一维数组

（1）一维数组的定义。一维数组的语法格式如下。

```
type arrayName[];
```

或

```
type[] arrayName;
```

其中，类型（type）可以为 Java 中任意的数据类型，数组名 arrayName 为一个合法的标识符，[]指明该变量是一个数组类型变量。例如：

```
int intArray[];
```

Java 在数组的定义中并不为数组元素分配内存，因此[]中可不用指出数组中元素的个数（即数组长度）。对于如上定义的一个数组是不能访问它的任何元素的，这时必须为它分配内存空间，指明数组的长度，还会用到运算符 new，其语法格式如下。

```
arrayName = new type[arraySize];
```

其中，arraySize 用来指明数组的长度。例如：

```
intArray = new int[3];
```

通常，可以将上述两部分合在一起来定义一个数组，合并之后的语法格式如下。

```
type arrayName = new type[arraySize];
```

例如：

```
int intArray = new int[3];
```

（2）一维数组元素的引用。定义一个数组并用运算符 new 为它分配了内存空间后，就可以引用数组中的每一个元素了。数组元素的引用方式如下。

```
arrayName[index]
```

其中，index 为数组下标，它可以为整型常数或表达式，如 a[3]、b[i]（i 为整型）、c[6*i]等。下标从 0 开始，一直到数组的长度减 1（如果下标大于或等于数组长度值，这种情况属于数组下标越界）。例如，对于“int intArray=new int[3];”中的 intArray 数组来说，它有 3 个元素，分别为 intArray[0]、intArray[1]和 intArray[2]。（注意：没有 intArray[3]，这属于越界。）

由于 Java 数组下标在使用过程中存在越界的可能性，所以对数组元素要进行越界检查以保证安全性。同时，对于每个数组都有一个属性 length 来指明它的长度，例如，intArray.length 指明数组 intArray 的长度。

（3）一维数组的初始化。一维数组必先初始化才可以使用，所谓初始化，就是为数组的数组元素分配内存，并为每个数组元素赋值。

数组初始化有如下两种方式。

① 静态初始化。初始化时无须指定数组的长度（大小），但需指定每个数组元素的初始值，而由系统根据元素个数自动计算数组的长度，并分配相应的数组内存空间。其语法格式如下。

```
数组名 = {元素1,元素2,元素3,...,元素n};
```

② 动态初始化。利用 new 操作符为数组分配内存空间并赋予默认值。其语法格式如下。

```
数组名 = new 数组类型[数组长度];
```

其中，数组长度可以为整型常数或表达式。这种方式初始化，未直接指明数组元素的值，所以系统会赋予每个元素默认值。默认初始化值：int 型为 0，float 型为 0.0，double 型为 0.0，boolean 型为 false，char 型为 0 所对应的字符'\u0000'，String 型为 null。

下面来看两个数组运用的例子。

【例 2-15】将 Fibonacci 数列改用一维数组存放并输出。

Fibonacci 数列的定义：F1 =0，F2 = 1，Fn = Fn-1 + Fn-2（n≥3）。

```
class Fibonacci{
    public static void main(String args[]){
        int i;
        int f[]=new int [16];                //动态初始化为有16个元素、默认值为0的数组
        f[1]=1;                              //将f[1]的默认值修改为1
        System.out.print("F[0]=" + f[0]);
        System.out.print("F[1]=" + f[1]);
        for (i=2; i<16; i++){                //数组下标最大值为长度减1，注意避免下标越界
            f[i]=f[i-1]+f[i-2];
            System.out.print("F[" + i + "]=" + f[i]);
        }
    }
}
```

【例 2-16】采用冒泡法对数组数列进行排序（从小到大）。

冒泡法排序可对相邻的两个元素进行比较，并把小的元素交换到前面。

```
class BubbleSort{
    public static void main(String args[]){
        int i,j;
        int intArray[]={30,1,-9,70,25};  //静态初始化为有5个元素值的数组
        int l=intArray.length;
        for(i=0; i<l-1; i++)
            for (j=i+1; j<l; j++)
        if(intArray[i]>intArray[j]){      //若相邻元素的前者大于后者，就互换位置
            int t=intArray [i];
            intArray[i]=intArray[j];
            intArray[j]=t;
        }
        for(i=0; i<l; i++)
            System.out.println(intArray[i]+" ");
    }
}
```

2）多维数组

日常工作中经常用到的行列式、矩阵等数据集合，一般都是由两个下标确定一个元素，对于三维或多维空间的描述，则需要 3 个或更多下标来确定一个元素。对于这些问题，Java 提供

了多维数组来解决。多维数组被看成数组的数组，即高维数组中的元素又是一个低维数组。下面以二维数组为例进行说明。

（1）二维数组的定义。二维数组定义的语法格式如下。

```
type arrayName[][];
```

或

```
type[][] arrayName;
```

例如：

```
int intArray[][];
```

或

```
int[][] intArray;
```

（2）二维数组的初始化。与一维数组一样，二维数组的初始化也分为静态初始化和动态初始化。

① 静态初始化。静态初始化是指在定义数组的同时给元素赋初值。例如：

```
int a[][] = {{2,3}, {1,5}, {3,4,6}};
```

由于二维数组可以看作一维数组的数组，上例中的 a 可以看作由 3 个一维数组所组成的数组。值得注意的是，这 3 个一维数组的长度可以不相同。

② 动态初始化。动态初始化是指使用运算符 new 来分配内存空间，并指定数组元素的行数和列数，但不直接给数组元素赋初值。二维数组动态初始化有如下两种方式。

第一种：直接初始化。在数组初始化时直接指定二维数组的行数和列数，这种方式适合数组每行中的列数都相等的情况。例如：

```
int a[][] = new int[2][3];
```

第二种：逐级初始化。首先指定二维数组的行数，然后再分别为每一行指定列数。这种方式适合数组每行中的列数可以不相等的情况。例如：

```
int a[][] = new int[2][];
a[0] = new int[3];
a[1] = new int[4];
```

注意：对于二维数组，在首先分配内存空间时，可以只指定行数而不指定列数（列数可以以后再指定），但是反过来不行。

（3）二维数组元素的引用。对二维数组中的每个元素，引用方式的语法格式如下。

```
arrayName[index1][index2];
```

其中，indexl、index2 为下标，可为整型常数或表达式；同样，每一维的下标都从 0 开始。例如：

```
int a[][] = new int[2][];
a[0] = new int[2];
a[1] = new int[3];
a[0][0] = 6;                    //为二维数组a的第一行第一列元素赋值
a[1][0] = 7;                    //为二维数组a的第二行第一列元素赋值
a[1][2] = 8;                    //为二维数组a的第二行第三列元素赋值
```

【例 2-17】输出杨辉三角形。

杨辉三角形最本质的特征：它的两条斜边都是由数字 1 组成的，而其余的数则是等于它肩上的两个数之和。假设输出 10 行，程序代码如下。

```
public class MultiDimArray{
public static void main(String args[]){
    final int ROW=9;
    int a[][]=new int[ROW+1][];
    for(int i=0;i<=ROW;i++){
        a[i]=new int[i+1];
    }
    printInfo(a,ROW);
}
static void printInfo(int a[][],int ROW)
{
    for(int i=0;i<=ROW;i++)
        for(int j=0;j<=a[i].length-1;j++){
            if(i==0 || j==0 || j==a[i].length-1)
                a[i][j]=1;
            else a[i][j]=a[i-1][j-1]+a[i-1][j];
        }
    for (int i=0;i<=ROW;i++){
        for (int j = 0;j<=a[i].length-1;j++)
            System.out.print(a[i][j]+" ");
        System.out.println();
    }
}
}
```

其输出结果如下。

```
1
1 1
1 2 1
1 3 3 1
1 4 6 4 1
1 5 10 10 5 1
1 6 15 20 15 6 1
1 7 21 35 35 21 7 1
1 8 28 56 70 56 28 8 1
1 9 36 84 126 126 84 36 9 1
```

2.2.3　拓展知识

Java 程序的主方法 main()的完整写法如下。

```
public static void main(String[] args){
    ...
}
```

注意： main()方法有一个一维字符串类型数组的参数 args。这个参数叫作命令行参数，是在通过命令行使用 java 命令执行程序时，传递给 main()方法的参数。main()方法携带的 String[]（字符串数组）类型的形参 args 正是为了接收这些来自命令行的参数而设置的。

在执行程序时，可以从命令行传递任意多个参数值给 main()方法，其间使用空格隔开，也可以不传递任何参数。这些传递进来的多个参数值被当作字符串类型的值，并保存在字符串数组 args 中供 main()方法在执行过程中加以使用。下面看一个例子。

【例 2-18】 通过命令行向 main()方法传递参数并予以输出显示。

```
class ArgumentDemo{
  public static void main(String[] args){
    int len = args.length;        //获得命令行参数的个数
    if (len > 0){                 //判断是否有命令行参数
      //如果有，将其逐一输出到控制台
      System.out.println(len + "个命令行参数，具体如下：");
```

```
      for (int i = 0; i < args.length; i++){
        System.out.println(args[i]);
      }
    }else{
      //否则给出提示信息
      System.out.println("你没有传递任何命令行参数。");
    }
  }
}
```

这个带有输入命令行参数的程序，在“命令提示符”窗口和在 MyEclipse 中执行的过程略有不同，演示说明如下。

1. 在命令提示符执行

在使用 javac 命令编译后缀名是.java 的源程序时，是不需要输入参数的，参数输入是在执行.class 的字节码文件时才需要的，其编译和执行的过程如图 2.6 所示。

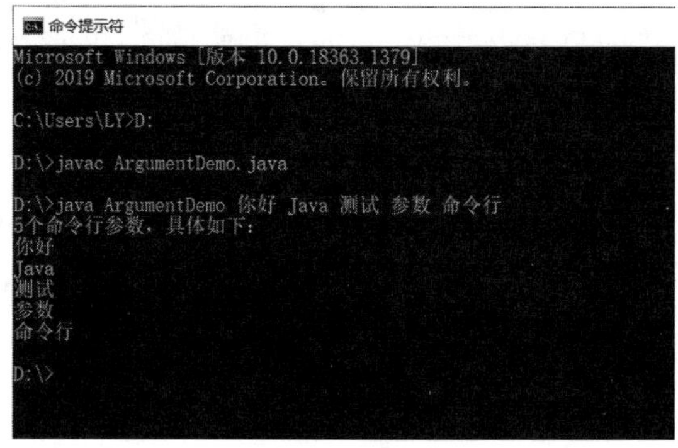

图 2.6　在“命令提示符”窗口执行结果

2. 在 MyEclipse 中执行

当在代码编辑器中把代码输入完毕执行程序时，在快捷按钮行，单击 Run 中的 Run Configurations 按钮，弹出如图 2.7 所示窗口，选择 Arguments 选项卡，进入命令行参数输入界面，如图 2.8 所示，在 Program arguments 文本框中输入命令行参数，输入完毕后，单击 Run 按钮，最终在 Console 控制台显示结果，如图 2.9 所示。

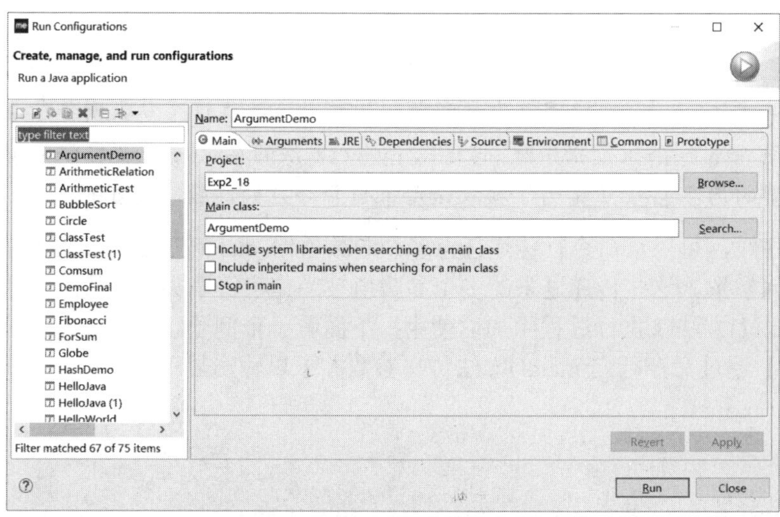

图 2.7　在 MyEclipse 中打开运行配置窗口

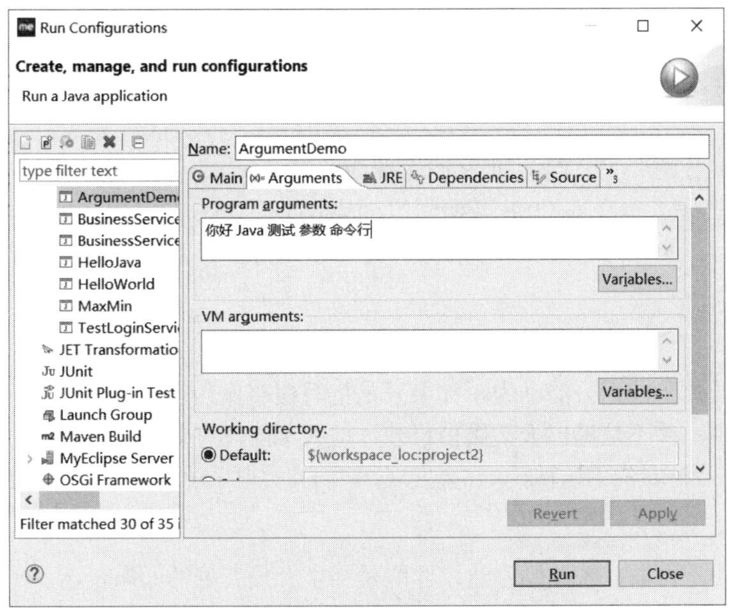

图 2.8　进入 MyEclipse 的命令行参数输入窗口

```
class ArgumentDemo {
    public static void main(String[] args) {
        // TODO Auto-generated method stub
        int len = args.length;  //获得命令行参数的个数
        if (len > 0){  //判断是否有命令行参数
          //如果有，将其逐一输出到控制台
          System.out.println(len + "个命令行参数，具体如下：");
          for (int i = 0; i < args.length; i++){
            System.out.println(args[i]);
          }
        }else{
          //否则给出提示信息
          System.out.println("你没有传递任何命令行参数。");
        }
    }
}
```

```
<terminated> ArgumentDemo [Java Application] D:\MyEclipse\binary\com.sun.java.jdk10.win32.x86_64_1.10.1\bin\javaw.exe (2021年4月4日 下午8:21:29)
5个命令行参数，具体如下：
你好
Java
测试
参数
命令行
```

图 2.9　在 MyEclipse 的 Console 中显示结果

2.3　第 2 章小结

本章主要讲述了各种基本数据类型的变量如何声明和定义，如何写赋值语句，如何对表达式求值，什么是强制类型转换，什么决定了一个表达式中各个运算符执行的优先顺序。接着讲解了各种决策、选择、循环控制结构和跳转语句的使用，以及一维和多维数组的定义和使用。对于本章，读者重点要掌握常用基本数据类型和数组的使用，以及如何在 Java 程序中做出决策和选择，如何使用循环让程序重复一组动作直到满足特定条件为止，为下一步的 Java 学习奠定基础。

2.4 育人进阶——如何学好 Java 编程

Java 开发主要分两个大方向，即 Web 企业级开发（Java Web J2EE）和 Android 移动开发。一般从事 Java 的开发人员会从 J2SE 开始学习，因此对于 J2SE 的掌握必须要牢固。然而在初学时，通常会对学习方法感到迷茫，下面就来分析一下如何学好 Java 编程，相信能帮助正处于迷茫状态的读者。

1. 培养兴趣

兴趣是能够让你坚持下去的动力，如果只是把写程序作为谋生的手段，你会活得很累，多关心一些行业趣事。并不是提倡天天做白日梦，但人不能没有梦想。

有空多到一些程序员的论坛转转，你会发现，他们其实很乐观幽默，时不时会冒出智慧的火花。

2. 脚踏实地

快餐式的学习不可取，欲速则不达，浮躁是初学者最普遍的心态。

你现在追求简单方便，以后要走的路就会更长。

许多初学者还没开始学 C++/Java，就立马使用 VC/JBuilder 开发了一个 Hello World 程序，然后忙不迭地向世界宣告：“我会软件开发了。”结果到软件公司面试时，要么被三两下打发走了，要么被驳得无地自容。四处碰壁之后，才知道捧起《Java 从入门到精通》仔细钻研。早知如此，何必当初呀。

3. 多实践，快实践

任何事情，一旦考虑好了，就要马上执行，不要等到万事俱备之后再去干。假如一直等下去，别人恐怕早就捷足先登了。Java 软件开发是一门工程学科，注重的就是实践。

有人认为，学习编程的秘诀是编程、编程、再编程，笔者深表赞同。

不仅要多实践，还要快实践。在看书的时候，不要等到完全理解了，才动手敲代码。而是应该在看书的同时，边看边敲代码，当程序运行的各种情况都经历过了，可以让你更快、更牢固地掌握和理解各种知识点。

本文节选自 CSDN 博文，略有删减。

原文链接：https://blog.csdn.net/deng707273/article/details/80092938

2.5 巩固练习

一、选择题

1．下面哪项是合法的标识符？（　　）

A．class　　B．<weight>　　C．_name　　D．3color

2．下列标识符中哪项是不合法的？（　　）

A．BigO!Long$223　　B．utfint

C．$12s　　D．3d

3．下面哪项是 Java 的关键字？（　　）

A．radius　　B．x　　C．y　　D．int

4．若 a=13，b=5，表达式 a++%b 的值是（　　）。

A．0　　B．1　　C．3　　D．4

5．下列说法不正确的是（　　）。

A．一个表达式可以作为其他表达式的操作数

B．单个常量或变量也是表达式

C．表达式中各操作数的数据类型必须相同

D．表达式的类型可以和操作数的类型不一样

6．执行下列 switch 语句后 y 的值是（　　）。

```
int x=3; int y=3;
switch(x+3){
   case 6: y=1;
   default: y+=I;
}
```

A．1　　B．2　　C．3　　D．4

7．下列程序输出的结果为（　　）。

```
public class A{
   public static void main(String[] args){
      int a=3,b=4,c=5,d=6;
      if(a<b || c>d)
         System.out.println("who");
      else
         System.out.println("why");
   }
}
```

A．why　　B．who why　　C．who　　D．无结果

8．下列对循环说法正确的是（　　）。

```
int a=10;int t=0;
do{t=a++;}
while(t<=5);
```

A．一次都不执行　　B．执行一次

C．执行两次　　D．无限次执行

9．下面关于数组的声明，正确的是（　　）。

A．int i= new int();　　B．double d[]= new double[30];

C．char[] c= new char(1...30);　　D．int[][] i= new in[][3];

10．下面表达式中，用来访问数组 a 中的第一个元素的是（　　）。

A．a[1]　　B．a[0]　　C．a.1　　D．a.0

11．数组作为参数传递的是（　　）。

A．值　　B．引用　　C．名称　　D．以上都不对

12．以下代码段执行后的输出结果为（　　）。

```
int x=3;int y=8;
System.out.println(y%x);
```

A．0　　B．1　　C．2　　D．3

13．以下（　　）不是 Java 的关键字。

A．TRUE　　B．const　　C．super　　D．void

14．设有定义 int i=6，则执行以下语句后，i 的值为（　　）。

```
i +=i-1;
```

A．10　　B．121　　C．11　　D．100

15．当条件为真和条件为假时，（　　）控制结构可以执行不同的动作。

A．switch　　B．while　　C．for　　D．if/else

16．下面程序片段输出的是什么？（　　）

```
int a =3; int b =1;
if(a = b)
System.out.println("a="+a);
```

A．a-1　　B．a=3

C．编译错误，没有输出　　D．正常运行，但没有输出

17．能构成多分支的语句是（　　）。

A．for 语句　　B．while 语句

C．switch 语句　　D．do-while 语句

18．下列语句序列执行后，k 的值是（　　）。

```
int m=3, n=6, k=0;
while( (m++ ) < ( --n))
   ++k;
```

A．0　　B．1　　C．2　　D．3

19．下列语句执行后，x 的值是（　　）。

```
int x = 2;
do{
   x+=x;
}while(x<17);
```

A．4　　B．16　　C．32　　D．256

20．下列有关数组的叙述中，错误的是（　　）。

A．在同一个环境下，数组与内存变量可以同名，两者互不影响

B．可以用一维数组的形式访问二维数组

C．在可以使用简单内存变量的地方都可以使用数组元素

D．一个数组中各元素的数据类型可以相同，也可以不同

21．完成以下代码 int[] x =new int[5];后，下列哪项说明是正确的？（　　）

A．x[4]为 0　　B．x[4]未定义

C．x[5]为 0　　D．x[0]为空

22．若已定义 byte[] x= {1,2,3,4};其中 0<k<3，则对 x 数组元素错误的引用是（　　）。

A．x[5- 3]　　B．x[k]　　C．x[k+5]　　D．x[0]

23．设 i、j 为 int 型变量名，a 为 int 型数组名，下列选项中，正确的赋值语句是（　　）。

A．i = i + 2　　B．a[0] = 7;

C．i++---j;　　D．a(0) = 66;

24．设数组定义：int[] Array = new int[10]; 则数组的第一个元素的正确引用方法为（　　）。

A．Array[1]　　B．Array[0]

C．Array[]　　D．Array

二、填空题

1．Java 语言中的浮点型数据根据数据存储长度和数值精度的不同，进一步分为________

和________两种。

2．请用 Java 语言表达式来表示：当整型变量 n 的值不能被 13 整除时，其值为 false，________。

3．Java 的引用数据类型有类、数组和________。

4．已知：boolean b1= true,b2；则表达式：!b1 && b2 || b2 的值为________。

5．顺序结构、选择结构和________是结构化程序设计的 3 种基本流程控制结构。

6．每一个 else 子句都必须和一个距离它最近的________子句相配对。

7．在 switch 语句中，break 语句的作用：执行完一个________分支后跳出________语句。

8．循环语句包括 for 循环、________和________。

9．________语句的功能：跳过循环体内部下面未执行的语句，回到循环体开始位置，继续下次循环。

10．Java 中声明数组包括数组的名字和数组元素的________。

11．数组声明后，必须使用________运算符分配内存空间。

12．在 Java 中，所有的数组都有 length 属性，这个属性存储了数组的________。

13．声明数组仅仅是给出了数组名字和元素的数据类型，要想真正地使用数组还必须为它________。

14．设有数组定义：int a[] = {1,2,3,4,5,6,7,8,9}；则执行下列几个语句后的输出结果是________。

```
for(int i = 0 ; i < a.length ; i ++)
   if(a[i] % 3 == 0)
      System.out.print(a[i] + " ");
```

三、简答题

1．Java 语言有哪些基本的数据类型？

2．什么是变量？什么是常量？

3．在什么情况下需要用到强制类型转换？

4．break 语句与 continue 语句的区别是什么？

5．如何创建数组并访问数组中的元素？

四、编程题

1．编写一个程序，读入三角形的三条边长并确定输入的值是否有效。如果任意两条边的和大于第三条边，则输入有效。例如，输入的三条边分别是 1、2 和 1，则输出这三条边不能组成三角形。

2．一个卖花姑娘卖鲜花，晴天时每天可卖出 20 朵，雨天时每天可卖出 12 朵。有一段时间连续几天共卖出了 112 朵鲜花，平均每天卖出 14 朵。请编程推算在这几天内有几个晴天？几个雨天？

3．编写一个程序，找出一维数组中元素的最大值、最小值及其差值。

4．编写一个程序，将一维数组中元素顺序倒置。例如，若数组元素的顺序原来是 1、2、3，则倒置后的顺序变为 3、2、1。

5．定义一个二维数组，然后利用属性 length 输出数组的行数和各行的列数。

第3章　类和对象

学习目标与要求

本章主要介绍 Java 语言的类、对象以及类与对象的关系等基本概念。通过本章的学习，读者应能够掌握以下知识点。

- ❖ 理解面向对象编程的基本思想。
- ❖ 理解类与对象的基本概念。
- ❖ 掌握 Java 类与对象的创建方法以及对象的使用。
- ❖ 掌握构造方法的结构与使用。
- ❖ 理解封装与抽象以及封装的实现。

学习重点

面向对象编程思想的理解、类与对象的理解、Java 类的创建与应用。

3.1　任务案例：职员信息的定义与输出

3.1.1　实现过程

【任务说明】

使用 Java 语言编写程序，按照如下格式输出某公司职员的基本信息。

[职员 ID：002|姓名：赵六|性别：女|部门：财务处|基本工资：2200.0|薪级工资：1800.0|类别：普通员工]

【任务目的】

（1）会编写一个 Java 类。

（2）会编写构造方法。

（3）会使用 public/private 关键字实现类成员的访问控制。

（4）会根据需要为类的私有属性编写 get()方法与 set()方法。

（5）会使用 new 关键字和构造方法创建类的对象。

【技术要点】

（1）根据要求编写职员信息的 Java 类。

（2）使用所编写的 Java 类创建职员的对象。

（3）编写用于测试的主方法并输出职员的信息。

【实现步骤】

（1）不难判断，如果要输出公司职员信息，那么职员对象所应具有的属性包括工号、姓名、年龄、性别、类别等，而应具有的操作包括获取和设置员工的工号、姓名、年龄、性别、类别等信息。

（2）打开 MyEclipse，选择创建一个新类，假设类名为 Employee，MyEclipse 会自动创建一个 Employee 类的基本结构，其中自动生成的代码如下。该类的主体内容为空，需要编程者手动添加主体代码。

```
/**
*创建一个Employee类
*/
class Employee{
}
```

（3）创建职员类的属性，也即成员变量，包括职员的工号、姓名、性别、类别等，是职员整体特征的概括，在类中以成员变量的形式表现出来，在花括号内添加如下主体内容。

```
//定义Employee类的成员变量
String employeeID;              //工号
String name;                    //姓名
String sex;                     //性别
String department;              //部门
double baseSalary;              //基本工资
double salary;                  //当月薪水
String classes;                 //职员类别
```

当职员类有了成员变量后，尚不具备任何属性值，如果要描述具体每一个职员的信息，就需要对这些成员变量赋予初始值，即初始化。

（4）在 Java 中对成员变量初始化，一般是通过构造方法来实现的，而且构造方法允许根据不同情况创建多个。这里根据需要创建两个构造方法，其代码如下。

```
    public Employee(){
    }
    public Employee(String employeeID,String name,String sex, String department,double
baseSalary, double salary,String classes){
        this.employeeID = employeeID;
        this.name = name;
        this.sex =sex;
        this.department =department;
        this.baseSalary =baseSalary;
        this.salary=salary;
        this.classes = classes;
    }
```

（5）创建职员的一些动态特征，需要通过成员方法来实现。例如，如果想获取或者修改职员的有关信息，就需要增加相关操作方法（成员方法）。具体来说，如要获取职员信息，可通过 get 开头的方法，而要修改职员信息，则通过 set 开头的方法，代码如下。

```
//定义Employee类的成员方法
public double getBaseSalary(){
  return baseSalary;
}
public void setBaseSalary(double baseSalary){
  this.baseSalary = baseSalary;
}
public String getClasses(){
  return classes;
}
public void setClasses(String classes)  {
  this.classes = classes;
}
public String getDepartment(){
  return department;
}
public void setDepartment(String department){
  this.department = department;
```

```
    }
    public String getEmployeeID(){
       return employeeID;
    }
    public void setEmployeeID(String employeeID){
       this.employeeID = employeeID;
    }
    public String getName(){
       return name;
    }
    public void setName(String name){
       this.name = name;
    }
    public double getSalary(){
       return salary;
    }
    public void setSalary(double salary){
       this.salary = salary;
    }
    public String getSex(){
       return sex;
    }
    public void setSex(String sex){
       this.sex = sex;
    }
    //格式化职员信息
    public String toString(){
       return "[职员ID: " + employeeID + " | 姓名: "+ name +"| 性别: " + sex + " | 部门: "+ department
+ " | 基本工资: "+ baseSalary+ "| 当月薪水: "+ salary + "| 类别: "+ classes + "]";
    }
```

（6）创建 main()方法。定义好类中的属性和方法之后，并不意味着就可以马上使用它们去完成有关功能了。因为类中的属性和方法只是对一个事物共性的描述，而大千世界中具有共性的事物，往往表现出各自不同的特征。在 Java 中，将具有共性的类转换为具有个性化特征的对象，是通过 new 操作符来完成的。事实上，定义好的类在本质上只是一个概念，在内存中并未分配任何空间，只有通过 new 操作符创建好对象之后，才会在内存中为每一个具有个性化特征的对象分配相应的内存空间。类通过 new 操作符来创建对象，是通过构造方法来实现的，这称为类（到对象）的实例化。这项工作在本例中可通过 main()方法来完成。

```
    //main()方法是Java应用程序的入口方法
    public static void main(String []args){
       //使用第一个构造方法实例化对象
       Employee employee1= new Employee ();
       //有了对象，通过“.”运算符引用成员方法，通过set()方法为各变量赋值
       employee1.setEmployeeID("002");
       employee1.setName("赵六");
       employee1.setSex("女");
       employee1.setDepartment("财务处");
       employee1.setBaseSalary(2200);
       employee1.setSalary(3800);
       employee1.setClasses("普通员工");
       //打印职员信息
       System.out.println(employee1.toString());
       //使用第二个构造方法实例化对象
       Employee employee2= new Employee("007","李小梦","女","人事部",2000,3600,"普通员工");
       //访问成员方法的方式
       System.out.println(employee2.toString());
    }
```

通过 Employee 这个完整的类定义其过程，读者可以对 Java 中的类与对象的概念有一个初步的认识。

（7）运行结果。在 MyEclipse 中，单击 Run as→Java Application，程序运行结果如下。

```
[职员ID：002|姓名：赵六|性别：女|部门：财务处|基本工资：2200.0|当月薪水：3800.0|类别：普通员工]
[职员ID：007|姓名：李小梦|性别：女|部门：人事部|基本工资：2000.0|当月薪水：3600.0|类别：普通员工]
```

3.1.2　知识集萃

1．基本概念

Java 是一种面向对象的编程语言。面向对象是一种新的程序设计规范（paradigm），其基本思想是使用对象、类、继承、封装、消息等基本概念来进行程序设计，从现实世界客观存在的事物（即对象）出发来构造软件系统，并且在系统构造中尽可能运用人类的自然思维方式。

类是面向对象程序设计的基础。学习 Java 编程，首先要掌握关于类与对象的基本概念。

1）类

类是具有相同属性和服务的一组对象的集合，它为属于该类的所有对象提供统一的抽象描述，其内部包括属性和服务两个主要部分。在面向对象的编程语言中，类是一个独立的程序单位，它应该有一个类名并包括属性说明和服务说明两个主要部分。

2）对象

对象是理解面向对象技术的关键。在学习之前，可以看看现实生活中的对象，如猫、桌子、电视、小汽车等。可以发现现实世界中的对象都有两个共同现象：（静态）状态和（动态）行为。例如，猫有自己的状态（如名字、颜色、种类等）和行为（如吃东西、睡觉等）；同样，小汽车也有自己的状态（如当前挡位、4 个轮子等）和行为（如刹车、加速、减速以及改变挡位等）。

对象是系统中用来描述客观事物的一个实体，它是构成系统的一个基本单位。一个对象由一组特定属性（定义状态）和对这组属性进行操作（定义行为）的一组服务组成。

3）类与对象的关系

类给出了属于该类的全部对象的抽象定义，而对象是符合这种定义的一个实体。类与对象之间的关系就如同一个模具与用这个模具铸造出来的铸件之间的关系。也就是说，对象是一个具体的事物，例如，现实世界中有很多种类型的汽车，每辆汽车都是一个不同的对象，具有个性的特征，如颜色、厂家、发动机号、车型等。但是多个对象常常具有一些共性，如所有的汽车都有轮子、方向盘、刹车装置等。于是可以抽象出一类对象的共性，就是汽车类。

类中定义了一类对象共有的变量和方法。把一个类实例化即生成该类的一个对象。

对象是类的实例，因此在定义对象之前应先定义类。只有在定义了类之后，才可以在类的基础上创建对象。

4）消息

消息是向对象发出的服务请求，它包含下述信息：提供服务的对象标识、服务标识、输入信息和回答信息。服务通常被称为方法或函数。

5）面向对象的基本特征

（1）封装性。封装性是把对象的属性和服务结合成一个独立的相同单位，并尽可能隐蔽对象的内部细节，它包含如下两个含义。

① 把对象的全部属性和全部服务结合在一起，形成一个不可分割的独立单位。

② 信息隐蔽，即尽可能地隐蔽对象的内部细节，对外形成一个边界，只保留有限的对外接口使之与外部发生联系。

（2）继承性。特殊类的对象拥有一般类的全部属性与服务，称作特殊类对一般类的继承。

一个类可以是多个一般类的特殊类，它从多个一般类中继承了属性与服务，称为多继承。在 Java 语言中，通常称一般类为父类（超类），特殊类为子类。

（3）多态性。对象的多态性是指在一般类中定义的属性或服务被特殊类继承之后，具有不同的数据类型或表现出不同的行为。这使得同一个属性或服务在一般类及其各个特殊类中具有不同的语义。例如，“几何图形”的“绘图”方法，“椭圆”和“多边形”都是“几何图形”的子类，但“绘图”方法的功能不同。

2. 类与对象的 Java 实现

1）类定义

进行 Java 程序设计，实际上就是定义类的过程。一个 Java 源程序文件往往是由许多个类组成的。

用户按照 Java 的语法规则，把所研究的问题描述成 Java 程序中的类，以解决特定问题。进行 Java 程序设计，首先要从定义类开始。

在 Java 程序中，用户定义类的一般格式如下。

```
class类名
{
   数据成员
   成员方法
}
```

可以看出，类的结构是由类的说明和类体两部分组成的。类的说明由关键字 class 与类名组成，类名的命名遵循 Java 标识符的定义规则；类体是类声明中花括号所包括的全部内容，它又由数据成员（属性）和成员方法（方法）两部分组成。数据成员描述对象的属性；成员方法刻画对象的行为或动作，每一个成员方法确定一个功能或操作。

以现实世界中的小汽车为例，可以在 Java 中这样定义。

```
class Car {
   int color;
   int door_number;
   int speed;
   void brake(){...}            //刹车
   void speedUp(){...};         //加速
   void slowDown(){...}         //减速
}
```

类声明的完整格式如下。

```
[public] [abstract] [final] class ClassName [extends superClass][implements interface1,…,
interfaceN]
{
   成员变量
   成员方法
}
```

用“[]”括起来的部分并不一定要求在定义时出现，而是根据具体情况而定。其中修饰符 public、abstract 或 final 说明了类的属性，class 定义了类的关键字，extends 关键字表示类继承了以 superClass 为类名的父类，implements 关键字表示类实现了 interface 列出的各个接口。

2）成员变量

（1）成员变量的声明。成员变量完整的声明格式如下。

```
[public | protected | private] [static] [final] [transient] [volatile]typevariable Name;
```

其中，修饰符 public、protected、private 说明了对该对象成员变量的访问权限，其他修饰符的作用如下。

① static 属性用来限制该成员变量为类变量，表示它们可被类的所有对象共享。没有用 static 修饰的成员变量为实例变量，这两种变量的区别在后面将详细介绍。

② final 用来声明一个常量，对于用 final 限定的常量，在程序中不能修改它的值。

③ transient 用来声明一个暂时性变量。在默认情况下，类中所有变量都是对象永久状态的一部分，当对象被保存到外部存储器时，这些变量必须同时被保存；用 transient 限定的变量是指示 Java 虚拟机该变量并不属于对象的永久状态，不会被永久存储。

④ volatile 表示该变量有可能被多个线程改变，提示编译器不应该优化该变量，这可避免读到不正确的值。

（2）成员变量与非成员变量。Java 变量可分为两种类型：① 成员变量。② 非成员变量，即局部变量。这两种变量都位于 Java 类内，只不过非成员变量还必须位于类内的方法中，使用方法如例 3-1 所示。

【例 3-1】成员变量和非成员变量的区别。

```
class A {
  int a1;                      //成员变量
  int a2;                      //成员变量
  void B(){
    int b;                     //局部变量
  }
  void C(){
    int c;                     //局部变量
  }
}
```

Java 的成员变量中使用的 static 关键字则可称为“类变量”，即静态变量。

【例 3-2】类变量和成员变量的区别。

```
class A{
  static int a=0;              //类变量（静态变量）
  int b=0;                     //实例变量
}
class Test{
  public static void main(String args[]){
    A obj1=new A();            //类A的对象1
    A obj2=new A();            //类A的对象2
    obj1.a++;
    System.out.println(obj1.a);
    System.out.println(obj2.a);
    obj1.b++;
    System.out.println(obj1.b);
    System.out.println(obj2.b);
  }
}
```

程序的运行结果如下。

```
1
1
```

```
1
0
```

由运行结果可以看出变量 a 和变量 b 的区别，其中变量 a 是类变量，为 A 类的所有对象共有，b 变量为特定对象所有。

（3）常量。final 变量就是平时说的常量，也就是最后值，无法再被修改。当一个变量被设置为 final 变量时，它的值就被固定下来而不能再修改。

3）成员方法

（1）方法声明。一个方法有两个部分：方法声明和方法体。定义格式如下。

```
[public | protected | private] type methodName([parameter])
{方法体}
```

其中，public、protected、private 修饰符说明方法被外界访问的权限；type 是返回值类型，表明方法执行以后，返回的执行结果的数据类型，它可以是 Java 的任何数据类型，这种类型必须和方法体中 return 语句后面的表达式类型一致。

（2）方法体。方法体是对方法的实现。它包括局部变量的声明以及所有合法的 Java 语句，定义格式如下。

```
class A {
   int a;
   void b() {        //方法名
      int b;         //方法体
   }
}
```

（3）方法的调用。

① 方法调用的格式。调用方法的格式如下。

```
[对象名.]方法名([实际参数表])
```

调用类方法时，对象名省略；实际参数表列出调用方法应该提供的入口参数，其个数、类型、顺序必须与方法定义参数表中的参数一致，为了区别，方法定义中的参数可称为形参。

② 方法调用的形式。方法调用有如下两种形式。

❖ 把方法调用作为一个表达式语句，例如：

```
System.out.println("Hello Java!");
```

对没有返回值的方法必须这样调用。

❖ 把方法调用作为一个表达式或表达式的一部分，对有返回值的方法，可以用这种方式调用，甚至可以把它作为另一个方法调用的实际参数，称为方法的嵌套调用。

③ 方法调用的参数传递。调用一个方法时，将其提供的实际参数与方法的形参表中的参数按顺序结合，进行传递，然后执行方法体。参数传递主要采用两种方式：传值和引用。

❖ 传值。在传值方式中，只是把实参的值赋给形参，两者的名称不论是否相同，都代表两个数据，使用不同的存储单元，形参作为局部变量，只在方法内起作用，退出这个方法调用时自动释放，对应的实参仍然保留原来的值。所以，传值调用时，参数的传递是单向的，实参可以改变形参，但形参值的变化不影响实参。这对应于其他语言中的“传值”方式。

❖ 引用。在引用方式中，用形参代替实参表中的数据，实参和形参的名称虽然不一定相同，但二者表示同一个数据，使用相同的存储单元。所以，在引用方式调用中，参数的传递是双向的，形参的改变影响实参的值。这对应于其他语言中的“传址”方式。

【例 3-3】传值和引用两种方式的参数传递。

```
class Test{
   int ptVlaue;
   //参数类型是基本类型
   public void changeInt(int value){
      value=20;
   }
   //参数类型是引用型，并且方法中改变了参数指向数组成员的值
   public void changeArray(int value[]){
      value[0]=100;
   }
   public static void main(String[] args){
      String str;
      int value;
      Test pt=new Test();
      //测试基本类型参数的传递，看调用程序对变量值是否改变
      value=10;
      pt.changeInt(value);
      System.out.println("value is: "+value);
      //测试引用类型参数的传递，看调用程序对变量值是否改变
      int array[]={0};
      pt.changeArray(array);
      System.out.println("array[0] is: " + array[0]);
   }
}
```

程序运行结果如下。

```
value is: 10
array[0] is: 100
```

（4）向方法传递对象。前面已讲过传递给方法的参数可以是表达式（如常量、变量）、对象等，并说明了传递给方法的参数若是变量，则只能由实参传递给形参，而不能由形参带回，它是一种单向值传递。也就是说，在方法的调用过程中，对于形参变量值的修改并不影响实参变量的值。但是，传递给方法的参数若是对象，则可以对其做永久性的修改。

4）创建对象

创建对象通常包括声明对象、建立对象和初始化对象 3 个步骤。

（1）声明对象。声明对象是确定对象的名称，并指明该对象所属的类。声明对象的格式如下。

```
类名 对象名表;
```

其中，类名是指对象所属类的名字，它是在声明类时定义的；对象名表是指一个或多个对象名，当为多个对象名时，用逗号进行分隔。声明对象的作用是为将来的编译过程提供必要的信息。例如：

```
Class_name object_one,object_two;
```

这个语句声明了两个对象：object_one 和 object_two，它们都是 Class_name 类的对象。

（2）建立对象。所谓建立对象，实际上是用 Java 提供的 new 关键字为对象分配存储空间。在声明对象时，只确定了对象的名称和它所属的类，并没有为对象分配存储空间，此时的对象还不是类的实例。只有通过建立对象这一步，才能为对象分配内存，使该对象成为类的实例。

建立对象的格式如下。

```
对象名 = new 构造方法();
```

例如：

```
object_one=new Class_name();
object_two=new Class_name();
```

也可以在声明对象的同时建立对象，这称为创建一个对象。创建对象的格式如下。

```
类名 对象名 = new 构造方法();
```

例如：

```
Class_name object_one=new Class_name();
Class_name object_two=new Class_name();
```

其中，new 是 Java 的关键字，也可将其称为运算符。它的作用是建立对象，为对象分配存储空间。执行 new Class_name()将产生一个 Class_name 类的实例（对象）。

（3）初始化对象。初始化对象是指由一个类生成一个对象时，为这个对象确定初始状态，即给它的数据成员赋初值的过程。当然，它主要由一些赋值语句组成。由于初始化操作是最常用的操作之一，为简化这一过程，Java 还提供了专用的方法来完成它，这个方法被称为构造方法。

5）构造方法

（1）构造方法的创建。构造方法是类的一个方法，它的方法名与类名相同。每当使用 new 关键字创建一个对象，并为新建对象开辟内存空间之后，Java 系统将自动调用构造方法初始化这个新建对象，即确定此对象的初始状态。构造方法是类的一种特殊方法，它的主要特征有如下几点。

① 构造方法是一种特殊的类成员方法，在创建新的类对象时自动执行，以保证新对象的各成员有合法、确定的数值。

② 构造方法与类名相同，并且不能定义返回值。

③ 使用 new 操作符自动调用构造方法，返回类型为对象实例。

④ 构造方法只能在创建类对象时由系统隐含调用，而不能直接调用。

⑤ 用于分配对象所需要的全部资源；另外，还可创建多个构造方法（重载）。

在一个类中可以定义多个构造方法，以便对类对象提供不同的初始化方法，供用户选用。这些构造方法具有相同的名字，但参数的个数或类型不同，这称为构造方法的重载。

【例 3-4】构造方法重载示例。

```
//定义构造方法示例
class A{
   int a;
   int b;
   int c;
   public A(){                                          //无参的构造方法
      a=10;
      b=10;
      c=10;
   }
   //3个参数的构造方法
   public A(int a,int b,int c){
      this.a=a;
      this.b=b;
      this.c=c;
   }
}
class ATest{
   public static void main(String[] args){
        A a1=new A();
        System.out.println(a1.a* a1.b* a1.c);
        A a2=new A(15,20,25);
```

```
        System.out.println(a2.a* a2.b* a2.c);
    }
}
```

（2）默认的构造方法。在类的定义中可以不定义构造方法，而仍然通过调用 new Class_name()来实例化某类对象。这是因为系统给没有定义构造方法的类自动加入了一个特殊的构造方法，这个方法不带参数且方法体为空，称为默认的构造方法。

【例 3-5】未定义构造方法的示例。

```
import java.io.*;
class Rect{
  double length;
  double width;
  double area(){
    return length * width;
  }
  double per(){
    return (length + width) * 2;
  }
  public static void main(String args[]) throws IOException{
    //创建一个输入流，从键盘输入数据
    BufferedReader in = new BufferedReader(new InputStreamReader(System.in));
    System.out.println("请输入矩形的长:");
    double len = Double.parseDouble(in.readLine());
    System.out.println("请输入矩形的宽:");
    double wid = Double.parseDouble(in.readLine());
    Rect rect = new Rect();
    rect.length = len;
    rect.width = wid;
    System.out.println("矩形的面积为: "+rect.area());
    System.out.println("矩形的周长为: "+rect.per());
  }
}
```

6）使用对象

一个对象可以有许多属性和多个方法。在面向对象的系统中，一个对象的属性和方法被紧密地结合成一个整体，两者是不可分割的，并且限定一个对象的属性值只能由这个对象或它的方法来读取和修改，这就实现了此对象的封装和信息隐藏。

一个对象被创建后，这个对象就拥有了自己的数据成员和成员方法，一般可以通过引用对象的数据成员和成员方法来使用对象，对象的数据成员的引用方式如下。

```
对象名.数据成员名
```

例如：

```
rect.length = len;
```

对象的成员方法的引用方式如下。

```
对象名.成员方法名(参数表)
```

例如：

```
rect.area();
```

3.1.3　拓展知识

1. Java 的内存回收机制

Java 的内存分配是通过操作符 new 来实现的。new 操作符用来从内存堆中分配指定类型的数据空间，并返回相应类型的引用，其作用类似于 C 语言中的 malloc()函数。

在 C 语言中，被 malloc()函数分配的堆内存在使用完毕以后，必须手动使用 free()函数进行释放，否则将会造成内存的泄漏。

但是在 Java 语言中，这个工作却是由 Java 虚拟机自动完成的。程序员不必关心此项工作，极大减轻了程序员编程工作的负担。

如果某块内存空间没有任何引用指向它，那么虚拟机就将其认定为内存垃圾。但虚拟机并不是随时随地立即回收内存垃圾，而是在系统比较空闲时才会自动执行回收任务。

2. 数组的拓展应用

数组在实际的程序开发中，还有更为广泛的应用。例如，将数组作为方法的参数以及对象数组等。

1）数组作为方法的参数

在 Java 中，可以使用数组作为方法（函数）的参数来传递数据。在使用数组作为方法参数时，应注意以下几点。

（1）在形参列表中，数组名后的括号不能省略，括号的个数和数组的维数要相同，但在括号中可以不给出数组元素的个数。

（2）在实参列表中，数组名后不需要括号。

（3）数组名作为实参时，传递的是数组的地址（引入），而不是具体的数组元素值，实参和形参具有相同的存储单元。

（4）数组元素值可以作为方法的参数传递，当数组元素值作为方法的实参传递时，传递的是数组元素值的一个备份（副本），若在被调用方法中更改了实参的值，原来调用处形参的值不会被更改。

【例 3-6】计算给定数组中各元素的平均值。

```
class ArrayDemo{
    static float AverageArray(float a[]){
        float average = 0;
        int i;
        for(i = 0; i < a.length; i ++){
            average = average + a[i] ;
        }
        return average/a. length;
    }
    public static void main(String[] args){
        float average,a[ ] ={1,2,3,4,5};
        average = AverageArray(a);
         System.out.println("average = "+ average);
    }
}
```

程序运行结果如下。

```
average = 3.0
```

2）对象数组

Java 是一种面向对象的编程语言，在数组定义中，数组元素既可以被定义为基本数据类型，也可以被定义为类对象等引用类型。当数组元素的类型为类对象时，这种数组称为对象数组。对象数组在定义上与基本数据类型数组的定义是一致的。

在定义对象数组时，只是创建了数组对象的引用，并未给对象元素进行初始化，也未给对象数组分配内存空间。因此在定义对象数组后，还要通过 new 操作符对每个对象数组元素进行初始化操作，并为其分配内存空间。

对象数组的每一个元素都是一个对象，故可以使用运算符“.”访问对象数组中的成员。

【例 3-7】 定义一个学生对象数组并输出。

```
class Student{                                  //声明一个Student类
    String name;
    int age;
    public Student(String name,int age){        //定义Student类的构造方法
        this.name=name;
        this.age=age;
    }
}
class Output_Student{                           //创建主类
    public static void main(String[] args){
        Student[] stu=new Student[3];           //声明有3个Student类型元素的对象数组
        stu[0]=new Student("Tom",20);           //为对象数组元素进行初始化
        stu[1]=new Student("Kate",18);
        stu[2]=new Student("Jone",19);
        for(int i=0;i < stu.length;i++){
            //使用运算符“.”访问对象成员并输出
            System.out.println(stu[i].name+"  "+stu[i].age);
        }
    }
}
```

程序运行结果如下。

```
Tom  20
Kate  18
Jone  19
```

3.2　第 3 章小结

本章讨论了 Java 语言的面向对象的特性，主要讲述了类与对象的关系，以及它们在 Java 语言中的实现。读者应理解面向对象的基本思想，掌握利用面向对象的思维方法对具体问题进行分析并转化为程序问题，从而利用编程方法去解决生活中的实际问题。

3.3　育人进阶——如何督促自己高效学习

1. 编程初学者的世界

初入编程世界的朋友经常问，应该选择哪一门编程语言呢？又应该怎样提高自己的编程兴趣呢？

进入大学，像是打开了潘多拉的魔盒，开始接触到各种诱惑，整个人像脱缰的野马一样，沉迷于游戏、打球和小说，难以自拔。

如果你是依然沉迷玩乐的学子，醒醒吧！

寒窗苦读十二年，父母付出心血千万，难道是为了让我们来大学享受生活的？况且这种浑浑噩噩的日子算得上享受吗？毕业之后难道你就只满足于会修电脑、会做 PPT 吗？哦，可能你

连电脑都不会修，PPT 也做不好。那么，怎么办呢？唯有改变自己。

（1）跟着好学生一起编程，如果没有，从自己做起。跟着优秀的同学一起学习，一起编程。从 C 语言的 Hello World 到 HTML 的<html></html>，一点点成长。这过程痛苦吗？其实痛苦，但也夹杂着欢笑，尤其是当屏幕上出现了我们想要的结果，那种欣喜若狂，一定会令你回味无穷。

（2）远离寝室，扎根图书馆或实训室。去图书馆或实训楼学习和实践。不要在意别人的眼光，想想自己的父母，想想毕业后的自己，出去学习和敲代码吧！只有不断地去奋斗、去吸取，才不枉费大学光阴，体味到人生这个阶段的魅力。

（3）不耻下问，坚持不懈。在编程的道路上是孤独的，我们会遇到各种各样的问题，这种独立搜索、解决问题的能力也至关重要。记住一句话，不要总觉得自己的问题简单，就不去询问，更可怕的是逃避。从编程环境搭建，到回文递归、图形打印、列表文件等，一点点摸索着前行。况且现在网络这么发达，总能找到我们想要的答案。同样，坚持也非常重要，当你无助沮丧时，不妨想想小石匠：“有个小石匠不停地敲打石头，敲打了 100 次也没能在石头上留下任何裂痕，但就在他敲第 101 下的时候，石头突然裂成了两半。”要知道，不是最后那一下敲打击碎了石头，而是前面不懈努力的结果。

（4）多敲代码，多去实践。学习编程最忌讳的就是拿着书本、看着视频、喝着奶茶，度过一天。作为一名计算机专业的学生，不去敲代码，不去实践怎么能行。同时，很多基础课程都非常重要，有的课程可能比较枯燥，如“数据结构”“操作系统”“算法分析”“软件工程”等。但换个角度，你能否将枯燥书本中的内容用代码去实现呢？能不能编写一些小程序呢？

2. 兴趣是最好的老师

刚开始接触 C 语言、Java、数据结构时，可能会觉得枯燥而失去兴趣。这里建议大家课后去做一些自己感兴趣且可见结果的程序，慢慢提升自己对编程的兴趣。虽然达到精通需要很长时间的练习，但只要你用心去学，入门肯定没有问题。如果你能有打游戏的那种激情，编程其实也很轻松，只要肯付出，总会有收获。其实当你独立完成一个项目后，那种感觉不亚于游戏中的一次超神！

3. 真正的大牛都是在寒暑假炼成的

作为学生，一定要好好珍惜寒暑假。在那段时间你能学到很多东西。你可以做一个自己感兴趣的软件或项目，学习一些新的技术和算法。

当进入高年级的时候，专业课变得越来越多，也变得愈发繁忙。在这当中你需要投入更多的学习时间，提升自己的专业技能，才能更好地找工作或为后面继续深造打基础。所以，寒暑假要好好利用起来！

作为一名计算机专业的大学生，你也应该去享受一下自己独立编程并成功实现的过程。在这期间，你需要自己查阅资料、调动自己的积极性，尽自己的最大努力去完成。短暂的激情是不值钱的，只有长久的激情才能创造价值。不论未来如何变化，坚持追逐心中的梦想，人生路上因奋斗而更精彩！

4. 如何改掉拖延症

制订好了一个理想的计划，但最终却只能在截止日前熬夜去完成。在生命的日历上，我们涂掉了一格又一格，不要让拖延症吞噬了你我的成长。

让我们沮丧的不是我们还没有实现梦想，而是我们还没有开始行动，去追寻自己的梦想！

那么，如何改掉编程或学习中的拖延症呢？对照下面几点，让我们行动起来。

（1）编程前不要想太多，先开始写代码，做最重要。

（2）如果自觉性不强，可结伴而行，找到努力的小伙伴，一起前行。

（3）做一个好玩的程序，尝试让自己爱上编程，完成后再适当奖励自己。

（4）制订计划并定期打卡，让自己忙碌起来之后，你会忘记游戏、小说等的诱惑。

（5）编程路上需要鼓励，撰写技术博客，分享你的心得，既可提升你的兴趣，也会影响你身边的人。

（6）现在，立刻，马上，别再等待。

本文节选自 CSDN 博文，略有删减。

原文链接：https://blog.csdn.net/Eastmount/java/article/details/106886194

3.4 巩 固 练 习

一、选择题

1．以下关于构造方法的描述，错误的是（　　）。

A．构造方法的返回类型只能是 void 型

B．构造方法是类的一种特殊方法，它的方法名必须与类名相同

C．构造方法的主要作用是完成对类对象的初始化工作

D．一般在创建新对象时，系统会自动调用构造方法

2．下面是一段程序，要调用成员变量 a，正确的语句是（　　）。

```
public class Point{
   int a=2;
   public static void main(String args[]){
       Point one= new Point();
   }
}
```

A．one.a　　B．Point.a

C．point.a　　D．Point.one

3．要声明类 Point 的构造方法，下面正确的是（　　）。

A．int Point(){ }　　B．Point(int x){ }

C．void point(int x){ }　　D．point(int x){ }

4．设 Point 为已定义的类，下面声明 Point 对象 a 正确的语句是（　　）。

A．Point a=Point();　　B．public Point a;

C．Point a =new Point();　　D．public Point a=new Point();

二、填空题

1．程序中定义类使用的关键字是_________，每个类的定义由类头定义、类体定义两部分组成，其中类体部分包括_________和_________。

2．main()方法头部的声明格式是_________。

3．创建一个类的对象的运算符是_________。

4．下面是一个类的定义：

```
public class _________{
  int x, y;
  Myclass(int i, _________){  //构造方法
```

```
      x=i;
      y=j;
    }
}
```

5. 下面程序的运行结果是__________。

```
class Dm{
    public static void main(String args[]){
       int d= 21;
       Dec dec = new Dec();
       dec.decrement(d) ;
       System.out.println(d);
    }
}
class Dec{
    public void decrement(int decMe){
        decMe = decMe - 1;
     }
}
```

6. 下面程序的运行结果是__________。

```
class Qm{
    public static void main(String args[]){
         Holder h= new Holder();
         h.held = 100;
         h.bump(h) ;
         System.out.println(h.held);
     }
}
class Holder{
    public int held;
    public void bump(Holder theHolder){
        theHolder.held --;
     }
}
```

三、简答题

什么是局部变量？局部变量的作用域是什么？

四、编程题

1. 定义一个盒子类Box，包括3个变量（length、width、height）、一个构造方法和BoxMessage()方法。构造方法用来初始化变量，BoxMessage()方法无参数，用于输出变量（length、width、height）的值。

2. 定义一个类，该类具有 x 和 y 两个变量，定义构造方法初始化这两个变量。再定义 4 个方法，分别求这两个数的和、差、乘、除的结果并输出。在 main()方法中，用户应能输入这两个数。

第4章　类和对象进阶

学习目标与要求

本章主要介绍 Java 中包和封装、继承、多态、抽象、接口等重要概念。通过本章的学习，读者应能够掌握以下知识点。

- ❖ 理解包和封装、继承、多态、抽象、接口等概念。
- ❖ 理解两种多态（编译时多态和运行时多态）的区别。
- ❖ 理解和掌握访问控制修饰符的使用。
- ❖ 掌握包、继承、重载、覆盖、抽象、接口的使用。
- ❖ 掌握 static、final、this、super 等关键字的用法。
- ❖ 了解内部类和匿名类的用法。

学习重点

正确运用 Java 的继承性、多态性和访问控制修饰符编程，合理使用抽象类与接口。

4.1　任务案例：职员信息管理系统的设计

4.1.1　实现过程

【任务说明】

继续完善第 3 章职员信息输出的案例。为进一步完成公司下达的任务，小赵做好职员信息的定义与输出任务后，通过与客户的深入交流，确定客户需要开发一个职员信息管理系统，该系统要求实现两大功能：职员信息管理和部门信息管理。

其中，职员信息管理模块需要添加的功能是：增加职员信息；修改职员信息；删除职员信息；查询职员信息。

该公司职员信息的基本情况是：有普通职员、销售职员和部门经理 3 种角色，所有的职员都有职员编号、姓名、基本工资、职务类别等；3 种类别的职工岗位不同，工资计算的方法也不一样，具体工资计算办法如下。

- ❖ 普通职员：基本工资+交通补贴（150）+岗位工资（1000）。
- ❖ 销售职员：基本工资+交通补贴（800）+通信补贴（200）+岗位工资（销售额×5%）。
- ❖ 部门经理：基本工资+住房补贴（基本工资×15%）+交通补贴（基本工资×10%）+岗位工资（2500）。

【任务目的】

（1）会使用 extends 关键字通过继承从已有类创建一个新的类。

（2）会使用父类类型引用子类实例对象。

（3）会使用多态性编写程序。

【技术要点】

（1）销售职员和部门经理本质上都是职员，可以通过继承普通职员来实现。

（2）销售职员类和部门经理类继承普通职员类之后，需要重新定义计算工资的方法。

（3）不同的类分别存放，需要使用到包的有关知识。

【实现步骤】

（1）项目分析与总体设计。分析每类职员，他们都需要计算工资，但各类职员计算方法并不相同。首先定义一个普通职员类，描述职员的基本信息和计算工资的方法。由于公司职员的岗位不同，所领工资和待遇也不相同，经理和销售职员也属于职员，但又与普通职员有所不同。也可以说，销售职员和经理是普通职员的两种特殊表现形式，因此可以先定义普通职员，然后再通过继承来定义销售和经理职员，并在此基础上各自加以扩展。

通过对项目的分析，可确定该项目由以下 4 个类来实现。

- Employee（普通职员类，是 Saler 和 Manager 的父类）。
- Saler（销售职员类，Employee 的直接子类）。
- Manager（部门经理类，Employee 的直接子类）。
- EmployeeManage 主类。

（2）创建包 employee.beans，在包中创建普通职员类 Employee。

```
    package employee.beans;
    public class Employee{
       String employeeID;        //编号
       String name;              //姓名
       String sex;               //性别
       String department;        //部门
       double baseSalary;        //基本工资
       double salary;            //当月薪水
       String classes;           //类别
       public Employee(){ }
       public Employee(String employeeID,String name,String sex,String department,double
baseSalary, String classes){
       this.employeeID = employeeID;
       this.name = name;
       this.sex =sex;
       this.department =department;
       this.baseSalary =baseSalary;
       this.classes = classes;
       }
       public double getBaseSalary(){
          return baseSalary;
       }
       public void setBaseSalary(double baseSalary){
          this.baseSalary = baseSalary;
       }
       public String getClasses(){
          return classes;
       }
       public void setClasses(String classes){
          this.classes = classes;
       }
       public String getDepartment(){
          return department;
       }
       public void setDepartment(String department){
          this.department = department;
       }
       public String getEmployeeID() {
          return employeeID;
```

```
    }
    public void setEmployeeID(String employeeID){
        this.employeeID = employeeID;
    }
    public String getName() {
        return name;
    }
    public void setName(String name) {
        this.name = name;
    }
    public double getSalary(){
        return salary;
    }
    public void setSalary(double salary){
        this.salary = salary;
    }
    public String getSex(){
        return sex;
    }
    public void setSex(String sex) {
        this.sex = sex;
    }
    public double sumSalary(){
        //基本工资+交通补贴（150）+岗位工资（1000）
        salary = baseSalary+150+1000;
        return salary;
    }
    //格式化职员信息
    public String printInfo()    {
        return "[职员ID: " + employeeID + "| 姓名: "+ name + "| 性别:" + sex +"| 部门: "+ department
+ "| 基本工资: "+ baseSalary + "| 当月薪水: "+ salary + "| 级别:" + classes + "]";
    }
}
```

（3）通过继承来创建销售职员类 Saler。

```
package employee.beans;
public class Saler extends Employee{
    double sumSale;
    public Saler(String employeeID,String name,String sex,String department,double
baseSalary, String classes,double sumSale){
        super(employeeID,name,sex,department,baseSalary,classes);
        this.sumSale = sumSale;
    }
    public void setSumSale(double sumSale){
        this.sumSale = sumSale;
    }
    public double getSumSale(){
        return sumSale;
    }
    //销售职员: 基本工资+交通补贴（800）+通信补贴（200）+岗位工资（销售额×5%）
    public double sumSalary(){
        salary = baseSalary+800+200+sumSale*0.05;
        return salary;
    }
}
```

（4）通过继承来创建部门经理类 Manager。

```
package employee.beans;
public class Manager extends Employee{
```

```
    public Manager(String employeeID,String name,String sex,String department,double baseSalary, String classes){
        super(employeeID,name,sex,department,baseSalary,classes);
    }
    /**
    *部门经理：基本工资+住房补贴（基本工资×15%）+交通补贴（基本工资×10%）+岗位工资（2500）
    */
    public double sumSalary(){
        salary = baseSalary+baseSalary*0.15+baseSalary*0.1+2500;
        return salary;
    }
}
```

（5）在不同包 employee.mg 中创建职员管理类 EmployeeManage。

```
package employee.mg;
import employee.beans.*;
import java.util.*;
public class EmployeeManage{
    //定义vector容器存放职员信息
    Vector <Employee> vector=new Vector();
    //添加职员信息
    public void addEmployee(Employee employee){
        employee.sumSalary();
        vector.addElement(employee);
        System.out.println("添加完毕。");
    }
    //修改职员信息
    public void updateEmployee(Employee employee){
        employee.sumSalary();
        Employee e= new Employee();
        String employeeID = employee.getEmployeeID();
        boolean exsit = false;
        for (int i=0;i<vector.size();i++){
            e = vector.get(i);
            if(e.getEmployeeID().equals(employeeID)){
                vector.set(i, employee);
                exsit = true;
            }
        }
        if(exsit) {
            System.out.println("修改完毕。");
        }else {
            System.out.println("不存在你要修改的职员编号。已重新添加。");
            vector.addElement(employee);
        }
    }
    //删除职员信息
    public void deleteEmployee(String employeeID){
        boolean exsit = false;
        for(int i=0;i<vector.size();i++){
            if(vector.get(i).getEmployeeID().equals(employeeID)){
                vector.remove(i);
                exsit = true;
            }
        }
        if(exsit){
            System.out.println("删除完毕。");
        }else{
            System.out.println("不存在你要删除的职员编号。");
        }
```

```
    }
    //查询职员信息
    public void queryEmployee(String employeeID){
       Employee employee=null;
       boolean exsit = false;
       for (int i=0;i<vector.size();i++){
          if(vector.get(i).getEmployeeID().equals(employeeID)){
             employee = vector.get(i);
             exsit = true;
             System.out.print("职员编号："+employee.getEmployeeID());
             System.out.print(" | 职员姓名："+employee.getName());
             System.out.print(" | 职员性别："+employee.getSex());
             System.out.print(" | 职员部门："+employee.getDepartment());
             System.out.println(" | 职员工资："+employee.getSalary());
          }
       }
       if(exsit){
          System.out.println("查询完毕。");
       }else{
          System.out.println("不存在你要查询的职员编号。");
       }
    }
    //获得所有职员信息
    public void getAll(){
       Employee employee=null;
       for(int i=0;i<vector.size();i++){
          employee = vector.get(i);
          System.out.print("职员编号："+employee.getEmployeeID());
          System.out.print(" | 职员姓名："+employee.getName());
          System.out.print(" | 职员性别："+employee.getSex());
          System.out.print(" | 职员部门："+employee.getDepartment());
          System.out.println(" | 职员工资："+employee.getSalary());
       }
       System.out.println("显示完毕。");
    }
}
```

（6）创建主类 MainDemo 类，获得用户输入信息，调用针对职员进行增、删、改、查的有关管理方法。

```
import java.io.*;                       //导入用于输入/输出的工具包
import employee.beans.Employee;
import employee.beans.Manager;
import employee.beans.Saler;
import employee.mg.EmployeeManage;
public class MainDemo{
   static EmployeeManage em = new EmployeeManage();
   static InputStreamReader ir = new InputStreamReader(System.in);
   static BufferedReader br = new BufferedReader(ir);
   public static void main(String args[]){
      boolean flag = true;
      while(flag) {
      System.out.println("***操作菜单***");
      System.out.println("1 增加职员信息");
      System.out.println("2 修改职员信息");
      System.out.println("3 删除职员信息");
      System.out.println("4 查询职员信息");
      System.out.println("5 显示所有职员");
      System.out.println("6 退出");
      System.out.println("请输入你的选择：");
```

```
        try{
            String select = br.readLine();
            int n = Integer.parseInt(select);
            if(n==1){
                addEmployee();
            }else if(n==2){
                updateEmployee();
            }else if(n==3){
                deleteEmployee();
            }else if(n==4){
                queryEmployee();
            }else if(n==5){
                getallEmployee();
            }else if(n==6){
                flag = false;
            }else {
                System.out.println("你的选择有误，请重新输入！");
            }
          }catch(IOException ioe){
            System.out.println(ioe.toString());
          }
        }
        System.out.print("执行完毕！");
        System.exit(0);          //执行完毕，退出运行
      }
      //增加职员的方法
      public static void addEmployee(){
        String employeeID;         //编号
        String name;               //姓名
        String sex;                //性别
        String department;         //部门
        double baseSalary;         //基本工资
        String classes;            //类别
        try{
          System.out.println("输入职员编号：");
          employeeID= br.readLine();
          System.out.println("输入职员姓名：");
          name = br.readLine();
          System.out.println("输入职员性别：");
          sex = br.readLine();
          System.out.println("输入职员部门：");
          department = br.readLine();
          System.out.println("输入基本工资：");
          baseSalary = Double.parseDouble(br.readLine());
          System.out.println("输入职员类别：");
          System.out.println("1 普通职员");
          System.out.println("2 销售职员");
          System.out.println("3 部门经理");
          classes = br.readLine();
          int m = Integer.parseInt(classes);
          Employee employee=null;
          if(m==1){
            employee = new Employee(employeeID,name,sex,department,baseSalary, "普通职员");
          }else if(m==2){
              System.out.println("输入月销售额：");
              double sumSale = Double.parseDouble(br.readLine());
              employee = new Saler(employeeID,name,sex,department, baseSalary, "销售职员",
sumSale);
          }else if(m==3){
              employee = new Manager(employeeID,name,sex,department, baseSalary, "部门经理");
```

```
        }
        em.addEmployee(employee);
    }catch(IOException ioe){
        System.out.println(ioe.toString());
    }
}
//修改职员的方法
public static void updateEmployee(){
    String employeeID;          //编号
    String name;                //姓名
    String sex;                 //性别
    String department;          //部门
    double baseSalary;          //基本工资
    String classes;             //类别
    try{
        System.out.println("输入职员编号: ");
        employeeID= br.readLine();
        System.out.println("输入职员姓名: ");
        name = br.readLine();
        System.out.println("输入职员性别: ");
        sex = br.readLine();
        System.out.println("输入职员部门: ");
        department = br.readLine();
        System.out.println("输入基本工资: ");
        baseSalary = Double.parseDouble(br.readLine());
        System.out.println("输入职员类别: ");
        System.out.println("1 普通职员");
        System.out.println("2 销售职员");
        System.out.println("3 部门经理");
        classes = br.readLine();
        int m = Integer.parseInt(classes);
        Employee employee=null;
        if(m==1){
          employee = new Employee(employeeID,name,sex,department, baseSalary, "普通职员");
        }else if(m==2){
              System.out.println("输入月销售额: ");
              double sumSale = Double.parseDouble(br.readLine());
              employee = new Saler(employeeID,name,sex,department,baseSalary, "销售职员",
sumSale);
        }else if(m==3){
              employee = new Manager(employeeID,name,sex,department,baseSalary, "部门经理");
        }
        em.updateEmployee(employee);
    }catch(IOException ioe){
        System.out.println(ioe.toString());
    }
}
//删除职员的方法
public static void deleteEmployee(){
    try{
        System.out.print("请输入要删除的职员编号: ");
        String employeeID = br.readLine();
        em.deleteEmployee(employeeID);
    }catch(IOException ioe){
        System.out.println(ioe.toString());
    }
}
//查询职员的方法
public static void queryEmployee(){
    try{
```

```
            System.out.print("请输入要查询的职员编号：");
            String employeeID = br.readLine();
            em.queryEmployee(employeeID);
        }catch(IOException ioe){
            System.out.println(ioe.toString());
        }
    }
    //获取所有职员的方法
    public static void getallEmployee(){
        em.getAll();
    }
}
```

（7）本例存在多种执行路径和结果，大家可以从增、删、改、查 4 条路径出发分别予以测试。

4.1.2 知识集萃

1. 包

利用面向对象技术开发一个实际系统时，编程人员通常需要定义许多类共同工作，且有些类可能要在多处重复使用。在 Java 程序中，如果要想使一个类在多个场合下重复使用，可以把它存放在一个称为“包”的程序组织单位中。Java 语言为编程人员提供了自行定义包的机制。

包的作用有两个：一是划分类名空间，二是控制类之间的访问。

包作为一个类名空间，要求同一个包中的类（或者接口）不能重名，但不同包中的类可以重名。

类之间的访问控制是通过类声明修饰符来实现的：若类声明修饰符为 public，则表明该类不仅可供同一包中的类访问，也可以被其他包中的类访问；若类声明修饰符为默认，则表明该类仅供同一包中的类访问。

1）创建包

创建包就是将源程序文件中的接口和类纳入指定的包中。

包的声明语句格式如下。

```
Package 包名;
```

利用这条语句可以创建一个具有指定名字的包，当前 java 文件中的所有类都被放在这个包中。例如，下面的语句是合法的创建包的语句。

```
package myPackage;
package myPackage.ch;
```

创建包就是在当前文件夹下创建一个子文件夹，存放这个包中包含的所有类的.class 文件。“package myPackage.ch;”语句中的符号“.”代表目录分隔符，说明这个语句创建了两个文件夹：第一个是当前文件夹下的子文件夹 myPackage；第二个是 myPackage 下面的子文件夹 ch，当前包中的所有类都存放在这个文件夹中。

例如，将 Coordinates 类打包，存储在当前目录下的 cube 子目录中。

```
package cube;
class Coordinates{
    public int x,y;
    public Coordinates(int x,int y){
        this.x=x;
        this.y=y;
    }
}
```

若源文件中未使用 package，则该源文件中的接口和类位于 Java 的无名包（又称默认包）中，它们之间可以相互引用非 private 的数据成员或成员方法。无名包中的类不能被其他包中的类引用和复用。

一个包声明语句（可选项）的作用是将本源文件中的接口和类纳入指定包。源文件中若有包声明语句，则必须是第一个语句。

2）引用包

将类组织成包的目的是为了更好地利用包中的类。通常一个类只能引用与它在同一个包中的类。如果需要使用其他包中的 public 类，则可以使用如下几种方法。

（1）直接在引入的类前加包名。

（2）用 import 关键字加载需要使用的类。

（3）用 import 关键字加载整个包。

一个类能够访问自己的数据成员和成员方法。但是，其他类是否能访问这个类的数据成员或成员方法，是由该类的访问控制符及数据成员或成员方法的访问控制符决定的。

也就是说，访问控制符是一组限定类、数据成员或成员方法是否可以被其他类访问的修饰符。类的访问控制符有 public 和默认（不加任何修饰符）两种。默认访问控制符具有包内友好访问的特性，即只有在同一个包中的对象才能访问和引用这些类。数据成员和成员方法的访问控制符则有 public、private、protected 和默认访问控制符 4 种。

2. 封装

封装是类的设计者把类设计成一个黑匣子，使用者只能看见类中定义的公共变量和公共方法，而看不见方法的具体实现细节，也不能对类中非公共的数据进行操作。这样可以防止方法使用者非法修改和误操作。

Java 定义了 4 种访问权限：公有的（public）、私有的（private）、被保护的（protected）和默认的。

1）公有的

用 public 修饰的类成员（包括变量和方法）称为公有的，公有成员允许 Java 系统中所有的类访问，即不仅允许类内部的成员访问，还允许同一个包或不同包中的类直接访问。外界可以直接存取公有数据，调用公有方法。

2）私有的

用 private 修饰的类成员称为私有的，类的私有成员只能被这个类的方法直接访问。私有变量不能在类外直接访问，只能通过对象的公有方法访问。

一般把不需要外界知道的数据说明为私有的，这样有利于数据的安全性，也符合程序设计中隐藏内部信息处理细节的原则。

3）被保护的

用 protected 修饰的类成员称为被保护的，类的被保护成员允许其归属的类、由此类派生的子类以及同一个包中的其他类访问。如果一个类有派生子类，为了使子类能够直接访问父类的成员，则把这些成员（大部分是数据）说明为被保护的。

4）默认的

如果类成员前面没有任何关键字修饰，则称为默认的。默认的类成员除了允许被其归属的类访问外，还允许同一个包中的其他类访问。若两个类不在同一个包中，则即使是这个类的子类，也不允许访问这个类的默认成员。

3. 继承

在 Java 中，所有的类都是通过直接或间接地继承 java.lang.object 得到的。通过继承可以实现代码的复用，继承得到的类称为子类，被继承的类称为父类，父类包括所有直接或间接被继承的类。

Java 中不支持多重继承，子类可以继承父类中访问权限为 public、protected 和默认的成员方法和成员变量，但不能继承访问权限为 private 的成员方法和成员变量。

在继承关系中，可以在子类中覆盖（重写）与父类同名的方法，称为方法的覆盖（重写）。而且子类中覆盖（重写）的方法应跟父类中的方法具有相同的名字、相同的参数表和相同的返回类型，这与方法的重载是不同的。

1）extends 指明继承关系

在 Java 程序设计中，继承是通过 extends 关键字来实现的。在定义类时使用 extends 关键字指明新定义类的父类，新定义的类称为指定父类的子类，这样就在两个类之间建立了继承关系。子类可以从父类那里继承所有非 private 的属性和方法。

（1）成员变量的继承。子类继承父类中所有可被子类访问的成员变量。其遵循的继承原则如下。

① 能够继承声明为 public、protected 和默认修饰符的成员变量。

② 不能继承声明为 private 的成员变量。

③ 如果子类声明一个与父类成员变量同名的成员变量，则不能继承父类的成员变量。此时子类的成员变量将隐藏父类的成员变量。

注意：数据成员的隐藏是指在子类中重新定义一个与父类中已定义的数据成员名完全相同的数据成员，即子类拥有两个相同名字的数据成员，一个是继承父类的，另一个是子类自己定义的。当子类引用这个同名的数据成员时，默认操作是它自己定义的数据成员，而把从父类那里继承来的数据成员“隐藏”起来。当子类要引用继承自父类的同名数据成员时，可使用关键字 super 引导。

（2）成员方法的继承。子类继承成员方法的规则类似于继承成员变量的规则：子类继承父类中所有可被子类访问的成员方法，继承规则如下。

① 能够继承声明为 public、protected 和默认修饰符的成员方法。

② 不能继承声明为 private 的成员方法。

③ 不能继承父类的构造方法。

如果子类方法与父类方法同名，且具有相同的参数列表和返回值类型，则不能继承，称为方法覆盖（重写）。

注意：方法覆盖（重写）是指在继承过程中，子类中的成员方法与其父类中的成员方法有相同名称，但是功能不同。此时，子类的成员方法“覆盖”了从父类继承过来的同名成员方法，故又称方法重写，即父类、子类中方法的名称相同，参数列表和返回值类型也都完全相同，但是实现功能不同。

在数据隐藏和方法覆盖后，子类成员覆盖了父类的同名成员，要访问父类的这些成员，就需用 super 关键字来引用当前类的父类。super 的用法有如下 3 种情况。

① super.变量名：访问父类中被隐藏的成员变量。

② super.方法名([参数表])：调用父类中被重写的方法。

③ super([参数表])：调用父类的构造方法，此时，可用 super 来表示父类的构造方法。下面举例说明类的继承规则。

【例 4-1】成员方法的继承和添加成员变量示例。

```
class Person{
   protected String name;  //为保护成员
   protected int age;
   //父类的方法
   void setdata(String name, int age){
      this.name = name;
      this.age = age;
   }
   public void print(){
      System.out.println(name + ", " + age);
   }
}
public class Student extends Person{
   protected String department;
   public static void main(String args[]){
      Person p = new Person();
      //调用父类的成员方法
      p.setdata("张三", 21);
      p.print();
      Student s = new Student();
      //调用父类的成员方法
      s.setdata("李四", 20);
      s.print();
      //访问本类的成员变量
      s.department ="软件学院";
      System.out.println(s.department);
   }
}
```

运行结果如下。

```
张三, 21
李四, 20
计算机系
```

程序说明：在例 4-1 中，首先定义了 Person 类，为其添加了 name 和 age 两个变量，并通过 setdata(String name, int age)方法对 name 和 age 进行初始化，然后定义子类 Student 类，并向子类中新增成员变量 department。

【例 4-2】变量隐藏和方法重写示例。

```
class AB{
   int x,y,z;
   //无参构造方法
   AB(){
      x=5;
      y=6;
      z=x*y;
      System.out.println("super1: z = "+z);
   }
   //有参构造方法
   AB(int a,int b,int c){
      x=a;
      y=b;
      z=c;
      System.out.println("super2: z="+z);
```

```
    }
    void printInfo(){
        System.out.println("This is superclass!");
    }
}
class C extends AB{
    int x;                      //定义与父类同名变量x
    //子类构造方法
    C(){
        super(1,2,3);           //调用父类构造方法初始化变量
        x=13;
        System.out.println("super.x="+super.x+" sub.x="+x);
    }
    void printInfo(){           //重写父类的同名方法
        System.out.println("This is subclass!");
    }
}
public class ClassTest{
    public static void main(String args[]){
        C sub = new C();
        sub.printInfo();
        AB super1 = new C();
        super1.printInfo();
        AB super2 = new AB();
        super2.printInfo();
    }
}
```

运行结果如下。

```
super2: z=3
super.x=1 sub.x=13
This is subclass!
super2: z=3
super.x=1 sub.x=13
This is subclass!
super1: z = 30
This is superclass!
```

程序说明：在例 4-2 中，首先定义了一个名为 AB 的父类，在这个父类中定义了 3 个整型的成员变量 x、y、z，通过方法重载，用带有参数和不带参数的两个构造函数对这 3 个成员变量赋值，然后声明了名为 printInfo 的成员方法，该方法输出 This is superclass!语句。

然后定义子类 C 继承父类 AB，定义一个成员变量 x，隐藏父类的成员变量 x，接着重写了父类的成员方法 printInfo()，输出 This is subclass!语句。

创建测试主类 ClassTest，在程序的 main()方法中，首先声明子类 C 的一个对象，用子类构造方法进行初始化，接着调用子类的 printInfo()方法，然后声明父类的一个对象，但是用子类构造方法初始化，接着也是调用 printInfo()方法，最后声明父类对象并用父类的构造方法初始化对象，并调用 printInfo()方法。

从结果可以看出，当子类中隐藏父类的数据成员或重写父类的成员方法后，默认的是调用子类本身的成员变量和成员方法，要想调用父类的方法和变量，则必须加 super 关键字引导。下面介绍 this 和 super 关键字的用法。

2）this 与 super

（1）this 的使用。在一些容易混淆的场合，例如，当成员方法的形参名与数据成员相同或者成员方法的局部变量名与数据成员名相同时，在方法内使用 this 来明确表示引用的是类的成

员变量而不是形参或局部变量。

this 代表了当前对象的一个引用，简单地说，就是指当前的这个对象。this 的使用可分为下面两种情况。

① 用来访问当前对象的数据成员，其使用方法如下。

```
this.数据成员
```

② 用来访问当前对象的成员方法，其使用方法如下。

```
this.成员方法(参数)
```

（2）super 的使用。super 表示的是当前对象的直接父类对象，是当前对象的直接父类对象的引用。所谓直接父类，是相对于当前对象的其他“祖先”类而言的。例如，假设类 A 派生出子类 B，类 B 又派生出自己的子类 C，则 B 是 C 的直接父类，而 A 是 C 的祖先类，super 代表的就是直接父类。

若子类的数据成员或成员方法名与父类的数据成员或成员方法名相同，当要调用父类的同名方法或使用父类的同名数据成员时，则可用关键字 super 来指明父类的数据成员和方法。

super 的使用方法有如下两种。

① 用来访问直接父类隐藏的数据成员，其使用方法如下。

```
super.数据成员
```

② 用来调用直接父类中被覆盖的成员方法，其使用方法如下。

```
super.成员方法(参数)
```

【例 4-3】访问直接父类隐藏的数据成员和被覆盖的成员方法。

```
class A{
   int x=1;
   void show(){
      System.out.println("class A: ");
   }
}
class B extends A{
   double x=9.8;                          //子类B的成员变量以double型的x隐藏了父类A的int型的x
   void show(){                           //子类B的成员方法覆盖了父类A的成员方法show()
      System.out.println("class B: ");
   }
   void show_2(){
      super.show();                       //访问父类A的成员方法show()
      System.out.println(super.x);        //访问父类A的成员变量 x
      show();                             //访问本类B的成员方法show()
      System.out.println(x);              //访问本类B的成员变量x
   }
}
public class ClassTest{
   public static void main(String srgs[]){
      B b=new B();
      b.show_2();
   }
}
```

运行结果如下。

```
class A:
1
class B:
9.8
```

4. 多态

多态是指一个程序中具有相同名称的多个方法相互共存的情况。这些方法同名的原因是它们的功能和目的基本相同，但是在完成同一功能时，可能遇到不同的情况，需要根据这些不同情况做出适当的调整；因此，需要定义含不同具体内容的方法来代表多种具体实现形式。

Java 中提供了两种多态机制：方法重载与方法覆盖。

1）方法重载

在同一个类中定义了多个名称相同，但在形式参数列表中，参数的个数、参数的数据类型不同，则称这些方法是重载的方法。需要注意的是，方法的返回值类型不能作为区分方法的依据。在编译期间，Java 编译器检查每个方法所用的参数数目和类型，然后调用正确的方法，称为编译时多态。当 Java 调用一个重载方法时，参数与调用参数匹配的方法被执行。

例如，要从两个数中找出其中的较大者，而每次求最大数时数据类型不同，可能是两个整数、两个双精度数或两个长整数，这样就需要定义 3 个方法，如 int max1(int a, int b)、double max2(double a, double b)和 max3(long a, long b)。利用重载机制可以进行如下定义。

```
public int max(int a,int b){...}
public double max(double a,double b){...}
public double max(long a,long b){...}
```

这样使用一个方法名称 max 就可以定义求各种类型数据的最大值的方法，这时程序员只需记住一个方法名即可，这样便减轻了程序员的负担，上述定义中 max()方法被重载。在实际应用时，系统会自动根据参数的类型和个数调用合适的方法。

【例 4-4】方法重载示例。

```
class ReloadDemo{
   //无参的test()方法
   void test(){
      System.out.println("没有参数");
   }
   //有一个整型参数的重载test()方法
   void test(int a){
      System.out.println("有一个 int 型参数: a=" + a);
   }
   //有两个整型参数的重载test()方法
   void test(int a, int b){
      System.out.println("有两个 int 型参数: a=" + a + " b=" + b);
   }
   //有一个double型参数的重载test()方法
   void test(double a){
      System.out.println("一个 double 型参数: a=" + a);
   }
}
//创建测试类
public class ReloadTest{
   public static void main(String args[]){
      ReloadDemo ob = new ReloadDemo();
      //同一个对象使用不同重载的方法
      ob.test();
      ob.test(15);
      ob.test(15,30);
      ob.test(15.0);
   }
}
```

该程序产生的输出结果如下。

```
没有参数
一个int型参数: a=15
两个int型参数: a=15 b=30
一个 double 型参数: a=15.0
```

程序说明：从例 4-4 程序中可见，test()被重载了 4 次。第一次没有参数，第二次有 1 个整型参数，第三次有两个整型参数，第四次有 1 个 double 型参数。根据程序运行结果可以看出，系统自动根据方法调用者所使用参数的类型和个数调用相应的重载方法。

2）方法覆盖

由于面向对象系统中的继承机制，子类可以继承父类的方法；但是，子类的某些特征可能与从父类中继承来的特征有所不同。为了体现子类的这种个性，Java 允许子类对父类的同名方法重新进行定义，即在子类中定义与父类中已定义的名称相同而内容不同的方法。这种多态称为方法覆盖（重写）。

需要注意的是，子类方法覆盖（重写）父类方法时，方法头要与父类一样，即两个方法要具有完全相同的方法名称、返回值类型和参数列表。方法体要根据子类的需要重写，从而满足子类功能的要求。与子类中使用父类被隐藏的成员属性类似，如果子类中需要调用被覆盖的父类中的同名方法，那么可以通过 super 关键字作前缀加圆点运算符来实现调用：

```
super.方法名()
```

例如，由类 A 派生出类 B 的定义如下。

```
public class A{
    int x;
    void fx(){ }
}
public class B extends A{
    int y;
    void fx(){ }
    void fy(){
        fx();
    }
}
```

此处，父类 A 和子类 B 中都包含有方法 fx()，根据方法覆盖的原则，在类 B 的 fy()方法中调用的方法 fx()是类 B 的方法，而非类 A 的。

由于覆盖的同名方法是存在于子类对父类的关系中的，所以在方法引用时只需指明引用的是父类的方法还是子类的方法，即可很容易地把它们区分开来。

方法重载和方法覆盖都要求方法名称相同，有相似之处，在使用中经常会被混淆，下面对这两个概念做一个对比。

(1)方法重载是指在同一个类中定义多个同名称的方法，它们的参数列表不同。重载方法调用时根据其参数的类型、个数和顺序来区分。需要强调的是，Java 方法重载要求同名的方法必须有不同的参数表，仅有返回类型不同是不足以区分两个重载方法的。

(2）方法覆盖也称方法重写，是指子类把从父类继承来的方法重新进行定义，方法头一样，但方法体不同，即方法实现的功能不同。若子类中的方法与父类中的某一方法具有相同的方法名、返回值类型和参数表，则新方法将覆盖掉原有的方法。如需要继续使用父类中原有的方法，可以使用 super 关键字，该关键字用于引用当前类的父类。

【例 4-5】方法覆盖示例。

```
class Parent{
   String name;
   int age;
   Parent(String name,int age){
      this.name=name;
      this.age=age;
   }
   void work(){
      System.out.println(name +"为人民服务。");
   }
}
class Child extends Parent{          //子类继承父类
   String schoolName;
   Child (String name, int age, String school){
      super(name,age);               //子类构造方法通过super调用父类构造方法
      this.schoolName=school;
   }
   void work(){                      //子类中覆盖（重写）父类中同名方法
      System.out.println(name+schoolName+"学习。");
   }
}
public class RewriteTest{
   public static void main(String args[]){
      Parent p=new Parent("小毅妈妈",32);
      p.work();
      Child c=new Child("小毅",8,"黄土岭小学");
      c.work();
   }
}
```

该程序产生的输出结果如下。

```
小毅妈妈为人民服务。
小毅黄土岭小学学习。
```

程序说明：从例 4-5 程序中可见，work()方法在子类 Child 中覆盖（重写）了父类 Parent 中的同名方法（被重新定义），被赋予了新的含义，导致输出了新的结果。

4.1.3 拓展知识

1. static 关键字

static 关键字可用在变量、方法和内部类中。其主要有如下两种用法。

1）静态方法

当某个方法被定义为 static 时，就表示这个方法可以不需要声明为类的实例即可执行，如主方法 public static void main(String[] args)()。调用一个静态方法可以直接采用“类名.方法名”，即直接通过类名去访问；当然，静态方法也可以采用“对象名.方法名”，即通过对象名去访问。

2）静态变量

静态变量与静态方法类似。所有某个类的实例都共享同一个静态变量，也就是说在类装载时，只为静态变量分配一块存储空间，所有此类的对象都可以操控这同一块存储空间。

某个类成员被定义为 static 时，它就完全独立于这个类了，该类可以不需要实例化便可直接引用该类成员。当然，如果将该类实例化之后，也可以访问被定义为 static 的类成员。

需要注意的是，使用 static 修饰的方法可以直接访问 static 修饰的变量，但不能直接访问实

例方法和实例变量。

【例 4-6】static 使用示例。

```
public class StaticDemo{
   private int selNumber;
   public static int counter;
   static{                                              //先执行静态块
      System.out.println("静态块被首先执行");
      counter = 1;                                      //静态方法可以直接访问静态变量
   }
   public static int getTotalCount(){
      return counter;
   }
   public StaticDemo(){
      counter++;
      selNumber++;
   }
   public static void main(String[] args){
      System.out.println("counter = " + StaticDemo.counter);          //引用静态变量
      //以下用法错误，selNumber是实例变量，不能通过类名访问
      //System.out.println("selNumber = " + StaticDemo.selNumber);
      StaticDemo sd1 = new StaticDemo();
      System.out.println("counter = " + sd1.counter);      //通过对象访问静态变量
      System.out.println("counter = " + StaticDemo.getTotalCount());    //访问静态方法
      System.out.println("selNumber= " + sd1.selNumber);   //通过对象访问实例变量
      StaticDemo sd2 = new StaticDemo();
      System.out.println("counter = " + sd2.getTotalCount()); //通过对象访问静态方法
      System.out.println("selNumber =" + sd2.selNumber);   //sd2也有自己的实例变量
   }
}
```

程序运行结果如下。

```
静态块被首先执行
counter = 1
counter = 2
counter = 2
selNumber = 1
counter = 3
selNumber =1
```

程序说明：一旦 StaticDemo 类被装载，static 块就被执行，打印“静态块被首先执行”语句；然后分别通过类名和对象名访问静态变量 counter，以及通过类名和对象名访问静态方法 getTotalCount()。对于非静态变量 selNumber，不能通过类名而只能通过对象名去访问。通过程序结果可以看出，静态变量 counter 是所有对象共有的，每个对象都可以修改它的值；而非静态变量 selNumber 是属于某个对象的，不同对象有不同的 selNumber 副本，相互独立，互不影响。

2. final 关键字

final 可以修饰变量、方法和类。

1）final 变量

在类中定义变量时，在其前面加上 final 关键字，这个变量就成了常量，也就是说这个变量一旦被初始化便不可改变，对基本类型来说是其值不可变，而对对象变量来说是其引用不可再变。

常量初始化可以在如下两个地方。

（1）在 final 变量定义时直接给其赋值。

（2）在构造函数中，但不能既在定义时赋了值，又在构造函数中赋另外的值。

2）final 方法

将方法声明为 final，不允许任何从此类继承的类来重写这个方法，但是继承仍然可以继承这个方法，也就是说可以直接使用。

3）final 类

将类定义成 final 时，final 类是无法被任何类继承的。

对于 final 类中的成员，可以定义其为 final，也可以不为 final。而对于方法，由于所属类为 final 的关系，也就成了 final 型的方法。

【例 4-7】 final 使用示例。

```
class A{
   int a;
   //构造方法
   public A(){
      a = 10;
   }
   final public void paint(){
      System.out.println("———————");
   }
   final public void paint(int i){
      System.out.println(i);
   }
   public void setA(int pA) {
      a = pA;
   }
   public int getA(){
      return a;
   }
}
//测试类
public class DemoFinal{
//如果final变量是引用变量，则不可以改变它的引用对象，但可以改变对象的数据
   final A REF_VAR = new A();
   public static void main(String[] args){
      DemoFinal tf = new DemoFinal();
      tf.REF_VAR.setA(1);
      System.out.println(tf.REF_VAR.getA());
      tf.REF_VAR.paint();
      tf.REF_VAR.paint(1);
   }
}
```

程序运行结果如下。

```
1
———————
1
```

4.2 任务案例：旅行过程的模拟实现

4.2.1 实现过程

【任务说明】

某人到美国纽约留学，旅途过程：先从家乘坐出租车到高铁站，再乘坐高铁到北京，然后从北京坐飞机到美国纽约。请模拟编程实现这个旅行过程，注意旅行过程中乘坐了不同的交通

工具。

【任务目的】

（1）掌握 Java 多态性的运用。

（2）学习接口的定义和使用。

【技术要点】

（1）旅途过程中先后乘坐了出租车、高铁、飞机 3 种交通工具，它们都是旅行的交通工具；由于都属于交通工具，只是表现形式不同，故可以用 journey()方法把 3 种交通工具的功能编写为一个公用接口。

（2）不同的交通工具以不同的方式实现公用接口，完成 journey 的 3 个不同实现过程。

【实现步骤】

（1）创建一个包 jt，在其中定义公共接口 Transportation，代码如下。

```
package jt;
public interface Transportation{          //定义接口
   public void journey(String from,String to);
}
```

（2）在包 jt 中，创建类 Taxi 实现接口 Transportation，代码如下。

```
package jt;
public class Taxi implements Transportation{
   String taxi="出租车";
   public void journey(String from,String to){
      System.out.println("从"+from+"到" +to+"乘坐"+taxi);
   }
}
```

（3）在包 jt 中，创建类 Train 实现接口 Transportation，代码如下。

```
public class Train implements Transportation{
   String train="高铁";
   public void journey(String from,String to){
      System.out.println("从"+from+"到"+to+"乘坐"+train);
   }
}
```

（4）在包 jt 中，创建类 Plane 实现接口 Transportation，代码如下。

```
public class Plane implements Transportation{
   String plane="飞机";
   public void journey(String from,String to){
      System.out.println("从"+from+"到"+to+"乘坐"+plane);
   }
}
```

（5）创建类 Studunt，添加 travel 方法，代码如下。

```
import jt.Transportation;
class Student{
   public void travel(Transportation t,String from,String to){
      t.journey(from,to);
   }
}
```

（6）创建类 TravelDemo，模拟实现旅行过程，代码如下。

```
import jt.Taxi;
import jt.Train;
import jt.Plane;
```

```
public class TravelDemo{
   public static void main(String args[]){
      Taxi ta=new Taxi();
      Train tr=new Train();
      Plane pl=new Plane();
      Student s=new Student();
      s.travel(ta,"家","高铁站");
      s.travel(tr,"长沙","北京");
      s.travel(pl,"北京","纽约");
   }
}
```

（7）程序运行结果如下。

```
从家到高铁站乘坐出租车
从长沙到北京乘坐高铁
从北京到纽约乘坐飞机
```

4.2.2 知识集萃

1. 抽象类

通过父类就能大致了解子类所要完成的任务，这是抽象类所具有的特点。

抽象类的作用在于将许多有关的类组织在一起，提供一个公共的类，即抽象类；而那些被它组织在一起的、具有实际功能的类作为它的子类由它派生而来。抽象类刻画了公有行为的一般特征，但并不给出具体实现，然后通过继承机制传送给它的派生子类。

在抽象类中定义的方法称为抽象方法，这些方法只有方法头的声明，而用一个分号来代替方法体的定义，即只定义成员方法的接口形式，而没有给出具体操作。只有派生的子类对父类中抽象成员方法的重新定义才真正实现了原抽象方法中的具体操作。在各派生子类继承了父类的抽象方法之后，它们各自再分别用不同的语句和方法体来重新定义这些抽象方法，形成若干个名字相同、返回值相同、参数列表相同、目的一致但是具体实现有一定差别的实际方法。抽象类中定义抽象方法的目的是提供一个公用接口，即所有的子类对外都呈现一个相同名字的方法。

抽象类是拥有其所有子类的公共属性的集合并包含一个或多个抽象方法的类。使用抽象类的一大优点就是可以充分利用这些公用属性和抽象方法来提高开发和维护程序的效率。

抽象类定义的语法格式如下。

```
[访问修饰符] abstract class 类名{
    [访问修饰符] abstract 返回值类型 方法名([参数]);    //抽象方法
    [访问修饰符] 返回值类型 方法名([参数]){方法体}      //普通方法
}
```

例如：

```
public abstract class Employee{
   private String name;
   private String department;
   public abstract double salary();
}
```

对于抽象类与抽象方法，在使用时，需遵循如下规则。

（1）凡是用 abstract 修饰符修饰的类都被称为抽象类，凡是用 abstract 修饰符修饰的成员方法都被称为抽象方法。

（2）抽象类中可以没有抽象方法，但是有抽象方法的类必定是抽象类，同时抽象类中也可以有给出了具体实现的普通方法。

(3)抽象方法作为方法的占位符，可在派生子类中实现对该方法的完整定义。抽象方法的声明中有修饰符 abstract，它没有函数的实现体，只有方法头并且以分号结束。抽象方法只能是公有的，不能被声明为私有的。

（4）抽象类不能被实例化，创建对象的工作由抽象类派生出的子类来实现。

（5）如果父类中已有同名的 abstract 方法，则子类中就不能再有同名的抽象方法。

（6）abstract 不能与 final 并列修饰同一个类。

（7）如果一个非抽象类继承了抽象类，它必须重写并实现父类的所有抽象方法。

（8）如果一个抽象类继承了抽象类，可以不重写父类的抽象方法，只需要将父类的抽象方法再次声明为抽象方法即可。

2. 接口

多重继承是指一个子类可以有多个直接父类，该子类可以全部或部分继承所有直接父类的数据成员及成员方法。例如，冷藏车既是一种汽车，也是一种制冷设备，所以它是汽车的子类也是制冷设备的子类。自然界中这种多重继承结构到处可见。

但Java出于安全性、简化程序结构考虑，不支持类间的多重继承关系而只支持单继承。然而在解决实际问题的过程中，仅仅依靠单继承不能将复杂的问题描述清楚。为了使Java程序的类间层次结构更加合理，Java 语言提供了接口来实现多重继承机制。接口实际上是一种特殊的抽象类。

1）声明接口

声明接口的格式如下。

```
[访问修饰符] interface 接口名 [extends 父接口名列表]{
    常量数据成员声明
    抽象方法声明
}
```

说明：

（1）访问修饰符有两种：public 和默认。public 修饰的接口是公共接口，可以被所有的类和接口使用；默认修饰符的接口只能被同一个包中的其他类和接口使用。

（2）interface 是声明接口的关键字，可视为一种特殊形式的抽象类。

（3）接口名要求符合 Java 标识符的规定。

（4）父接口名列表：接口也具有继承性。定义一个接口时可以通过 extends 关键字声明该接口是已经存在的某个父接口的派生接口，它将继承父接口的所有属性和方法。

与类的继承不同的是，一个接口可以有一个以上的父接口，它们之间用逗号分隔。这弥补了类不能多重继承的缺陷，实现了多重继承关系。

(5)常量数据成员声明：常量数据成员前可以有也可以没有访问修饰符。默认的修饰符是 public final static 和 final static；接口中的数据成员都是用 final 修饰的常量。书写方法如下。

```
访问修饰符 数据成员类型 数据成员名 = 常量值;
```

或

```
数据成员类型 数据成员名 = 常量值;
```

例如：

```
public final static double PI=3.14159;
final static int x=9;
int Y=100;(等价于 final static int Y=10 0;)
```

（6）抽象方法声明：接口中的方法都是用 abstract 修饰的抽象方法（不同于抽象类中还可以有普通方法，所以可称为一种特殊形式的抽象类）。在接口中只能给出这些抽象方法的方法名、返回值和参数列表而不能给出具体的方法体，即这些接口仅仅规定了一组信息交换、传输和处理的“接口”，而没有给出任何具体实现，其格式如下。

```
返回值类型 方法名(参数列表);
```

其中，接口中的方法默认为 public abstract。值得注意的是，接口中方法的方法体可以由 Java 语言书写，也可以由其他语言书写。当方法体由其他语言书写时，接口方法由 native 修饰符来修饰。

定义接口与定义类非常相似，实际上完全可以把接口理解为一种由常量和抽象方法组成的特殊类。一个类只能有一个父类，但是一个类却可以同时实现若干个接口。这种情况下，如果把接口理解成特殊的类，那么这个特殊的类利用接口实际上就获得了多个父类，也即实现了多重继承。

接口的定义仅仅是为某一组功能提供对外的接口和规范，它并没有真正地实现这些功能，这些功能的真正实现是在“继承”这个接口的各个类中完成的，即要由这些“继承”类来具体定义接口中各抽象方法的方法体。但在 Java 中，通常把对接口功能的“继承”称为“实现”（implementation）。

2）类在实现接口时需注意和遵循的规则

（1）在类中，用 implements 关键字来实现接口。一个类若要实现多个接口，可在 implements 后使用逗号隔开多个接口的名字。

（2）如果实现某接口的类不是 abstract 的抽象类，则在该类的定义部分必须实现指定接口的所有抽象方法，而且方法头应该与接口中的方法头完全一致，即有完全相同的返回值和参数列表，不允许存在未被实现的接口方法。这主要体现了非抽象类中不能存在抽象方法的原则。

（3）如果实现某接口的是 abstract 的抽象类，则它可以不必实现该接口中的所有方法。

（4）接口的抽象方法的访问修饰符都被指定为 public，所以类在实现这些方法时，必须显式地使用 public 修饰符，否则将被系统警告为缩小了接口中定义方法的访问控制范围。

3）抽象类和接口的区别

（1）抽象类中的方法不仅有抽象方法，也有普通方法，但是接口中的方法全是抽象方法。

（2）抽象类中的成员变量可以是各种类型的，而接口中的成员变量只能是 public static final 类型。

（3）接口中不能含有静态代码块以及静态方法（用 static 修饰的方法），而抽象类中可以有静态代码块和静态方法。

（4）一个类只能继承一个抽象类，但一个类却可以实现多个接口。

【例 4-8】接口使用示例。

```
interface IA{                                   //定义接口IA
  int a=1;
  void showa();
}
interface IB{                                   //定义接口IB
  int b=2;
  void showb();
}
interface IC{                                   //定义接口IC
  int c=3;
```

```
   void showc();
}
interface ID extends IA,IB,IC{                    //定义接口ID并继承接口IA、IB和IC
   int d=4;
   void showd();
}
class CE implements ID{                           //定义类CE并实现接口ID
   int e=5;
   public void showa(){
      System.out.println("a="+a);
   }
   public void showb(){
      System.out.println("b="+b);
   }
   public void showc(){
      System.out.println("c=" + c);
   }
   public void showd(){
      System.out.println("d="+d);
   }
   public void showe(){                           //本类中的方法
      System.out.println("e="+e);
   }
}
public class InterfaceDemo{
   public static void main(String args[]){
      CE ce = new CE();
      ce.showa();
      ce.showb();
      ce.showc();
      ce.showd();
      ce.showe();
   }
}
```

程序运行结果如下。

```
a=1
b=2
c=3
d=4
e=5
```

4.2.3 拓展知识

1. 内部类

1）内部类的声明

简单地说，“内部类”是在另一个类的内部声明的类，与声明方法非常相似。包装了内部类声明的类称为“外部类”。

内部类的定义形式如下。

```
class A{
   class B{
   }
}
```

类 B 在类 A 内部定义，类 B 称为内部类，类 A 称为类 B 的包容类或外部类。

内部类有如下几个特性。

（1）一般用在定义它的类或语句块之内，名字不能与包含它的类名相同，在外部引用它时必须给出完整的名称。

（2）可以使用包含它的类的静态和实例成员变量，也可以使用它所在方法的局部变量。

（3）可以定义为 abstract。

（4）可以声明为 private 或 protected。

（5）若想在内部类中声明任何 static 成员，则该内部类必须声明为 static。

【例 4-9】内部类在图形用户界面程序中使用的例子。

```
import java.awt.*;
import java.awt.event.*;
import javax.swing.*;

public class InnerClass extends JFrame{
     Button b = new Button("请单击! ");
     public static void main(String args[]){
        InnerClass ic = new InnerClass();
        ic.init();
     }
     void init(){
        JFrame f = new JFrame("内部类示例");
        f.setLocationRelativeTo(null);
        f.setDefaultCloseOperation(EXIT_ON_CLOSE);
        //new ButtonClick()为调用内部类
        b.addActionListener(new ButtonClick());
        f.setLayout(new FlowLayout());   //设置布局管理器
        f.add(b);
        f.setSize(300, 150);
        f.setVisible(true);
     }
     //内部类定义，该内部类用于处理按钮单击事件
     private class ButtonClick implements ActionListener{
        public void actionPerformed(ActionEvent e){
           if(e.getSource() == b){
              System.out.println("你单击了按钮! ");
           }
        }
     }
}
```

在这个例子中，类 ButtonClick 定义在类 InnerClass 内部，InnerClass 类内定义了一个按钮，如何使用按钮与用户交互需要定义一个单独的类来实现。通过定义了 ButtonClick 类来实现按钮单击事件，完成与用户的交互。

2）内部类的使用

内部类可以作为外部类的一个成员使用，可以直接访问和引用它的外部类的所有变量和方法。使用内部类的好处之一就是隐藏了不想让别人知道的操作，即封装性。内部类的使用在 Swing 组件事件处理中使用较多，在后面的章节中会有针对图形用户界面程序设计的详细说明。

3）在外部类以外的其他类中访问内部类

内部类的访问权限与普通类和接口不同，可以定义为 public、protected、default 或 private，而普通类只能定义 public 或 default 两种。对于可以在外部类之外访问的内部类，引用内部类时必须使用完整的标识：外部类名和内部类名。并且在创建内部类对象时，必须与外部类的对象相关，例如，假设类 B 是类 A 的内部类，则在其他类中要以下列格式访问类 B。

```
A a=new A();
A.B b=a.new B();
```

2. 匿名类

如果在某个类中要执行的任务需要一个对象，但该对象所对应的类，可能特别简单或者只在一个方法内部使用而无须在其他地方被运用，那么就可以为该对象创建一个匿名类。匿名类尤其适合在 Swing 应用程序中快速创建事件处理程序。

匿名类是没有名称的类(故称之为匿名)，所以没办法引用，只能在创建该类时，作为 new 语句的一部分来声明。这就要采用另一种形式的 new 语句，具体格式如下。

```
new <类或接口> <类的主体>
```

这种形式的 new 语句声明了一个新的匿名类，它对一个给定的类进行扩展，或者实现一个给定的接口。而且需要创建这个匿名类的一个新实例，并把它作为语句的结果返回。要扩展的类和要实现的接口是 new 语句的操作数，后跟匿名类的主体。

下面将前面内部类的例 4-9 改成匿名类来实现，如例 4-10 所示。

【例 4-10】匿名类在图形用户界面程序中使用的例子。

```
import java.awt.*;
import java.awt.event.*;
import javax.swing.*;
public class AnonymeClass extends JFrame{
  Button b = new Button("请单击！");
  public static void main(String args[]){
    AnonymeClass ac = new AnonymeClass();
    ac.init();
  }
  void init(){
    JFrame f = new JFrame("匿名类示例");
    f.setLocationRelativeTo(null);
    f.setDefaultCloseOperation(EXIT_ON_CLOSE);
    //new语句声明一个匿名类，实现ActionListener()为接口，{}内为类的主体
    b.addActionListener(new ActionListener(){
    //只需重写接口内的方法，用于处理按钮单击事件
    public void actionPerformed(ActionEvent e){
      if(e.getSource() == b){
        System.out.println("你单击了按钮！");
      }
    }});
    f.setLayout(new FlowLayout()); //设置布局管理器
    f.add(b);
    f.setSize(300, 150);
    f.setVisible(true);
  }
}
```

如果匿名类对另一个类进行扩展，它的主体就可以访问类的成员、覆盖其方法等，这和其他任何标准的类都是一样的。如果匿名类实现了一个接口，它的主体则必须实现接口的方法。

在 Java 事件处理的匿名适配器中，匿名内部类被大量地使用。例如，在想关闭窗口时常常加上如下这样一句代码。

```
frame.addWindowListener(new WindowAdapter(){
  public void windowClosing(WindowEvent e){
  System.exit (0);
  }
});
```

需要注意的是，匿名类没有名字，所以没有构造方法，如果这个匿名类继承了一个只含有带参数构造方法的父类，那么创建该匿名类时必须带上这些参数，并在实现的过程中使用super 关键字调用相应父类的内容。

内部类和匿名类是Java为使用者提供的两个简便的工具。它们提供了更为简洁的封装，结果就是使代码更容易维护和集约，使相关的类都能存在于同一个源代码文件中，并能避免一个程序产生大量非常小的类。

4.3 第 4 章小结

本章讨论了Java语言面向对象的一些高级特性，主要讲解了继承、多态、封装、抽象类、接口以及内部类、匿名类等概念。要掌握好Java语言的高级特性，就需要多动手实践并加以分析和比较，才能更好地理解这些比较晦涩的概念，并以此去解决编程中遇到的一些更高级的实际问题。

4.4 育人进阶——初学 Java 要知道这 4 点

好的开始是成功的一半，这个不算建议。建议多了可能失去意义，所以只给出如下 4 点建议。开发软件的基本原则只有一个，就是满足用户的需求。

1. 职业规范

清晰的代码规范布局，简明扼要的注释（教材里的注释有些是语法注释，是考虑到你正在学习 Java；而程序员更感兴趣的是功能实现而非代码注释，工作以后要注意，否则其他人会悄悄话给你：我们也学过 Java）。好的命名，能让代码更容易被他人理解，这就是所谓的职业素养，如对象的名字、方法的名字。可留意本书里的代码，如方法的名字以实现的功能为依据。对象的名字最好见名知意，例如用形象化或拟人化的手法给对象命名。

2. 算法是否可以分而治之

一个类中出现一个过长的方法时（方法体的代码过多），就需要思考，是否可以把这个方法划分为多个小方法（设计模式里的所谓模板方法的思想）。然后这个方法只需调用这些小方法即可，这样不仅有利于代码的维护，也便于对算法分而治之。

3. 避免出现重复代码

如果几个类中具有相同的功能代码，最好重新写个新的类，把重复的功能代码集中到这个新的类，从而避免项目中出现重复功能的代码；避免重复的功能代码是一个好的设计的开始，也是防止出现严重问题的策略之一。就像老师经常说，在编辑一个 Word 文档或源代码时，千万不要重复打开多个副本，否则可能因为操作不当触发灾难性的后果。

4. 面向抽象的思想

当你发现并修改一个小功能，或增加一个小模块时，就可能引发一次软件崩塌，也许是因为你对抽象类或接口理解得还不是很到位，请多看看本书里关于面向抽象和面向接口的一些有针对性的知识点。

Martin Flower 有一句经典的话："任何一个傻瓜都能写出计算机可以理解的程序，但只有写出人类容易理解的程序的人才是优秀的程序员。"

本文引自"Java 教学与小提琴耿祥义"公众号

原文链接：https://mp.weixin.qq.com/s/-M2bWThYzf0qIpMtj-qRVg

4.5　巩固练习

一、选择题

1．下面关于方法覆盖的正确说法是（　　）。

A．发生方法覆盖时返回类型不一定相同

B．子类可以覆盖父类中定义的任何方法

C．方法覆盖不一定发生在父类与子类之间

D．子类不能覆盖父类的静态方法

2．下面关于抽象类和抽象方法的正确说法是（　　）。

A．抽象类中至少有一个抽象方法　　B．抽象类中只能定义抽象方法

C．利用抽象类也可以创建对象　　D．有抽象方法的类一定是抽象类

3．下面关于接口的正确说法是（　　）。

A．接口中可以定义实例方法

B．接口中可以定义各种形式的成员变量

C．接口可以实例化

D．接口中的方法都为抽象方法

4．下面程序运行的结果是（　　）。

```
class Pclassx{
    protected void f(){
        System.out.print("A is a method! ");
    }
}
public class Temp extends  Pclassx{
    protected void f(){
        System.out.print("B is a method! ");
    }
    public static void main(String args[]){
        Pclassx a=new Temp();
        a.f();
    }
}
```

A．A is a method!　　B．A is a method! B is a method!

C．B is a method!　　D．B is a method! A is a method!

5．对于静态变量和实例变量来说，下面说法错误的是（　　）。

A．实例变量是类的成员变量

B．静态变量在第一次用到时被初始化，以后创建其他对象时不再进行初始化

C．实例变量在每次创建对象时都被初始化和分配内存空间

D．实例变量是用 static 修饰的成员变量

6．用 private 修饰成员变量时，下面说法正确的是（　　）。

A．可以被其他包中的类访问

B．只能被同一个包中的其他类访问

C．只能被所在类访问

D．可以被任意 public 类访问

7．为类 Point 定义一个没有返回值的方法 move()，如果想通过类名访问该方法，则该方法的声明形式为（　　）。

A．final void move()　　B．public void move()

C．abstract void move()　　D．static void move()

8．下面关于类方法的描述，错误的是（　　）。

A．说明类方法使用关键字 static

B．类方法和实例方法一样均占用对象的内存空间

C．类方法能用实例和类名调用

D．类方法只能处理类变量或调用类方法

9．下面关于包的描述，错误的是（　　）。

A．包是若干对象的集合

B．使用 package 语句创建包

C．使用 import 语句引入包

D．包分为有名包和无名包两种

10．下列关于子类继承父类的成员描述中，错误的是（　　）。

A．当子类中出现成员方法头与父类方法头相同时，子类成员方法覆盖父类中成员方法

B．方法重载是编译时处理的，而方法覆盖是在运行时处理的

C．子类中继承父类中的所有成员都可以访问

D．子类中定义有与父类同名变量时，在子类继承父类的操作中，使用继承父类的变量；在子类执行自己的操作中，使用自己定义的变量

11．下列关于继承性的描述，错误的是（　　）。

A．一个类可以同时生成多个子类

B．子类继承了父类中除私有成员以外的其他成员

C．Java 支持单重继承和多重继承

D．Java 通过接口可使子类使用多个父类的成员

12．下列关于抽象类的描述，错误的是（　　）。

A．抽象类是用修饰符 abstract 说明的

B．抽象类是不可以定义对象的

C．抽象类是不可以有构造方法的

D．抽象类通常要有它的子类

13．以下关于类 StaticStuff 的说明，正确的是（　　）。

```
class StaticStuff{
    static int x= 15;
    static{ x *=3;}
    public static void main(String args[]){
       System.out.println("x=" +x);
    }
    static{ x /=3;}
}
```

A．3 号行与 7 号行不能通过编译，因为缺少方法名和返回类型

B．7 号行不能通过编译，因为只能有一个静态初始化器

C．编译通过，执行结果为 x=15

D．编译通过，执行结果为 x= 3

14．类 Text1 定义如下。

```
public class Test1{
public float aMethod(Float a, float b) { }
    ***
}
```

将以下（　　）方法插入行 *** 处是不合法的。

A．public float aMethod(float a,float b,float c){ }

B．public float aMethod(float c,float d) { }

C．public int aMethod(int a,int b) { }

D．public float aMethod(int a,int b,int c) { }

15．在 Java 中，一个类可同时定义许多同名的方法，这些方法的形式参数个数、类型或顺序各不相同，传回的值也可以不相同。这种面向对象程序的特性称为（　　）。

A．隐藏　　B．覆盖

C．重载　　D．Java 不支持此特性

16．假设 A 类有如下定义，设 a 是 A 类的一个实例，下列语句调用错误的是（　　）。

```
class A{
    int i;
    static String s;
    void method1() { }
    static void method2() { }
}
```

A．System.out.println(a. i);　　B．a.method1();

C．A.method1();　　D．A.method2();

17．设 x、y 为已定义的类名，下列声明 x 类的对象 x1 的语句中正确的是（　　）。

A．static x x1;　　B．public x x1= new x(int 123);

C．y x1 ;　　D．x x1= x();

18．已知有如下类的说明，下列引用语句正确的是（　　）。

```
public class Test{
    private float f = 1.0f;
    int m = 12;
    static int n = 1;
    public static void main(String args[]){
          Test t = new Test();
    }
}
```

A．t.f;　　B．this.n;

C．Test.m;　　D．Test.f;

二、填空题

1．Java 使用固定于首行的________语句来创建包。

2．在运行时，由 Java 解释器自动引入，而不用 import 语句引入的包是________。

3．系统规定用________表示当前类的构造方法，用________表示直接父类的构造方法，在构造方法中两者只能选其一，且需放在第一条语句。

4．________直接赋值给________时，子类对象可自动转换为父类对象，________赋值给________时，必须将父类对象强制转换为子类对象。

5．Java 语言中，定义子类时，使用关键字________来给出父类名。如果没有指出父类，则该类的默认父类为________。

6．如果一个类包含一个或多个 abstract 方法，则它是一个________类。

7．Java 不直接支持多继承，但可通过________实现多继承。类的继承具有________性。

8．类的修饰符分为________、________。

9．Java 源文件中最多只能有一个________类，其他类的个数不限。

10．类方法不能直接访问其所属类的________变量和________方法，只可直接访问其所属类的________变量和________方法。

11．类成员的访问控制符有________、________、________和默认 4 种。

12．protected 类型的类成员可被同一________、同一包中的________和不同包中的________的代码访问引用。

三、简答题

1．方法重载与方法覆盖有什么区别？

2．什么是多态？如何实现多态？

3．抽象类和抽象方法是如何定义的？

4．如何定义接口和实现接口？

5．抽象类和接口有什么区别？

6．静态变量和实例变量有何区别？

7．成员变量和成员方法的访问控制修饰符有哪些？其含义是什么？

8．this 关键字的作用是什么？

9．包的作用是什么？如何在程序中引入已定义的其他包中的类？

四、编程题

1．定义一个 Person 类和它的子类 Employee。Person 类有姓名、地址、电话号码和电子邮箱，其中定义一个方法 printMessage()用于输出人的信息。Employee 类有办公室、工资和就职日期成员变量，定义一个方法 printMessage()用于输出雇员的信息。将 Employee 定义为 public 类，在其 main()方法中分别基于父类和子类创建两个对象，并分别为父类和子类的成员变量赋值，然后分别调用父类和子类的 printMessage()方法来输出信息。

2．定义一个形状 Shapes 为抽象类，内有抽象方法 draw()。定义子类 Circle 继承 Shapes，实现其中的抽象方法 draw()，输出一句话："绘制了一个圆形。"同样定义子类 Square 继承 Shapes，实现其中的抽象方法 draw()，输出一句话："绘制了一个方形。"最后，在主类 AbstractDemo 中创建 Circle 和 Square 类的实例，调用 draw()方法输出结果。

3．定义一个接口 IMyInterface，其中包含方法 add(int x, int y)和 sub(int x, int y)，用于计算两个整数的和与差，然后定义类 MyClass 实现接口 IMyInterface。最后，在主类 InterfaceDemo 中创建 MyClass()类的实例，调用其中的 add()和 sub()方法输出和与差的结果。

第5章　常用系统类

学习目标与要求

本章主要介绍Java中的常用系统类，包括字符串类、集合类、Math类、Random类和Date类等。通过本章的学习，读者应能够掌握如下知识点。

- 掌握 String 类和 StringBuffer 类的用法。
- 掌握 ArrayList、Hashtable、Vector、HashMap 类和迭代器 Iterator 的使用。
- 掌握 Math、Random 和 Date 类的使用。
- 了解 StringTokenizer 类的使用。
- 了解 java.util 包的体系结构。

学习重点

掌握 String、ArrayList、Hashtable、Vector 和 HashMap 等类对象的创建、使用和操作。

5.1　任务案例：查找单词并计数

5.1.1　实现过程

【任务说明】

编写程序，完成查找和字数统计的功能，统计一篇英文文章中 string 单词的出现次数。

【任务目的】

（1）学习 String 类的使用方法。

（2）掌握 String 类对象的创建、使用和操作。

【技术要点】

（1）定义变量存储字符串对象，需要使用 String 类。

（2）统计单词个数，需要使用 StringTokenizer 类的方法来分割字符串并统计个数。

（3）查找单词 string 出现的次数，需要使用 String 类中的方法。

【实现步骤】

（1）创建类 StringCount，代码如下。

```
import java.util.*;
public class StringCount{
public static void main(String[] args){
   //声明并初始化字符串str
   String str = "Hello Java!This sentence is an example of string.";
   //创建StringTokenizer类对象strt，并构造字符串str的分析器
   //以空格符、“,” “.” 及 “!” 作为定界符
   StringTokenizer strt = new StringTokenizer(str," ,.!");
   //获取字符串str中语言符号的个数
   int num = strt.countTokens();
   //输入信息
   System.out.println("The sentence has " +num + " words. They are: ");
```

```
        //统计“string”单词的个数
        int count=0;
        while(strt.hasMoreTokens()){
            //利用循环来获取字符串str中的下一个语言符号，并输出
            String temp = strt.nextToken();
            System.out.print("\""+temp+"\" ");
            if(temp.equals("string")){
                count++;
            }
        }
        System.out.println();
        System.out.println("单词string出现了 " + count + "次！");
    }
}
```

（2）程序运行结果如下。

```
The sentence has 9 words. They are:
"Hello" "Java" "This" "sentence" "is" "an" "example" "of" "string"
单词string出现了1次!
```

5.1.2 知识集萃

String 类：Java 的字符串用关键字 String 来定义，但 String 不是一个简单类型，而是 Java 定义的一个系统类，属于引用类型。

Java 中没有内置的字符串类型，字符串常量是作为 String 类的对象存在的。使用字符串的过程可以表述为声明、创建（或初始化）、处理 3 个步骤，其中，声明与创建也经常合并在一起进行。

1. 创建 String 类对象

创建 String 类字符串的方式有两种，即使用类的构造方法创建字符串和使用双引号赋值法创建字符串。

1）使用类的构造方法创建字符串

例如：

```
String str1=new String("Hello Java!");          //使用类的构造方法创建字符串str1、str2
String str2=new String("Hello Java!");          //字符串str1和str2相互独立
```

使用类的构造方法产生的字符串对象，在内存中，即使每一个对象被赋值的字符串内容都相同，每一个对象都拥有自己的独立空间。

2）使用双引号赋值法创建字符串

例如：

```
String str3="Hello World!";                     //使用双引号赋值法创建字符串str3、str4
String str4="Hello World!";                     //字符串str3、str4此时只有一个副本
```

这里需要注意，采用这种方法赋值时，相同字符串值在内存中共用一个副本。

2. 字符串运算

程序中可以用赋值运算为字符串变量赋值，除此之外，Java 还定义“+”可用于两个字符串的连接运算。例如：

```
str="abc" + "xyz"                               //str的值为“abcxyz”
```

如果字符串与其他类型变量进行“+”运算，系统会自动将其他类型转换为字符串类型。

例如：

```
int i=10;
String str="i=" + i;                              //str的值为"i=10"
```

3. String 类的常用方法

Java 为 String 类定义了许多方法，可以通过下述格式调用 String 类中所定义的方法：

```
<字符串变量>.<方法名>
```

如表 5.1 所示，列出了 String 类的常用方法。

表 5.1　String 类的常用方法

方　法	说　明
int length()	返回字符串的长度
boolean equals(Object obj)	比较字符串是否相等
int compareTo(String str)	比较字符串，返回两者之间的差值
String concat(String str)	连接字符串
String substring(int beginIndex)	返回字符串从 beginIndex 开始的子串
String substring(int beginIndex,int endIndex)	返回从 beginIndex 开始至 endIndex 的子串
char charAt(int index)	返回 index 指定位置的字符
int indexOf(String str)	返回 str 在字符串中第一次出现的位置
String replace(char oldc,char newc)	以 newc 字符替换串中所有 oldc 字符

注意：比较字符串有两种方法：equals()和 compareTo()。

（1）方法 equals()比较两个字符串值是否相等，返回 boolean 类型的值。当两个字符串值相等时，返回 true，否则返回 false。

（2）方法 compareTo()比较两个字符串，但返回两者之间的差值（int 型）。返回值分 3 种情况。

① 若两个字符串 st1、st2 相等，则 st1.compareTo(st2)返回 0。

② 若两个字符串 st1、st2 不等，则从头开始依次将两字符串中的每个字符进行比较，当遇到第一个不同字符时，st1.compareTo(st2)返回这两个不同字符的差值，即

```
st1.charAt(k) -st2.charAt(k)    //k为第一个不同字符的位置
```

例如，设 st1="a1c"，st2="a3c"，则 st1.compareTo(st2)返回 st1.charAt(1)-st2. charAt(1)的值-2。

③ 若两个字符串 st1、st2 仅长度不等，则 st1.compareTo(st2)返回两者长度的差值，即

```
st1.length()-st2.length()
```

例如，设 st1="abcdef"，st2="ab"，则 st1.compareTo(st2)返回值为 4。

【例 5-1】使用字符串类的有关方法判断 level 是否是回文字符串。

可以通过两种算法来判断回文字符串。

算法一：分别采用从前向后和从后向前依次获得源串 str 的第一个字符 ch1 和最后一个字符 ch2，比较 ch1 和 ch2，如果不相等，则 str 肯定不是回文字符串，yes=false，立即退出循环；否则，继续比较，直到 str 的所有字符全部比较完，yes 的值仍为 true，才能肯定 str 是回文字符串。

算法二：将源串 str 反转保存至 strtp 串中，再比较两串，如果相等则是回文字符串。

将两种算法的程序写到一起。其中比较两个字符时，使用关系运算符==；而比较两个字符串，则使用 equals()方法。程序源代码如下。

```
public class Level{
```

```
    public static void main(String[] args){
        String str="level";
        int i=0,n;
        boolean flag=true;
        if(args.length>0)
            str=args[0];
        System.out.println("str="+str);
        n=str.length();
        char ch1,ch2;
        while(flag && (i<n/2)){                //算法一
            ch1=str.charAt(i);
            ch2=str.charAt(n-i-1);
            System.out.println("ch1="+ch1+" ch2="+ch2);
            if (ch1==ch2)
                i++ ;
            else
                flag=false;
        }
        System.out.println("算法一: "+flag);
        String strtp="",sub="";
        for(i=0;i<n;i++ ){                     //算法二
            sub=str.substring(i,i+1);
            strtp=sub+strtp;
        }
        System.out.println("strtp="+strtp);
        System.out.println("算法二: " + str.equals(strtp));
    }
}
```

程序中方法 main(String[] args)的参数为命令行参数，当在命令提示符状态下运行时，跟在文件名后输入的多个字符串将被保存在 args[]数组中，输入过程中以空格分隔各个字符串值。

本例中，使用参数 args[]作为输入数据，在命令提示符状态下，首先使用 javac 命令编译时不需输入参数，但在使用 java 命令运行程序时，输入字符串参数 abcde，带参数的 java 运行命令格式为 java Level abcde。

本程序的运行结果如下。

```
str=abcde
ch1=a ch2=e
算法一: false
strtp=edcba
算法二: false
```

但如果不带参数，则程序中 str="level"，此时运行结果如下。

```
str=level
ch1=l ch2=l
ch1=e ch2=e
算法一: true
strtp=level
算法二: true
```

5.1.3 拓展知识

1. StringBuffer 类

StringBuffer 类是可变字符串类，创建 StringBuffer 类的对象后，可以随意修改、变更字符串的内容。每个 StringBuffer 类的对象都能够存储指定容量的字符串，如果字符串的长度超过

了 StringBuffer 类对象的容量，则该对象的容量会自动地扩大。

1）StringBuffer 类构造方法

可变字符串 StringBuffer 类的构造方法及其说明如表 5.2 所示。

表 5.2 StringBuffer 类的构造方法及其说明

构 造 方 法	说 明
StringBuffer()	用于创建一个空的 StringBuffer 对象
StringBuffer(int length)	用于创建一个长度为 length 的 StringBuffer 对象
StringBuffer(String str)	用于创建一个 StringBuffer 对象，利用一个已经存在的 String 对象来初始化该 StringBuffer 对象

2）StringBuffer 类常用方法

可变字符串 StringBuffer 类的主要方法及其功能如表 5.3 所示。

表 5.3 StringBuffer 类的主要方法及其功能

方 法	功 能
int capacity()	用于获取当前可变字符串的容量
void setLength(int a)	用于设置当前可变字符串的长度
int length()	用于获取当前可变字符串的长度
StringBuffer append(Object obj)	将对象参数以字符串的方式加入到当前可变字符串中
StringBuffer append(String str)	将给定的字符串追加到当前可变字符串中
StringBuffer append(StringBuffer sb)	将给定的可变字符串追加到当前可变字符串中
StringBuffer insert(int offset,Object obj)	将对象参数以字符串的方式插入到当前可变字符串中的指定位置
StringBuffer insert(int offset,String str)	将给定字符串插入到当前可变字符串中的指定位置
StringBuffer delete(int a,int b)	用于删除当前可变字符串中起始位置为 a、结束位置为 b 之间的内容
StringBuffer deleteCharAt(int a)	用于删除指定索引位置处的字符
void setCharAt(int a,char ch)	将给定字符 ch 插入到当前可变字符串指定索引位置处
StringBuffer replace(int a,int b,String str)	使用新的字符串 str，替换当前可变字符串中起始位置为 a、结束位置为 b 之间的内容
String toString()	获得一个字符串常量来代表当前可变字符串

3）StringBuffer 对象使用示例

下面举例说明 StringBuffer 类对象的声明、创建方法，以及 StringBuffer 类中部分方法的使用。

【例 5-2】StringBuffer 类的使用。

```
public class StringBufferDemo{
  StringBuffer strbuf1 = new StringBuffer("Hello Java! ");
  StringBuffer strbuf2;
  StringBuffer strbuf3 = new StringBuffer(10);
  public StringBufferDemo(){
    strbuf2 = new StringBuffer("This is an example sentence.");
    strbuf3 = new StringBuffer("Hello");
    String outstr = "strbuf1: " + strbuf1.toString() + "\n长度="
    + strbuf1.length() + "\n存储容量="+ strbuf1.capacity();
    System.out.println(outstr);
    strbuf1.setLength(20);
    System.out.print("增加strbuf1的长度之后，");
    System.out.println("strbuf1存储容量是: "+ strbuf1.length());
    strbuf1.ensureCapacity(50);
    System.out.print("设置strbuf1最大存储容量");
```

```
        System.out.println("现在strbuf1的存储容量是: " + strbuf1.capacity());
        System.out.println();
        System.out.println("strbuf2: " + strbuf2.toString());
        System.out.println("strbuf2的第1个字符是: "+ strbuf2.charAt(1));
        System.out.println("strbuf2的第11个字符是: "+ strbuf2.charAt(11));
        char ch[] = new char[strbuf2.length()];
        strbuf2.getChars(11,17,ch,0);
        System.out.println("strbuf2的第11~17位的字符是: ");
        for(int i = 0; i < 6; i++){
           System.out.print("\"" + ch[i] + "\",");
        }
        System.out.println ("\n");
        System.out.println("strbuf3: " + strbuf3.toString());
        System.out.print("在strbuf3末尾插入字符串, 则");
        strbuf3.append(" Java.StringBufferDemo! ");
        System.out.println("新strbuf3为: \n" + strbuf3.toString());
        System.out.print("更改strbuf3中第10位的字符, 则");
        strbuf3.setCharAt(10,'!');
        System.out.println("新strbuf3为: \n" + strbuf3.toString());
    }
    public static void main(String[] args){
        StringBufferDemo stringBufferDemo = new StringBufferDemo();
    }
}
```

整个程序的运行结果如下。

```
strbuf1: Hello Java!
长度=11
存储容量=27
增加strbuf1的长度之后, strbuf1存储容量是: 20。
设置strbuf1最大存储容量现在strbuf1的存储容量是: 56。
strbuf2: This is an example sentence.
strbuf2的第1个字符是: h
strbuf2的第11个字符是: e
strbuf2的第11~17位的字符是:
"e","x","a","m","p","l",
strbuf3: Hello
在strbuf3末尾插入字符串, 则新strbuf3为:
Hello Java.StringBufferDemo!
更改strbuf3中第10位的字符, 则新strbuf3:
Hello Java!StringBufferDemo!
```

2. StringTokenizer 类

Java 语言中，提供了专门用来分析字符串的类 StringTokenizer（位于 java.util 包中）。该类可以将字符串分解为独立使用的单词，称为语言符号。语言符号之间由定界符（delim）或者是空格符、制表符、换行符等典型的空白字符来分隔。其他字符也同样可以设定为定界符。StringTokenizer 类的构造方法及其说明如表 5.4 所示。

表 5.4　StringTokenizer 类的构造方法及其说明

构 造 方 法	说　明
StringTokenizer(String str)	为字符串 str 构造一个字符串分析器。使用默认的定界符，即空格符（如果有多个连续的空格符，则看作一个）、换行符、制表符等
StringTokenizer(String str, String delim)	为字符串 str 构造一个字符串分析器，并使用字符串 delim 作为定界符

StringTokenizer 类的主要方法及其功能如表 5.5 所示。

表 5.5　StringTokenizer 类的主要方法及其功能

方　法	功　能
String nextToken()	用于逐个获取字符串中的语言符号（单词）
boolean hasMoreTokens()	用于判断待分析的字符串中是否还有语言符号，如果有则返回 true，反之返回 false
int countTokens()	用于获取所要分析的字符串中一共含有多少个语言符号

5.2　任务案例：“通讯录”功能的实现

5.2.1　实现过程

【任务说明】

设计程序，完成通讯录的有关功能，包括保存、查找、浏览联系人信息等。

【任务目的】

（1）掌握集合类 Vector 类的用法。

（2）掌握集合类 Hashtable 类的用法。

（3）掌握迭代器 Iterator 的使用。

【技术要点】

（1）使用 Hashtable 类存放联系人的信息。

（2）使用 Vector 类保存联系人的信息。

（3）使用迭代器 Iterator 实现查询或浏览功能。

【实现步骤】

（1）创建联系人类 Contact，代码如下。

```
import java.util.*;
public class Contact{
    Hashtable ht;
    //构造方法
    public Contact(String name,String company,String phone,String group){
        ht =new Hashtable ();
        ht.put("name", name);
        ht.put("company", company);
        ht.put("phone", phone);
        ht.put("group", group);
    }
    public String getGroup(){
        return ht.get("group").toString();
    }
    public String getPhone(){
        return ht.get("phone").toString();
    }
    public String getName(){
        return ht.get("name").toString();
    }
    public String getCompany(){
        return ht.get("company").toString();
    }
    public boolean equals(String name){
        return ht.get("name").toString().equals(name);
    }
    public void printInfo(){
        System.out.println("姓名: "+this.getName()+" 单位: "+this.getCompany() +" 手机:
"+this.getPhone()+"" + " 组别: "+this. getGroup());
```

```
    }
}
```

（2）创建通讯录类 AddressBook，代码如下。

```
import java.util.*;
public class AddressBook{
    Vector v;
    AddressBook(Vector v){
        this.v=v;
    }
    //添加联系人
    public void addContact(Contact contact){
        v.add(contact);
    }
    //修改联系人
    public void editContact(int index, Contact contact){
        v.add(index, contact);
    }
    //删除联系人
    public void deleteContact(Contact contact){
        v.remove(contact);
    }
    //查找联系人
    public Contact findContact(String name){
        boolean flag=false;
        Contact c=null;
        Iterator ite = v.iterator();
        while(!flag & ite.hasNext()){
            c =(Contact)ite.next();
            if(c.equals(name)){
                flag=true;
            }
        }
        if(flag){
            return c;
        }else{
            return null;
        }
    }
    //打印所有联系人信息
    public void printInfo(){
        Iterator ite = v.iterator();
        while(ite.hasNext()){
            Contact c =(Contact)ite.next();
            c.printInfo();
        }
    }
}
```

（3）编写测试类 MainDemo 代码如下。

```
import java.util.*;
public class MainDemo{
    public static void main(String args[]){
        Vector v = new Vector();
        AddressBook ab = new AddressBook(v);
        Contact c1 = new Contact("王大陆","市第一中学","13611228866","同学");
        Contact c2 = new Contact("周台北","省软件职院","13933551177","同行");
        Contact c3 = new Contact("张灯笼","市第一医院","13755889922","朋友");
        Contact c4 = new Contact("赵明亮","市教育局","13877663311","领导");
        ab.addContact(c1);
```

```
        ab.addContact(c2);
        ab.addContact(c3);
        ab.addContact(c4);
        ab.printInfo();
    }
}
```

（4）程序运行结果如下。

```
姓名：王大陆 单位：市第一中学 手机：13611228866 组别：同学
姓名：周台北 单位：省软件职院 手机：13933551177 组别：同行
姓名：张灯笼 单位：市第一医院 手机：13755889922 组别：朋友
姓名：赵明亮 单位：市教育局 手机：13877663311 组别：领导
```

5.2.2　知识集萃

1. 集合框架

通常把具有相同性质的一类东西汇聚成一个整体，称为集合。

Java 平台提供的集合框架主要由一组用来操作对象的接口组成，不同的接口描述了一组不同的数据类型。Java2 集合框架的核心内容主要有 3 类，即 List、Set 和 Map，如图 5.1 所示。从图 5.1 中可以看出，List 和 Set 继承了 Collection，而 Map 则是独立的。下面详细介绍这几类接口。

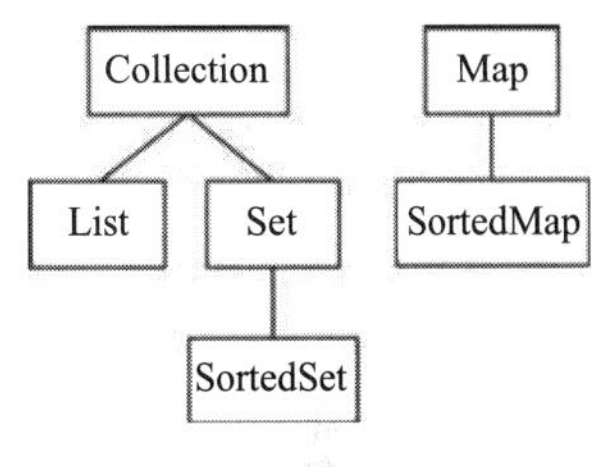

图 5.1　Java 主要集合框架

集合框架提供用于管理对象集合的接口和类，它包括接口、实现和算法。

1）Collection 接口

Collection 是最基本的集合接口，一个 Collection 代表一组 Object。有些 Collection 对象允许添加相同的元素，有些 Collection 支持排序。Java SDK 不提供直接继承自 Collection 的类，它提供的类都是继承自 Collection 的子接口的，从图 5.1 中可以看出是 List 和 Set。

所有实现 Collection 接口的类都必须提供两个标准的构造函数：无参数的构造函数用于创建一个空的 Collection；有一个 Collection 参数的构造函数用于创建一个新的 Collection，这个新的 Collection 与传入的 Collection 有相同的元素。

如何遍历 Collection 中的每一个元素呢？不论 Collection 的实际类型如何，它都支持 iterator() 方法，该方法返回一个迭代子，使用该迭代子即可遍历 Collection 中的每一个元素，其典型的用法如下。

```
Iterator it = collection.iterator();    //获得一个迭代子
while(it.hasNext()){
    Object obj = it. next() ;            //得到下一个元素
}
```

由 Collection 接口派生的两个接口是 List 和 Set。

（1）List 接口。List 是有序的 Collection，使用此接口能够控制插入的每个元素的位置。用户能够使用元素索引（也就是元素在 List 中的位置编号）来访问 List 中的元素，这类似于 Java 的数组。实现该接口的类有 ArrayList 和 LinkedList。List 允许有相同的元素。

List 有两个实现：ArrayList 和 LinkedList。

大多数情况下使用 ArrayList，它实现了可变大小的数组，增加元素时不用分配空间。ArrayList 能按位置随机访问每个元素。但如果要按位置访问 LinkedList，则需要从头开始遍历 LinkedList。具体如何使用，可以根据实际情况进行选择。

（2）Set 接口。Set 的特点是容纳的元素不可重复，若向 Set 中加入已存在的元素，Set 将会忽略；并且 Set 不会像 List 一样保持输入元素的次序，它有其自己的排序机制，Set 只关心某个对象是否存在。

Java 提供了 3 个通用 Set 实现：HashSet、TreeSet 和 LinkedHashSet。

① HashSet 采用散列函数对元素进行排序，它的特点是访问速度比较快。存入 HashSet 的对象必须定义 hashCode()。

注意：由于 HashSet 在内存中的数据空间为线性分配，如果初始的容量过大，则会浪费大量的空间和时间；如果初始容量过小，将会因为增容而不得不复制已有的数据集到新缓冲区中，从而浪费时间。如果不指定初始容量，则容量默认为 16，当容量不足时以成倍的形式增加容量。下列代码创建了一个初始容量为 60 的 HashSet。

```
Set<String> str = new HashSet<String>(60);
```

② TreeSet 采用红黑树的数据结构进行排列元素，以保证元素的次序，使用它可以从 Set 中提取有序的序列。

HashSet 比 TreeSet 提供了更快的访问速度，但无法保证访问顺序。用 HashSet 还是 TreeSet 取决于是否需要顺序访问。

③ LinkedHashSet 以链表的形式实现哈希表，它能提供按照插入顺序迭代访问的功能。

2）Map 接口

Map 持有的是成对的 key-value 对象，Map 中不能有重复的 key，它拥有自己的内部排列机制。

通用 Map 实现有 3 个：HashMap、TreeMap 和 LinkedHashMap。

和 Set 实现类似，如果需要进行 SortedMap 操作或按 key 的大小顺序迭代操作，则应使用 TreeMap；如果需要最快的查询速度而不关心迭代顺序，则应使用 HashMap；如果需要接近 HashMap 的性能，同时需要按照插入顺序迭代，则应使用 LinkedHashMap。

2. 常用集合类

下面介绍几种常用的集合类。

1）向量类

java.util.Vector 提供了向量（Vector）类，以实现类似动态数组的功能。

当创建了一个向量类的对象后，可以向其中随意地插入不同类的对象，既不需顾及类型也不需预先选定向量的容量，并可方便地进行查找。对于预先不知或不愿预先定义数组大小，且需频繁进行查找、插入和删除工作的情况，可以考虑使用向量类。

（1）构造方法。构造方法包括如下 3 种。

```
public vector()
public vector(int initialcapacity,int capacityIncrement)
public vector(int initialcapacity)
```

使用第一种方法，系统会自动对向量对象进行管理。若使用后两种方法，则系统将根据参数 initialcapacity 设定向量对象的容量（即向量对象可存储数据的大小），当真正存放的数据个数超过容量时，系统会扩充向量对象的存储容量。参数 capacityIncrement 给定了每次扩充的扩充值，当 capacityIncrement 为 0 时，则每次扩充一倍。利用这个功能可以优化存储。

（2）常用方法。

① 插入元素。

第一种：public final synchronized void addElement(Object obj)，将 obj 插入向量的尾部，obj 可以是任何类的对象。对同一个向量对象，可在其中插入不同类的对象，但插入的应是对象而不是数值，所以插入数值时要注意将数值转换成相应的对象。

第二种：public final synchronized void setElementAt(Object obj,int index)，将 index 处的对象设成 obj，原来的对象将被覆盖。

第三种：public final synchronized void insertElementAt(Object obj,int index)，在 index 指定的位置插入 obj，原来的对象以及此后的对象依次往后顺延。

② 删除元素。

第一种：public final synchronized void removeElement(Object obj)，从向量中删除 obj，若有多个存在，则从向量头开始，删除找到的第一个与 obj 相同的向量成员。

第二种：public final synchronized void removeAllElement()，删除向量中所有的对象。

第三种：public final synchronized void removeElementlAt(int index)，删除 index 所指位置的对象。

③ 查询搜索元素。

第一种：public final int indexOf(Object obj)，从向量头开始搜索 obj，返回所遇到的第一个 obj 对应的下标，若不存在此 obj，则返回-1。

第二种：public final synchronized int indexOf(Object obj, int index)，从 index 所表示的下标处开始搜索 obj。

第三种：public final int lastIndexOf(Object obj)，从向量尾部开始逆向搜索 obj。

第四种：public final synchronized int lastIndexOf(Object obj, int index)，从 index 所表示的下标处由尾至头逆向搜索 obj。

第五种：public final synchronized Object firstElement()，获取向量对象中的首个 obj。

第六种：public final synchronized Object lastelement()，获取向量对象中的最后一个 obj。

（3）用法示例。

【例 5-3】 Vector 类的用法举例。

```
import java.util.Vector;
import java.lang.*;
import java.util.Enumeration;
   public class VectorDemo{
      public static void main(String[] args){
         Vector v1=new Vector();
         Integer int1=new Integer(20);
         v1.addElement("字符串1");        //加入字符串对象
         v1.addElement(int1) ;           //加入Integer类型的对象
         v1.addElement("字符串2");
         v1.addElement(new Float(20.21));
         v1.addElement(int1);
         v1.addElement(int1);
         //将v1内容显示出来
         System.out.println("向量v1的内容为：\n"+v1);
         //往指定位置插入新的对象，之后的对象依次往后延
         v1.insertElementAt("新字符串",2);
         v1.insertElementAt(new Float(32.20),3);
         System.out.println("插入新元素后v1的内容为：\n"+v1);
         //将指定位置的对象修改为新的对象
         v1.setElementAt("修改后的字符串", 2);
         System.out.println("修改后的v1的内容为：\n"+v1);
         //从向量对象v1中删除对象int1,
         //当有多个相同对象时，删除找到的第一个int1
         v1.removeElement(int1);
```

```
            Enumeration e =v1.elements();
            System.out.print("删除一个元素后v1的内容为：\n");
            while(e.hasMoreElements())
               System.out.print(e.nextElement()+"  ");
            System.out.println();
            System.out.println("int1在v1中第一次出现的位置是："+ v1.indexOf(int1));
            System.out.println("int1在v1中最后一次出现的位置是："+v1.lastIndexOf(int1));
            //重新定义v1的大小
            v1.setSize(4);
            //超过v1大小的多余元素将被舍弃
            System.out.println("重新定义v1大小后的内容为：\n"+v1);
        }
    }
```

运行结果如下。

```
向量v1的内容为：
[字符串1, 20, 字符串2, 20.21, 20, 20]
插入新元素后v1的内容为：
[字符串1, 20, 新字符串, 32.2, 字符串2, 20.21, 20, 20]
修改后的v1的内容为：
[字符串1, 20, 修改后的字符串, 32.2, 字符串2, 20.21, 20, 20]
删除一个元素后v1的内容为：
字符串1  修改后的字符串  32.2  字符串2  20.21  20  20
int1在v1中第一次出现的位置是：5
int1在 v1中最后一次出现的位置是：6
重新定义v1大小后的内容为：
[字符串1, 修改后的字符串, 32.2, 字符串2]
```

通过上例，来总结一下 Vector 类和 Enumeration 类的使用规则。

① 类 Vector 中的方法。

❖ public final int size()用于获取向量元素的个数。它的返回值是向量中实际存在的元素个数，而非向量容量，可以调用方法 capacity()来获取容量值。

❖ public final synchronized void setsize(int newsize)用来定义向量大小。若向量对象现有成员的个数已超过了 newsize 的值，则超过部分的多余元素会丢失。

② Enumeration 类的使用。Enumeration 是 java.util 中的一个接口类，在 Enumeration 中封装了有关枚举数据集合的方法。在 Vector 中，提供了方法 public final synchronized Enumeration elements()，用于将向量对象对应到一个枚举类型数据集合。

在 Enumeration 类中，方法 haveMoreElement()用于判断集合中是否还有其他元素和方法 nextElement()来获取下一个元素。利用这两个方法可以依次获得集合中的元素。

2）哈希表类

哈希表（Hashtable）是一种重要的存储方式。检索时采用检索关键码的方法，且哈希表有一套完整的算法来进行插入、删除和解决冲突。在 Java 中，哈希表用于存储对象，实现快速检索。

java.util.Hashtable 提供了 3 种方法让用户创建哈希表，具体如下。

```
public Hashtable()
public Hashtable(int initialcapacity)
public Hashtable(int initialCapacity,float loadFactor)
```

参数 initialCapacity 是 Hashtable 的初始容量，它的值应大于 0。loadFactor 又称装载因子，是一个 0.0～1.0 的 float 型的浮点数，表明了哈希表何时需要扩充。例如，有一哈希表，容量为 100，而装载因子为 0.8，那么当哈希表 80%的容量已被使用时，此哈希表就会自动扩充成一个更大的哈希表。用户可以不予理会，而由系统自动处理。

Hashtable 类提供了基本的插入、检索和删除等方法。

（1）插入方法。public synchronized void put(Object key,Object value)，给对象 value 设定一关键字 key，并将其加到 Hashtable 中。若此关键字已经存在，则将此关键字对应的旧对象更新为新对象。

（2）检索方法。

① public synchronized Object get(Object key)，根据给定关键字 key 获取相对应的对象。

② public synchronized boolean containsKey(Object key)，判断哈希表是否包含关键字 key。

③ public synchronized boolean contains(Object value)，判断 value 是否是哈希表中的元素。

（3）删除方法。

① public synchronized object remove(Object key)，根据给定关键字 key 删除所对应的对象。

② public synchronized void clear()，清除哈希表。

另外，Hashtable 类还提供了获取相对应的枚举集合的方法。

① public synchronized Enumeration keys()，返回关键字对应的枚举对象。

② public synchronized Enumeration elements()，返回元素对应的枚举对象。

【例 5-4】Hashtable 的使用示例。

```
import java.util.Hashtable;
import java.util.Enumeration;
public class HashDemo{
    public static void main(String args[]){
        //创建了一个哈希表的对象hash，初始容量为3
        Hashtable hash = new Hashtable(3);
        //将字符串对象“警察”给定一关键字Police，加入hash表中
        hash.put("Police","警察");
        hash.put("Man","男人");
        hash.put("Woman","女人");
        System.out.println("哈希表是："+ hash);
        System.out.println("哈希表大小为："+ hash.size());
        Enumeration enum1 = hash.elements();
        System.out.print("哈希表中元素有：");
        while(enum1.hasMoreElements())
            System.out.print(enum1.nextElement() + " ");    //依次打印hash中的内容
        System.out.println();
        if(hash.containsKey("Student"))
            System.out.println("Police指的是"+ hash.get("Police"));
        hash.remove("Police");                               //删除关键字Police对应的对象
        System.out.println("删除一个元素后，哈希表是："+ hash);
    }
}
```

程序运行结果如下。

```
哈希表是：{Police=警察, Woman=女人, Man=男人}
哈希表大小为：3
哈希表中元素有：警察 女人 男人
删除一个元素后，哈希表是：{Woman=女人, Man=男人}
```

3）迭代器

迭代器（Iterator）不是一个集合，它是一种用于访问集合的方法，可用于迭代访问 ArrayList 和 HashSet 等集合。Iterator 是 Java 迭代器最简单的实现，它只能从前往后单向移动访问集合中的元素；而 ListIterator 是 Collection API 中的接口，它扩展了 Iterator 接口，具有更多功能，可以从两个方向遍历集合。Iterator 类位于 java.util 包中，使用前需要引入它。

要想在集合中获取一个迭代器可以使用 iterator()方法。

迭代器 Iterator 的 3 个基本操作是 next()、hasNext()和 remove()。

（1）Iterator.next()方法会返回迭代器的下一个元素，并且更新迭代器的状态。

（2）Iterator.hasNext()方法用于检测集合中是否还有其他元素。

（3）Iterator.remove()方法将删除迭代器返回的元素。

【例 5-5】Iterator 迭代器的使用示例。

```
import java.util.ArrayList;
import java.util.Iterator;
public class RunoobTest{
    public static void main(String[] args){
        ArrayList<Integer> numbers = new ArrayList<Integer>();
        numbers.add(12);
        numbers.add(8);
        numbers.add(2);
        numbers.add(23);
        Iterator<Integer> it = numbers.iterator();
        while(it.hasNext()){
            Integer i = it.next();
            if(i < 10){
                it.remove();                                //删除小于10的元素
            }
        }
        System.out.println(numbers);
    }
}
```

程序运行结果如下。

```
[12, 23]
```

5.2.3 拓展知识

1. ArrayList 类

ArrayList 即动态数组，相对于不能改变大小的普通数组，它可以动态地增加和减少元素，能更为灵活地设置数组的大小。它允许包含所有元素（包括 NULL），可以根据索引位置对数组中的元素进行快速、随机的访问。但它的缺点是向指定的索引位置插入对象或删除对象的速度较慢，因为当向索引位置插入对象时，会将指定索引位置及其后所有对象相应地向后移动一位，故当元素的插入或删除发生在数组的中央位置时，效率较低。

1）构造方法

- public ArrayList()：默认的构造器，以默认（16）的大小来初始化内部的数组。
- public ArrayList(ICollection)：用一个 ICollection 对象来构造，并将该集合的元素添加到 ArrayList 中。
- public ArrayList(int)：用指定的大小来初始化内部的数组。

2）常用方法

- public boolean add(Object)：将指定的元素添加到此列表的尾部。
- public void add(int,Object)：将指定元素插入此列表中指定的位置。
- public void clear()：移除此列表中的所有元素。
- public boolean contains(Object)：判断是否包含指定元素，包含返回 true，否则返回 false。

- ❖ public Object get(int)：返回指定位置的元素。
- ❖ public int indexOf(Object)：返回此列表中首次出现的指定元素的索引，若此列表不包含元素，则返回-1。
- ❖ public boolean isEmpty()：如果此列表中没有元素，则返回 true，否则返回 false。
- ❖ public Object remove(int)：移除指定的元素，并把指定的元素返回。
- ❖ public Object set(int,Object)：用指定的元素替代此列表中指定位置上的元素。
- ❖ public int size()：返回此列表中的元素个数。

3）常用属性

Count 用于统计当前 ArrayList 中包含的元素的数量，这个属性是只读的。

Capacity 是当前 ArrayList 能够包含的最大数量，可以手动设置这个属性，但是当设置为小于 Count 值时会引发一个异常。

4）用法示例

```
ArrayList list = new ArrayList();
for(int i=0;i<50;i++)                              //给动态数组list增加50个int类型的元素
  list.add(i);
list.removeAt(10);                                 //将第11个元素移除
Int[] arrs = (Int [])list.ToArray(typeof(Int32));  //返回ArrayList所对应的普通数组
```

2. Stack 栈类

Stack 栈类是 Vector 类的子类。它向用户提供了堆栈这种高级数据结构。栈的基本特性就是先进后出，即先放入栈中的元素将后被推出。Stack 栈类中提供了相应的方法来完成栈的有关操作，常用方法如下。

- ❖ public Object push(Object obj)：将 obj 压入栈中，obj 可以是任何类的对象。
- ❖ public Object pop()：弹出一个对象。
- ❖ public Object peek()：返回栈顶元素，但不弹出此元素。
- ❖ public int search(Object obj)：搜索对象 obj，返回它所处的位置。
- ❖ public boolean empty()：判别栈是否为空。

【例 5-6】Stack 栈使用示例。

```
import java.util.*;
public class StackDemo{
   public static void main(String args[]){
      Stack stack = new Stack();
      //可压入字符串对象
      stack.push("小学");
      stack.push("中学");
      stack.push("大学");
      //也可压入Integer类型的对象
      stack.push(new Integer (2021));
      System.out.println("栈stack是: "+ stack);
      //输出栈顶元素
      System.out.println("stack栈顶元素是: "+ stack.peek());
      System.out.print("弹出stack的元素: ");
      //将栈中的元素依次弹出，与压入的顺序比较，可看出栈的先进后出的特点
      while(!stack.empty())
         System.out.print(stack.pop()+ " ");
      System.out.println();
   }
}
```

运行结果如下。

```
栈stack是：[小学，中学，大学，2021]
stack栈顶元素是：2021
弹出stack的元素：2021 大学 中学 小学
```

3. 其他常用系统类

1）Math 类

在编写程序时，常常需要计算某个数的平方根、绝对值或获取某个随机数等。在 java.lang 包中的 Math 类（无须显示导入），拥有用于几何学、三角学和几种一般用途的浮点类方法，可用来执行很多数学运算。另外，Math 类还有两个双精度静态常量 E（表示自然数 e：2.718281828459045）和 PI（表示圆周率 π：3.141592653589793）。由于 Math 类的成员全部都是静态的，所以直接通过类名便可以访问其中的方法和属性。

该类常用方法如下。

- public static int abs(int)：取某个整型数的绝对值。
- public static double ceil(double)：天花板数，返回大于等于给定双精度参数的最小整数，但结果是一个 double 类型的数。
- public static double floor(double)：地板数，返回小于等于给定双精度参数的最大整数，其结果也是一个 double 类型的数。
- public static int round(float a)：四舍五入取整数。
- public static int max(int,int)：获取两个值中的最大值。
- public static int min(int,int)：获取两个值中的最小值。
- public static double pow(double a,double b)：求 a 的 b 次方幂。
- public static double exp(double a)：返回 e^a 的值。
- public static double log(double a)：返回 ln(a)的值。
- public static double random()：获取一个 0.0～1.0 的随机小数，包括 0.0 但不包括 1.0。
- public static double sqrt(double)：求平方根。

2）Random 类

Random 类包含在 java.util 包中，专门用于生成一个伪随机数。它有两个构造器：一个是使用默认的种子（以当前系统时间作为种子），如 Random r = new Random()；另一个是需要程序员显示传入一个 long 型整数的种子，如 Random r = new Random(20)。

Random 类比 Math 类的 random()方法提供了更多的方式来生成各种伪随机数，可以生成浮点类型的伪随机数，也可以生成整数类型的伪随机数，还可以指定生成随机数的范围。为了使 Java 程序具有良好的可移植性，在需要产生随机数时，应考虑尽可能使用 Random 类而不用 Math 类的 random()方法。

该类常用方法如下。

- public int nextInt()：返回下一个伪随机数，它是此随机数生成器序列中均匀分布的 int 值。该值介于 int 的区间，也就是-2147483648～2147483647。
- public int nextInt(int n)：返回下一个伪随机数，它是此随机数生成器序列中均匀分布的 int 值。该值介于 int 的[0，n)区间（包含 0 而不包含 n）。
- public nextLong()：返回下一个伪随机数，它是此随机数生成器序列中均匀分布的 long 值。该值介于 long 的区间，也就是-9223372036854775808～9223372036854775807。
- public double nextDouble()：返回下一个伪随机数，它是此随机数生成器序列中均匀分布的 double 值。该值介于[0，1.0)区间（包含 0 而不包含 1.0）。

- public double nextFloat()：返回下一个伪随机数，它是此随机数生成器序列中均匀分布的 Float 值。该值介于[0，1.0)区间（包含 0 而不包含 1.0）。
- public boolean nextBoolean()：返回下一个伪随机数，它是此随机数生成器序列中均匀分布的 boolean 值（true 或 false）。
- public void nextBytes(byte[])：生成随机字节型数并将其置于用户提供的 byte 数组中。这些随机字节型数介于 byte 的[-128，127]区间。

3）Date 类

java.util 包提供了 Date 类来封装当前的日期和时间。Date 类提供两个构造函数来实例化 Date 对象。

第一个使用当前日期和时间来初始化对象：Date()。

第二个接收一个参数，该参数是从 1970 年 1 月 1 日起的毫秒数：Date(long)。

Date 对象创建以后，可以调用如下常用方法。

- public long getTime()：返回自 1970 年 1 月 1 日 00:00:00 GMT 以来此 Date 对象表示的毫秒数。
- public void setTime(long)：用自 1970 年 1 月 1 日 00:00:00 GMT 以后的参数（毫秒数）设置时间和日期。
- public String toString()：把 Date 对象转换为以下形式的 String： dow mon dd hh:mm:ss zzz yyyy，其中，dow 是一周中的某一天（Sun, Mon, Tue, Wed, Thu, Fri, Sat）。
- public boolean after(Date)：当调用此方法的 Date 对象在指定参数日期之后返回 true，否则返回 false。
- public boolean before(Date)：当调用此方法的 Date 对象在指定参数日期之前返回 true，否则返回 false。
- public int compareTo(Date)：比较调用此方法的 Date 对象和指定参数日期，若两者相等时返回 0，若在指定日期之前则返回负数，若在指定日期之后则返回正数。
- public boolean equals(Object)：当调用此方法的 Date 对象和指定参数日期相等时返回 true,否则返回 false。

5.3 第 5 章小结

本章讨论了 Java 实用工具类库 java.util 和 java.lang 中的一些常用系统类，包括字符串类（String、StringBuffer、StringTokenizer）、集合类（Vector、Hashtable、ArrayList、Stack 等）、迭代器 Iterator、Random 类、Date 类和 Math 类的基本概念及使用方法。这些类都是在程序设计过程中经常使用到的，熟练掌握并运用这些类的功能和使用，对以后深入学习其他知识点和开发更高效的应用程序非常重要。

5.4 育人进阶——探究提高学习效率的方法

第一，要养成做计划的好习惯。

有人会说：这个实在是没啥用。当然不是，为啥大部分计划都没啥用，主要有以下两个原因。

（1）计划分长短，短期计划可以稍微详细些，长期计划不要太过详细，搞清楚这个很重要，有的人的计划写了几大篇，但全都是废话。

（2）计划不要太高大，不然无法实现带来的打击，会让你进入一个负面的死循环，很难坚持下去。

现在先搞清楚，当前你的最大需求是什么？——是想好好学习？还是找工作？或者发文章？又或者是想在某一方面有所建树？

那么如何实现它？或者说如何做计划呢？

以上其实就是你的一个长期计划，那么短期计划呢？请分解你的目标，每完成一个短期目标，就会离长期目标近一步，并且会有一个小的反馈给到自己，让你越来越有成就感，而不会因为一个虚无缥缈的长期目标，感到彷徨而不知所措。

第二，保护精力，不要被过度消耗。

现今社会，信息铺天盖地。以公众号为例，每天推送一大堆信息，想看的，不想看的，统统都推送给你，这个时候就需要小心了，有时候看个知乎热榜，看着看着就下意识地点了下一个热榜，当回过神时，半个小时就过去了。

时间都去哪儿了？

明明是想看一会儿专业书，或者想学一学新东西，可这半个小时过去后，基本上半天都没有精力再去看和学习有关的内容了。你这半天中仅有的精力，在不经意间被消耗殆尽了。

学会管理自己的精力，远比学会管理自己的时间重要得多。

第三，学会做适当的放松。

其实这本来是一件很简单的事情，但是很多人却做得不够好。举个例子，一般两节课的中间间隔是 10 分钟，可以用来放松或者上厕所，等等，如果你在这个时候看电影或者小说，显然是不合适的，因为你很难停下来，就算你停下来了，其实你的大脑也还在回味。

所以如果你细心，就会发现一些休息效果显著的方式，例如，跑出去放风，或者站在窗户前眺望，它会放松你紧张的大脑。

第四，先做后想。

因为我们一直在学习新东西，无论是什么，你都应该会发现一个现象，那就是人真的很奇怪，奇怪到不愿意、不喜欢改变，但是你的适应能力又很强。

为什么这么说呢？

就像你在玩游戏的时候，最开始你不熟悉这个游戏，就会很难玩，会兴趣全无，但是一旦你开始适应这个游戏，就会觉得很轻松，很享受，甚至无法脱离出来，是不是？

必须先开始行动，行动会慢慢影响我们的态度。一旦行动开始，我们便会产生惯性。

不是通过思想，不是通过心灵，而是通过行动，让你继续下去，克服拖延症。

第五，养成习惯。

通过 21 天的重复练习，养成一个好习惯。

无论做什么事情，都学着让习惯驱使你完成。

简单地说，每天的吃饭、睡觉、走路，这些行为都已经变成你潜意识里的习惯和需求了，所以你不会感觉到明显的累。

虽然要想培养一个习惯，刚开始很难，但是坚持下来，你会越来越轻松，同时反馈也越来越多，你会越来越好，也会越来越自信，这就是一个良性循环。

现在就写下这个月的计划，每天打卡，培养习惯，让自己变得更好，希望你能在不久的将来，收获属于自己的果实。

本文节选自 CSDN 博文，略有删减。

原文链接：https://blog.csdn.net/TeFuirnever/article/details/104982347

5.5 巩固练习

一、选择题

1．将字符串 a 中的字母由大写变成小写的方法是（　　）。

A．A.toUpperCase()　　B．A.toLowerCase()

C．a.toUpperCase()　　D．a.toLowerCase()

2．比较两个字符串内容是否相等，正确的方法是（　　）。

A．s==s1　　B．s.equals(s1)

C．s.compareTo(s1)　　D．s.equalsIgnoreCase(s1)

3．执行“StringBuffer s1=new StringBuffer("abc");s1.insert(1,"efg");”的正确结果是（　　）。

A．s1="abcefg"　　B．s1="abefgc"

C．s1="efgabc"　　D．s1="aefgbc"

4．构造 ArrayList 类的一个实例，此类继承了 List 接口，正确的是（　　）。

A．ArrayList myList = new Object();

B．ArrayList myList = new List();

C．List myList= new ArrayList();

D．List myList = new List();

5．下列程序运行的结果是（　　）。

```
public class Example{
    String str = new String("gooc");
    char[] ch = {'a1','b','c'};
    public static void main(String args[]){
        Example ex = new Example ();
        ex.change(ex.str,ex.ch);
        System.out.print(ex.str+ " and ");
        System.out.print(ex.ch);
    }
    public void change(String str, char ch[ ]){
        str = "test ok";
        ch[0] ='g';
    }
}
```

A．good and abc　　B．good and gbc

C．test ok and abc　　D．test ok and gbc

6．创建字符串 s：s = new String("xyzy");以下（　　）语句将改变 s 的值。

A．s.append("a");　　B．s.concat(s);

C．s.substring(3);　　D．以上语句都不对

7．关于以下程序段，正确的说法是（　　）。

```
String s1 = "ac" + "def";
```

```
String s2 = new String(s1);
if(s1.equals(s2))
    System.out.println(".equals() succeeded");
if(s1 == s2)
    System.out.println("== succeeded");
```

A．行 4 与行 6 都将执行　　　　B．行 6 执行，行 4 不执行

C．行 4 执行，行 6 不执行　　　　D．行 4、行 6 都不执行

8．关于以下代码段的说法，正确的是（　　）。

```
String s = "abcde";
StringBuffer s1 = new StringBuffer("abcde");
if(s.equals(s1))
s1 = null;
if(s1.equals(s))
s = null;
```

A．第 1 行编译错误，String 的构造方法必须明确调用

B．第 3 行编译错误，因为 s1 与 s2 有不同的类型

C．编译成功，但执行时在第 5 行有异常抛出

D．编译成功，执行过程中也没有异常抛出

9．有语句“String s ="hello world";”，以下操作不合法的是（　　）。

A．int i=s.length();　　　　B．String ts=s.trim();

C．s >>>= 3;　　　　D．String t = s+"!";

二、填空题

1．____________是 Java 程序中所有类的直接或间接父类，也是类库中所有类的父类。

2．定义初值为 2 的 8 次方的长整型变量 lp 的语句是____________。

3．填空完成以下方法 m，实现求两个参数的积之整数部分。

```
int m(float x, float y){
  ________________;
}
```

4．Java 中的____________包包含了 Collection 的接口和类的 API。

5．Math.round(11.5)等于____________，Math.round(-11.5)等于____________。

6．以下程序的输出结果为____________。

```
public class Short{
    public static void main(String args[]){
        StringBuffer s = new StringBuffer("Boy") ;
        if((s.length()<3)&& (s.append("男孩").equals("False")));
            System.out.printIn("结果为: " +s);
    }
}
```

7．阅读以下程序，请写出输出结果____________。

```
public class EqualsMethod{
    public static void main(String[] args) {
        Integer n1 = new Integer(47);
        Integer n2 = new Integer(47);
        System.out.println(n1.equals(n2));
    }
}
```

8．以下程序的运行结果为____________。

```
class StringTest{
    public static void main(String[] args) {
        String s1 = "hello";
        String s2 = new String("hello");
        if(s1 == s2) {
            System.out.println("s1 == s2");
        }else{
            System.out.println("s1!=s2");
        }
    }
}
```

9．以下程序的运行结果为____________。

```
import java. io.* ;
public class TestString{
    public static void main(String args[]){
        StringT s = new StringT("hello ", "java! ");
        System.out.printin(s);
    }
}
class StringT{
    String s1;
    String s2;
    StringT(String str1,String str2){
        s1 = str1; s2 = str2;
    }
    public String toString(){
        return s1 + s2;
    }
}
```

10．以下程序的运行结果为____________。

```
import java.util.*;
public class Vec{
    public static void main(String[] args) {
        String[] s;
        s = new String[2];
        s[0] = new String("y1");
        s[1] = new String{"y2" );
        Vector v = new Vector( );
        for(int i = 0; i<2; i++)
            v.addElement(s[i]);
        v.insertElementAt(new String("y3"), 2);
        Enumeration e = v.elements();
        while(e.hasMoreElements( ))
            System.out.print(e.nextElement() +" ");
        System.out.println();
        v.removeElement("y2");
        for(int i = 0; i< v.size(); i++)
            System.out.print(v.elementAt(i) +" ");
        System.out.println();
    }
}
```

三、判断题

1．设 String 对象 s="H"，运行语句 System.out.println(s.concat("ello!"));后 String 对象 s 内容为"Hello!"，所以语句输出为"Hello!"。（　　）

2．Java 的 String 类的对象既可以是字符串常量，也可以是字符串变量。（　　）

3．以下语句是否正确：String str="abcdefghi";char chr=str.charAt(9);。（　　）

4．以下语句是否正确：String str="abcdef";int length=str.length;。（　　）

5．以下语句是否正确：char[] str="abcdefgh";。（　　）

6．Map 接口是从 Collection 接口继承而来的。（　　）

7．集合 Set 是通过键-值对的方式来存储对象的。（　　）

8．在集合中元素类型可以不必相同，也可以包含两个相同的对象。（　　）

9．以下语句是否正确：int intArray[] = {0,2,4,6,8}; int length = int Array.length();。（　　）

10．以下语句是否正确：int[] intArray[60];。（　　）

四、简答题

1．怎样将字符串转换为相应的数值型数据？

2．String 类和 StringBuffer 类有什么区别？

五、编程题

1．对两个字符串 ABCDEF 与 987654 进行连接，并将连接的结果转变为字符数组，依次输出数组中各个元素。

2．对字符串 It is very interesting 利用 indexOf()、lastIndexOf()和 substring()方法提取字符串 very interesting、very 和 interesting 并输出。

3．编写一个程序，使用 StringBuffer 类创建一个字符串对象 abclo World！，使用替换方法替换掉开头的子串 abc 为 Hel，使用插入方法在子串 World 的前面插入 Java，最后再将修改后的字符串予以倒置。

4．利用 Math 类的 random()方法随机产生两个 10 以内的整数，在屏幕上显示为一道加法题目，要求用户从键盘输入答案，程序每次运行一共产生 5 个这样的加法题目，最后统计出用户答对的题目总数和总分。

第6章 异常处理

学习目标与要求

本章主要介绍Java中的异常处理机制及其使用方法。通过本章的学习，读者应能够掌握以下知识点。

❖ 掌握异常的基本概念。
❖ 掌握 Java 的异常处理机制。
❖ 掌握 Java 异常的分类。
❖ 掌握 Java 各类异常处理在程序中的应用。
❖ 掌握自定义异常的使用。

学习重点

掌握 Java 异常处理机制、异常处理程序的编写和自定义异常的创建与使用。

6.1 任务案例：用户登录异常的处理

6.1.1 实现过程

【任务说明】

用户登录模块是编写程序时经常需要使用的功能。编写一个用户登录的类，处理用户登录时可能出现的错误。正确的用户名是 admin，密码是 admin123。要求对用户名和密码进行验证，根据用户的输入，给予必要的提示信息。要求：当用户名正确、密码错误时，提示“密码错误，请重新登录！”；用户名不正确时，则提示“无此用户！”。

【任务目的】

（1）掌握 try-catch 语句的使用，能够编写异常处理程序。

（2）掌握 throws 关键字的用法。

（3）掌握自定义异常的创建与使用。

【技术要点】

（1）首先编写异常处理程序，提示可能的错误信息。

（2）获得用户的登录信息，编写登录程序。

（3）获得用户输入信息后，对其中发生的错误情况进行判断，调用异常处理程序，做出相应的处理。

【实现步骤】

（1）编写异常处理 LoginException 类，代码如下。

```
class LoginException extends Exception{
    private int i=0;        //错误类型：0代表无此用户，1代表密码错误
    public LoginException(int i){
        super();
        this.i=i;
```

```
    }
    public String getMessage(){
        if (i==0){
            return "无此用户！";
        }else if(i==1){
            return "密码错误，请重新登录！";
        }
        return "";
    }
}
```

（2）编写用户登录类 UserLogin，代码如下。

```
import java.io.*;
class UserLogin{
    private String user="";
    private String pass="";
    public void login(){
        InputStreamReader isr=new InputStreamReader(System.in);
        BufferedReader br=new BufferedReader(isr);
        System.out.println("请输入用户名：");
        try{
            user=br.readLine();
        }catch(IOException e){
            System.out.println(e.getMessage());  //输出输入时产生异常的描述信息
        }
        System.out.println("请输入密码：");
        try{
            pass=br.readLine();
        }catch(IOException e){
            System.out.println(e.getMessage());
        }
    }
}
```

（3）在登录类中添加 check()方法，采用自定义异常类 LoginException 处理异常信息，代码如下。

```
public void check() throws LoginException{
   if(!user.equals("admin")){
      throw (new LoginException(0));
   }else if(!pass.equals("admin123")){
      throw (new LoginException(1));
   }
}
```

（4）创建主类 MainDemo，在其中的 main()方法中，调用用户登录类，采用 try-catch 结构处理异常信息，执行所编写的类，代码如下。

```
public class MainDemo{
   public static void main(String args[]){
      UserLogin userlogin = new UserLogin();
      userlogin.login();
      try{
         userlogin.check();
         System.out.println("密码无误。欢迎你的光临！");
      }catch(Exception e){
         System.out.println(e.getMessage());
      }finally{
         System.out.println("登录验证完毕。");
      }
   }
}
```

6.1.2　知识集萃

1. 异常的概念

异常是指发生在正常情况以外的事件。在 Java 语言中的异常是程序运行中发生的异常事件，这些异常事件将阻止程序的正常运行，如出现数组越界、用户输入错误、被 0 除等。当 Java 语句执行中产生了异常，就会创建一个异常对象，JRE 就会试图寻找异常处理程序来处理异常。异常处理就是对这些异常情况进行处理的方法。

Java 作为一个完全面向对象的语言，异常处理也是采用面向对象的方法来操作的。在一个方法的运行过程中如果发生了异常，则这个方法将生成一个代表该异常的对象并把它提交给正在运行这个方法的系统。通常把这个过程称为抛出一个异常。

系统在运行时，查找处理异常的方法并把当前异常对象交给其处理，这个过程称为捕获一个异常。如果有合适的异常处理程序，被抛出的异常对象就会被该异常处理程序所接管；否则，将引发运行环境异常，JRE 终止程序执行。Java 异常处理框架只能处理运行时出现的错误，而由语法错误导致的编译异常，可通过编译器的提示加以修正，不在其考虑范围之内。

2. 异常处理类

1）异常类的层次结构

Java 语言用继承的方式来组织异常，所有的异常类都是 Throwable 的子类，而 Throwable 类又直接继承 Object 类。Throwable 有两个直接的子类：一个是 Exception 类，它是用户程序能够捕捉和需要处理的异常情况，是由于程序设计得不完善而造成的，是程序必须处理的问题，它进一步又可细分为 RuntimeException（运行时异常）和 Non_RuntimeException（非运行时异常）；另一个是 Error 类，它表示系统级的错误，是 Java 运行环境内部错误或者硬件问题造成的，不能指望程序来处理这样的问题，除了退出运行外别无选择，它是由 Java 虚拟机抛出的。各种异常类之间的继承关系如图 6.1 所示。

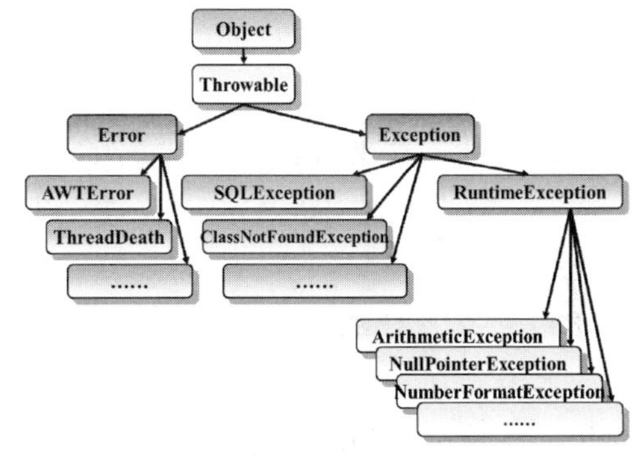

图 6.1　Java 异常体系结构

2）Exception 类及其子类

（1）运行时异常。运行时异常产生的原因多种多样，大致有两种。

① 系统资源不可用：如内存分配失败、文件打开失败、数据源连接失败等。

② 程序控制不当：如除零、负数开方、数组下标越界等。

对于运行时异常（以及 Error 类），javac 在编译时，不会提示和发现这样的异常，不要求在程序中处理。所以，如果愿意，可以编写代码（使用 try...catch）处理这样的异常，也可以不予处理。对于这类异常，重点关注的是如何修正代码，而不是通过异常处理机制来解决这类异常问题。这类异常发生的原因多半是代码写的有问题，如除零错误（ArithmeticException）、强制类型转换错误（ClassCastException）、数组下标越界（ArrayIndexOutOfBoundsException）、使用空指针（NullPointerException）等。表 6.1 列出了几种常见的这类异常。

表 6.1　常见运行时异常类

异 常 类 名	功 能 说 明
ArithmeticException	除数为零的异常

续表

异 常 类 名	功 能 说 明
IndexOutOfBoundsException	下标越界异常
ArrayIndexOutOfBoundsException	访问数组元素下标越界异常
StringIndexOutOfBoundsException	字符串下标越界异常
NullPointerException	使用空指针（空对象）异常
ClassCastException	类强制类型转换异常

（2）非运行时异常。如果程序中拥有非运行时异常，javac 会强制要求程序员为这样的异常做预备处理工作（使用 try…catch…finally 或者 throws）。在方法中要么用 try-catch 语句捕获并处理，要么用 throws 子句声明并抛出它，否则编译不会通过。这类异常，通常因为程序运行不具备相应的必要条件而造成无法执行。这种异常，可根据实际可能的原因来构造需要的异常对象并编写相应异常处理代码，如数据库访问错误（SQLException）、输入输出错误（IOException）、类没有找到错误（ClassNotFoundException）等。表 6.2 列出了几种常见的非运行时异常类。

表 6.2　常见非运行时异常类

异 常 类 名	功 能 说 明
ClassNotFoundException	指定类或接口不存在的异常
IllegalAccessException	非法访问异常
IOException	输入输出异常
ProtocolException	网络协议异常
SocketException	Socket 操作异常

3）Error 类及其子类

Error 类一般是指与虚拟机相关的问题，如系统崩溃、线程死锁、内存空间不足、方法调用栈溢等。对于由这类错误导致的应用程序中断，仅靠程序本身无法恢复和预防，遇到这样的错误，建议让程序终止。

3. 异常处理机制

在 Java 语言中，异常处理是通过 try、catch、throw、throws 和 finally 等关键字来实现的。对于 try、catch 和 finally 而言，它们经常搭配使用，其处理程序的基本结构如下。

```
try {
        //可能产生异常的代码区
   }catch (ExceptionType1 e){
        //捕获并处理由try抛出的异常类型为ExceptionType1的异常
   }catch (ExceptionType2 e){
        //捕获并处理由try抛出的异常类型为ExceptionType2的异常
   }finally{
        //无论是否出现异常，finally块中的代码都将被执行
   }
```

1）try 与 catch

对于异常的出现，Java 语言会提供默认的处理方式。但使用这种方式，一旦发生异常，程序就会终止运行并显示一些有限的信息，这样的处理方式不是很友好。因此，在实际编程时，需要在程序中对出现的各种异常情况进行处理，这样既可以避免程序自动终止，又可以允许用户修改可能的程序错误。

为了避免程序运行时可能出现的错误，应将这些程序代码放在 try 块中，并在 try 语句后面包含一个 catch 语句用来指定需要捕捉的异常类型。一旦出现异常情况，程序就会抛出一个异

常对象并终止 try 块中程序的运行，系统直接跳到 catch 语句中，查看是否存在对应的异常类。catch 语句一旦捕捉到某一个异常情况，就会对这种情况进行处理。

例如，在进行两个数的除法运算时，如果除数为 0，就会抛出一个 ArithmeticException 异常，可以使用 try 和 catch 语句对这一异常进行处理。

【例 6-1】 处理两个数相除而产生异常的情况。

```
class ExceptionDemo{
   public static void main(String args[]){
      int x, y, z;
      try{
         x = 16;
         y=0;
         z = x / y;
         System.out.println("x/y =" + z);
      }catch(ArithmeticException e){
         System.out.println("算数运算异常! ");
      }
   }
}
```

2）多个 catch 语句

在某些情况下，同一段程序可能产生多种类型的异常，这时需要针对不同的异常类型采取不同的处理方式，例如，使用多重 catch 块，来分别捕获不同类型的异常。当抛出一个异常时，系统自动按先后顺序检查每个 catch 语句并执行第一个与所抛出异常情况相匹配的 catch 语句。无论有多少 catch 块，最多只会执行其中的一个。而且，这些 catch 块在安排时，并不是随意乱放的，而是必须遵循类层次越低的越往上写、越高的越往下写的规则来排放。如果不是按照从低到高的顺序来排放异常类，编译时就会报错。例 6-2 的程序就是在例 6-1 的基础上增加了 3 个 catch 语句。

【例 6-2】 包含多个 catch 语句的异常处理。

```
class CatchDemo{
   public static void main(String args[]){
      int x, y, z;
      try{
         x = 16;
         y = Integer.parseInt(args[0]);
         z = x / y;
         System.out.println("x/y =" + z);
      }catch(ArrayIndexOutOfBoundsException ai){       //捕捉数组下标越界异常
         System.out.println("没有给出命令行第一个参数! ");
      }catch(NumberFormatException nf) {               //捕捉字符串到数字转换异常
         System.out.println("输入的不是数字! ");
      }catch(ArithmeticException ae){                  //捕捉算术（除数为0）异常
         System.out.println("算数运算错! ");
      }catch (Exception e){                            //捕捉其他不可预测的异常
         System.out.println(e.getMessage());
      }
   }
}
```

程序说明：如果程序运行时没有给出命令行参数，则运行时会发生 ArrayIndexOutOfBoundsException 异常；如果命令行参数输入的不是数字，则会发生 NumberFormatException 异常；如果输入参数值为 0，则会发生 ArithmeticException 异常；而由于 Exception 类的异常层次最高，所以将其放在最后面，所有其他不可预测的异常情况统一由它来处理。

3）finally

当抛出一个异常时，程序的执行就不再继续了，这样会导致方法的执行中断。当抛出异常情况的后续语句是必须执行的语句时，例如，在一个方法中打开了一个文件，不管 try 块中是否真正抛出了异常，最后都需要执行关闭文件的操作。那么这时就需要使用 finally 语句来解决此类问题。

finally 语句创建一个代码块，在 try-catch 语句后执行，不管是否抛出一个异常，系统都将执行 finally 语句的程序代码。finally 块是可选的，可视具体情况决定是否添加，但 finally 块必须和 try 块一起使用，不能单独存在。

【例 6-3】 finally 语句示例。

```
class FinallyDemo{
  public static void main(String[] args){
    int a = 10, b = 0, c;
    try {
      c = a / b;
      System.out.println(c);
    }
    catch(ArithmeticException ae){
      System.out.println("除数为0。");
    }
    //不论是否发生异常，finally块中的语句都会执行
    finally {
      System.out.println("这里是finally块中的语句。");
    }
    System.out.println("程序结束。");
  }
}
```

4）异常类的常用方法

Exception 类定义有各种方法，其中比较常用的方法有如下 3 个。

（1）public String toString()：返回对当前异常对象信息的描述。

（2）public String getMessage()：返回对当前异常对象信息的详细描述。

（3）public void printStackTrace()：用来跟踪异常事件发生时执行堆栈的内容。

5）异常的抛出

一般来说，Java 的异常情况是系统在程序运行时抛出的，但编程人员也可以根据实际情况在程序中主动抛出一个异常。在 Java 语言中，可以使用 throw 语句和 throws 语句主动抛出异常情况。

（1）throw 语句。throw 语句用来明确地抛出一个异常情况。它的作用是改变执行流程，转而寻找与异常类型相匹配的 catch 块来执行异常处理。throw 语句的格式如下。

```
throw ThrowableInstance;
```

抛出后，由调用方法来处理该异常，即由一个被调用方法抛出异常后，系统将异常向上传播，由调用它的方法来处理这个异常。

【例 6-4】 计算 1～10 的阶乘，使用 throw 语句抛出可能产生的异常。

```
class ThrowDemo{
  public void calculation(byte k) throws Exception{ //方法声明抛出异常
    byte y = 1, i = 1;
    System.out.print(k + "!=");
    for(i = 1; i <= k; i++){
      try{
```

```
            if (y > Byte.MAX_VALUE / i )                     //Byte.MAX_VALUE表示字节最大值
               throw new Exception("计算结果溢出！");       //溢出时抛出异常
            else
               y = (byte) (y * i);
         }catch(Exception e){
            System.out.println("calculation exception: " + e.getMessage());
            e.printStackTrace();
            System.exit(0);
         }
      }
      System.out.println(y);
   }
   public void run_cal (byte k){                            //主调方法捕获并处理被调用方法抛出的异常
      try{
         calculation(k);
      }catch(Exception e){
         System.out.println("run_cal exception: " + e.getMessage());
         e.printStackTrace();
         System.exit(0);
      }
   }
      public static void main(String args[]){
         ThrowDemo td = new ThrowDemo();
         for(byte i = 1; i < 10; i++){
            td.run_cal(i);
         }
      }
}
```

（2）throws 语句。如果某个方法中的代码有可能引发异常，可以使用 try-catch 块进行处理，这种处理方式称为“内部处理”。但有时，如果不方便在方法内部进行直接处理，也可以将异常向方法外部传递，这就要使用到关键字 throws。

throws 用于把在被调用方法内部产生的异常抛给主调方法。其一般语法格式如下。

```
返回值类型 方法名(参数列表) throws 异常类型列表{
    ...
}
```

当主调方法调用带有 throws 关键字的被调用方法时，需要放在 try-catch 块中进行监控，否则编译器会报错。throws 可以往外抛出多个类型的异常，而且在主调方法中，也要相应地添加对应数量及类型的 catch 块进行分别处理。主调方法中，如果不便对某个异常类型进行监控处理，还可以继续使用 throws 关键字接着往外抛出异常，但这种连续往外抛的做法不值得推荐。

【例 6-5】 throws 语句示例。

```
class Student{                                          //定义学生类
   private String mName;                                //姓名
   private int mAge;                                    //年龄
   /*为姓名赋值的方法*/
   public void setName(String name){
      mName = name;
   }
   /*为年龄赋值的方法，该方法有可能抛出年龄异常*/
   public void setAge(int age) throws Exception{
      if (age < 0 || age > 100){
         throw new Exception("年龄必须在0~100之间！");
      }
      mAge = age;
   }
```

```
    public void display(){
        System.out.println("姓名: "+mName+"; 年龄: "+mAge);
    }
}
class ThrowsTest{
    public static void main(String[] args){
        Student std = new Student();
        try {
            std.setName("zhangsan");
            std.setAge(24);               //该方法必须放在try-catch块中
            std.display();
        }
        catch(Exception e){
            System.out.println(e.getMessage());
        }
    }
}
```

程序执行结果如下。

```
姓名: zhangsan; 年龄: 24
```

6.1.3 拓展知识

1. try-catch 块的嵌套

在某种情况下，整个语句块可以产生异常，而整个语句块的某一部分又可能产生另外的异常，这就需要分别进行处理，可以通过嵌套 try-catch 块来完成。

嵌套 try-catch 块就是在一个 try-catch 块中包含另外的 try-catch 块。

【例 6-6】嵌套 try-catch 块示例。

```
class Multi_TryCatch{
    public static void main(String[] args){
        /*外层try-catch块*/
        try{
            System.out.println("传递的参数是: " + args[0]);
            /*嵌套try-catch块*/
            try{
                int num = Integer.parseInt(args[0]);
                System.out.println(num + "的平方是" + (num * num));
            }
            catch(NumberFormatException nfe) {
                System.out.println("你输入的不是数字。");
            }
        }
        catch(ArrayIndexOutOfBoundsException aioobe) {
            System.out.println("你没有输入命令行参数。");
        }
    }
}
```

2. 自定义异常

Exception 类和其子类都是系统内置的异常，这些异常不一定总能捕获程序中发生的所有异常。有时，可能要根据实际情况的需要创建用户自定义的异常类。

用户自定义异常类也是 Exception 类的子类，所以其定义的语法格式一般如下。

```
class 自定义异常名 extends Exception{
    ...
```

```
}
```

【例 6-7】自定义异常示例。

```
class AgeException extends Exception{                //用户自定义年龄异常类
   public AgeException() {                           //构造方法
      super("年龄无效。");
   }
}
class SelfDefinition{
   public static void main(String[] args){
      try {
         int age = Integer.parseInt(args[0]);
         if(age < 0 || age > 100){
            throw (new AgeException());               //抛出自定义异常类实例
         }
         System.out.println("你的年龄是: " + age + "岁。");
      }
      catch(AgeException ae){                         //捕捉自定义异常类型
         System.out.println(ae.getMessage());        //打印异常信息
      }
   }
}
```

6.2　第 6 章小结

Java 中的异常包括运行时异常和非运行时异常，在程序中使用 try-catch-finally 块相互配合来处理各类异常。如果有多种类型的异常要进行处理，可以使用多重 catch 块。如果要手动在方法内部产生异常，可以使用 throw 关键字；而如果要将异常往方法外部抛出，则需要使用 throws 关键字。自定义异常类一般继承于 Exception 类，Exception 类是绝大部分异常类的父类，在异常类型不明的情况下，可以认为都属于 Exception 类。

6.3　育人进阶——程序员应具备的职业素养

程序开发是可以当作一生的职业的。但首先，你需要热爱编程，而不是把它作为完成其他人生目标的工具。

对于程序员来讲，无论在哪个子领域工作，都需要从以下几个方面不断提高自己。

首先，保持对未知领域的好奇心，不断学习新知识。

如果你只专注于一个领域，那么深入研究一下其他领域，会有很大帮助。每个团队都在成长，程序员这个群体更需要“与时俱进”。尤其是在软件开发这个日新月异的行业里，学习能力非常重要，没有很好的学习意识和学习能力是很难在这个行业里生存下去的。

其次，保持团队意识，强化团队协作。

团队协作能力是一个程序员最基本的素质之一。现在的软件项目越做越大，一个项目通常不是一个人所能独立完成的。你能否和谐地融入一个团队，远比你能否写出漂亮的代码更为重要。如果你只顾自己敲代码，而不与别人的思路保持一致。那么，你会被逐渐孤立。

再次，良好的沟通是成功的保证。

这里包含两层意思。首先，良好的表达和沟通能力能使你更好地融入客户组织内部，了解客户的工作流程，更清晰、更准确地获取客户需求，提高项目成功率。其次，及时、准确地向项目经理和团队成员汇报和沟通进展，能在第一时间发现自己的偏差，及时检测 Bug，及时修改并回顾，同时还应促进相互学习和团队磨合。这里的沟通和汇报，不仅指口头上的表达，还包括规范的编码和文档。

最后，恪守 IT 从业人员的职业道德。

人们常说：先做人再做事，这里强调的是人品问题。一个人做事再优秀，但如果在做人方面有不良问题，相信他也得不到众人的肯定，难以走得很远。企业招聘人才，通常很难找到技术能力及各方面素质都完全符合要求的人选，因此很多企业会将一些考核点放在人的道德品质上，一个人的技术水平暂时落后并不可怕，只要他具有良好的品质并不断积极进取，那么他就会通过自己的努力在较短时间内达到企业的要求。总而言之，一个优秀的 IT 从业人员应恪守如下 3 条职业道德规范。

1. 为人正直，忠于职守

干一行，爱一行。忠于软件事业，忠于所在的公司。无论是作为一名普通的程序员还是技术主管，都要始终严格要求自己，对同事以诚相待，对工作精益求精，在一家公司做多久，就要认真负责多久。

2. 严守商业秘密

IT 行业里，最可怕的是人才流失时技术也跟着一起流失（如源代码、文档等）。虽然有些大公司通过制度和技术手段，能避免部分外泄，但防不胜防，很难做到万无一失。更大程度上，还是需要靠员工的自觉与人品。损人利己的失德行为一旦得逞，就会对公司造成难以估量的损失。

3. 尊重他人劳动成果

IT 行业里泛滥成灾的盗版问题，打击的是 IT 从业人员的积极性。不付费就能获取，无异于偷盗行为。长此以往，不仅会对 IT 行业造成巨大伤害，也损害了社会的诚信度和创新意识。劳动是伟大而光荣的，任何人的劳动成果都应得到尊重，这是社会创新和发展的原动力。

本文节选自 CSDN 博文，略有删减。

原文链接：https://blog.csdn.net/harrymeng/article/details/1074436

6.4 巩固练习

一、选择题

1. 异常产生的原因很多，常见的有（　　）。

   A. 程序运行环境发生改变　　B. 程序设计本身存在缺陷

   C. 硬件设备出现故障　　D. 以上都是

2. 除数为零是（　　）异常。

   A. ClassCastException　　B. ArithmeticException

   C. RuntimeException　　D. ArrayIndexOutOfBoundException

3. 用来手工抛出异常的关键字是（　　）。

   A. throws　　B. throw

   C. try　　D. catch

4．下列程序输出的结果是（　　）。

```
class Test{
    public static void main(String args[]){
        try {
            int i= 1/0;
        }catch(ArithmeticException e){
            System.out.println("ArithmeticException");
        }catch(Exception e){
            System.out.printIn("exception");
        }finally{
            System.out.println("finally");
        }
    }
}
```

A．ArithmeticException
exception

B．exception

C．exception
finally

D．ArithmeticException
finally

二、简答题

1．Java 中的异常处理机制是怎样的？

2．Java 中的异常处理语句有哪些？其作用是什么？

3．finally 语句起什么作用？在异常处理中是否一定需要 finally 语句？

4．throw 语句和 throws 声明有什么区别？

三、编程题

1．编写贷款类，从键盘输入贷款总额、利率和年数，如果贷款总额、利率或年数任一个数小于或等于零，抛出 IllegalArgumentException 异常。

2．电力公司的电费计算标准如下：200 度以下，以每度 0.10 元计算。200～500 度，以每度 0.30 元计算。超过 500 度，则以 0.60 元计算。输入本月用电度数，输出本月电费和用电量的比值。编写一个程序实现该功能，要考虑电费计算过程中程序出现的各种异常，必要时可使用自定义异常。

第 7 章　输入和输出

学习目标与要求

本章主要介绍 java.io 包中与输入/输出流有关的类的使用。通过本章的学习，读者应能够掌握以下知识点。

- ❖ 了解 java.io 包的体系结构。
- ❖ 理解流的概念。
- ❖ 掌握 java.io 包中常用流类的使用。
- ❖ 使用 java.io 包中的类完成输入和输出。

学习重点

使用 java.io 包中的流类完成相应的输入、输出任务。

7.1　任务案例：职员信息管理系统的改进

7.1.1　实现过程

【任务说明】

根据某企业要求，编写一个 Java 程序来实现对职员信息的输入、存储和浏览功能。具体要求：从 DOS 界面输入职员的相关信息并保存在文本文件内，并可通过程序浏览职员信息；职员信息包括职员编号、姓名、性别、部门、工资、类别；其中，职员类别分为 clerk（普通职员）、department manager（部门经理）和 general manager（总经理）3 类。

【任务目的】

（1）掌握 DataInputStream 类和 DataOutputStream 类的用法。

（2）掌握 FileInputStream 类和 FileOuputStream 类的用法。

（3）掌握使用 File 类进行文件处理。

（4）掌握使用标准的输入/输出类。

【技术要点】

（1）完成职员信息的输入，需要从键盘输入信息，学习输入流类的使用。

（2）保存和浏览信息，需要把从键盘中输入的信息写入文件中，学习输出流类的使用。

（3）使用 Employee 类封装员工信息。

（4）使用 EmployeeManager 类完成从键盘输入信息和输出信息，并负责保存和读取数据文件中的职员数据。

（5）使用 Employee 和 EmployeeManager 两个类共同完成职员信息的管理任务。

【实现步骤】

在这一程序中，需要继续使用第 3 章类和对象中的 Employee 类、Manager 类和 Saler 类，并需要编写 EmployeeManager 类完成数据的保存和读取以及接收用户的输入信息。

（1）创建职员类 Employee，代码如下。

```
class Employee{
    String employeeID;      //编号
    String name;            //姓名
    String sex;             //性别
    String department;      //部门
    double salary;          //工资
    String classes;         //类别
    public Employee(){}
    public Employee(String employeeID,String name,String sex,String department,double
salary, String classes){
        this.employeeID = employeeID;
        this.name = name;
        this.sex = sex;
        this.department = department;
        this.salary = salary;
        this.classes = classes;
    }
    public String getClasses(){
        return classes;
    }
    public void setClasses(String classes){
        this.classes = classes;
    }
    public String getDepartment(){
        return department;
    }
    public void setDepartment(String department){
        this.department = department;
    }
    public String getEmployeeID(){
        return employeeID;
    }
    public void setEmployeeID(String employeeID){
        this.employeeID = employeeID;
    }
    public String getName(){
        return name;
    }
    public void setName(String name){
        this.name = name;
    }
    public double getSalary(){
        return salary;
    }
    public void setSalary(double salary){
        this.salary = salary;
    }
    public String getSex(){
        return sex;
    }
    public void setSex(String sex){
        this.sex = sex;
    }
    //格式化输出职员信息
    public String toString (){
        return "[职员ID:" + employeeID + " | 姓名:"+ name +"| 性别:"+ sex + "| 部门:"+ department
+ "| 当月薪水: "+ salary +"| 类别: "+ classes + "]";
    }
}
```

（2）编写职员管理类 EmployeeManager 类，完成职员信息的输入、保存和输出。程序代码如下。

```
import java.io.*;
import java.io.IOException;
import java.io.FileInputStream;
import java.io.FileOutputStream;
import java.io.File;
import java.io.DataInputStream;
import java.io.DataOutputStream;
import java.io.IOException;
import java.util.ArrayList;
import java.util.Iterator;
import java.util.List;
public class EmployeeManager{
    static java.io.InputStreamReader ir = new InputStreamReader(System.in);
    static BufferedReader br = new BufferedReader(ir);
    //写入数据
    public static void writeData(DataOutputStream out, Employee employee) throws
IOException{
        out.writeUTF(employee.getEmployeeID());
        out.writeUTF(employee.getName());
        out.writeUTF(employee.getSex());
        out.writeUTF(employee.getDepartment());
        out.writeDouble(employee.getSalary());
        out.writeUTF(employee.getClasses());
        return;
    }
    //读入数据
    public static Employee readData(DataInputStream in){
        Employee employee = new Employee();
        try{
            employee.setEmployeeID(in.readUTF());
            employee.setName(in.readUTF());
            employee.setSex(in.readUTF());
            employee.setDepartment(in.readUTF());
            employee.setSalary(in.readDouble());
            employee.setClasses(in.readUTF());
        }catch(IOException ioe){
            employee = null;
        }
        return employee;
    }
    //定义方法从文件中读取职员信息
    public static List readEmployee(File file){
        FileInputStream in = null;
        DataInputStream dataIn = null;
        List result = new ArrayList();
        Employee employee = null;
        try{
            in = new FileInputStream(file);
            dataIn = new DataInputStream(in);
            employee = readData(dataIn);
            while(employee != null){
                result.add(employee);
                employee = readData(dataIn);
            }
        }catch(IOException e){
            System.out.println("指定的文件不存在！");
            e.printStackTrace();
```

```
        }finally{
            try{
                dataIn.close();
            }catch(IOException e){
                e.printStackTrace();
            }
        }
        return result;
    }
    //定义方法将职员信息写入文件
    public static boolean writeEmployee(List employees, File file){
        boolean flag = true;
        FileOutputStream out = null;
        DataOutputStream dataOut = null;
        try{
            out = new FileOutputStream(file, true);
            dataOut = new DataOutputStream(out);
            Iterator ite = employees.iterator();
            Employee employee = new Employee();
            while(ite.hasNext()){
                employee = (Employee) ite.next();
                writeData(dataOut, employee);
            }
        }catch(java.io.IOException ioe){
            ioe.printStackTrace();
        }finally{
            try{
                dataOut.close();
            }catch(IOException e){
                e.printStackTrace();
            }
        }
        return flag;
    }
    //得到用户输入的职员信息
    private static Employee getInfo(){
      String employeeID;         //编号
      String name;               //姓名
      String sex;                //性别
      String department;         //部门
      double salary;             //工资
      String classes;            //类别
      Employee employee = null;
      try{
        System.out.println("输入职员编号：");
        employeeID = br.readLine();
        System.out.println("输入职员姓名：");
        name = br.readLine();
        System.out.println("输入职员性别：");
        sex = br.readLine();
        System.out.println("输入职员部门：");
        department = br.readLine();
        System.out.println("输入职员薪水：");
        salary = Double.parseDouble(br.readLine());
        System.out.println("输入职员类别：");
        classes = br.readLine();
        employee = new Employee(employeeID, name, sex, department, salary,classes);
      }catch(java.io.IOException ioe){
        ioe.printStackTrace();
      }
```

```
        return employee;
    }
    //程序的入口方法
    public static void main(String args[]){
        Employee employee = null;
        List employees = new ArrayList();
        File file = new File("employeeInfo.txt");
        while(true){
            System.out.println("************************");
            System.out.println("1 浏览职员信息");
            System.out.println("2 添加职员信息");
            System.out.println("3 退出");
            System.out.println("************************");
            System.out.println ("请输入你的选择：");
            try{
                String select = br.readLine();
                if (select.equals("1")){
                    employees = readEmployee(file);
                    Iterator ite = employees.iterator();
                    while (ite.hasNext()){
                        employee = (Employee) ite.next();
                        System.out.println(employee.toString());
                    }
                    employees.clear();
                }else if (select.equals("2")){
                    while(true){
                        employee = getInfo();
                        employees.add(employee);
                        System.out.println("继续添加请按y，否则请按其他键。");
                        if(!br.readLine().equals("y")){
                            break;
                        }
                    }
                    writeEmployee(employees, file);
                    employees.clear();
                    }else if (select.equals("3")){
                        System.exit(0);
                    }
                }catch(IOException ioe){
                    ioe.printStackTrace();
                }
            }
    }
}
```

（3）程序运行结果分 1、2、3 有 3 种输入选项，对应有 3 种运行场景，可分别予以输入验证。

在上面的程序中，定义了 ir 和 br 两个输入流对象，其作用是完成从键盘输入。writeData() 和 readData()方法的作用是把职员信息写入文件和从文件中读出数据，writeEmployee()和 readEmployee()方法完成了相应输入流和输出流的转换，而 main()和 getInfo()方法用于完成用户的选择以及职员信息的输入。

7.1.2 知识集萃

1. 流的概念与分类

程序的输入和输出可以说是程序与用户之间沟通的桥梁，通过输入/输出操作来实现用户与程序的交互。输入/输出（I/O）是指程序与外部设备或其他计算机进行交互的操作。通过输入和输出操作可以从外界接收信息，或者是把信息传递给外界。

1）输入/输出流

流是一个很形象的概念，当程序需要读取（输入）数据时，就会开启一个通向数据源的流，这个数据源可以是文件、内存或者网络连接。类似地，当程序需要写入（输出）数据时，就会开启一个通向目的地的流。可以想象数据好像水流一样在“流”动，如图 7.1 所示。在 Java 中，流是由一组类来实现的。Java 把这些与输入/输出有关的操作用流来实现，通过统一的接口来表示，从而使程序设计更为简便。Java 使用 java.io 包来管理所有与输入和输出有关的类与接口。

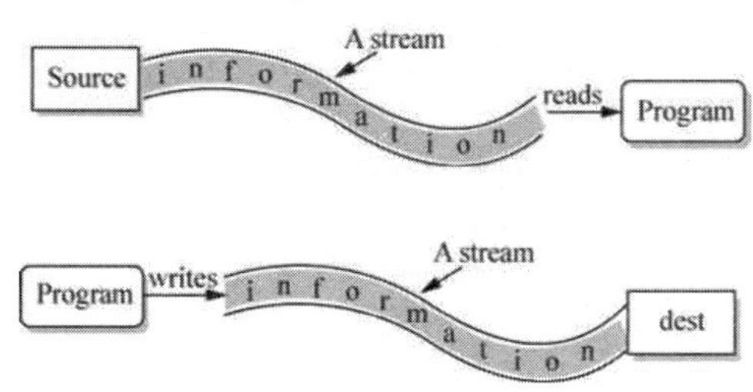

图 7.1　输入流和输出流

通常应用程序中，使用输入流从存储介质或数据通道中读取数据，使用输出流往存储介质或数据通道写入数据。一般来说，关于流的特性有如下 3 点。

（1）先进先出，最先写入输出流的数据最先被输入流读取到。

（2）顺序存取，可以一个接一个地往流中写入一串字节，读出时也将按写入顺序读取一串字节，不能随机访问中间的数据。

（3）只读或只写，每个流只能是输入流或输出流的一种，不能同时具备两个功能；在一个数据传输通道中，如果既要写入数据，又要读取数据，则要分别提供两个流。

Java 中的流根据所传输的数据单位可分为两种：一种是字节流，另一种是字符流。字节流每次读写 8 位二进制数，也称二进制字节流或位流；字符流一次读写 16 位二进制数，并将其作为一个字符来处理。这两种流分别由 4 个抽象类来表示（每种流包括输入和输出两种，所以一共有 4 个）：InputStream 类、OutputStream 类、Reader 类和 Writer 类。其中，InputStream 和 OutputStream 是基于字节流的类，Reader 和 Writer 是基于字符流的类。其他多种多样变化的流均是通过它们派生出来的。如图 7.2 所示是 Java 类库中由这 4 个抽象类所派生出的类的层次体系。在 Java 语言中使用字节流和字符流的步骤基本相同，以输入流为例，首先创建一个与数据源相关的流对象，然后利用流对象的方法从流输入数据，最后执行 close()方法关闭流。

2）缓冲流

为了提高数据的传输效率，Java 中引入了缓冲流（Buffered Stream）的概念，即为一个流配备一个缓冲区（Buffer），一个缓冲区就是专门用于传送数据的一块内存。

当向一个缓冲流写入数据时，系统将数据发送到缓冲区，而不是直接发送到外部设备。缓冲区自动记录数据，当缓冲区为满时，系统将数据全部发送到相应的外部设备。当从一个缓冲流中读取数据时，系统实际是从缓冲区中读取数据，当缓冲区为空时，系统就会从相关外部设备自动读取数据，并读取尽可能多的数据填满缓冲区。使用数据流来处理输入/输出的目的，是使程序的输入/输出操作独立于相关设备。由于程序不需关注具体设备实现的细节（具体细节由系统处理），所以对于各种输入/输出设备，只要针对流做处理即可，不需修改源程序，从而增强了程序的可移植性。

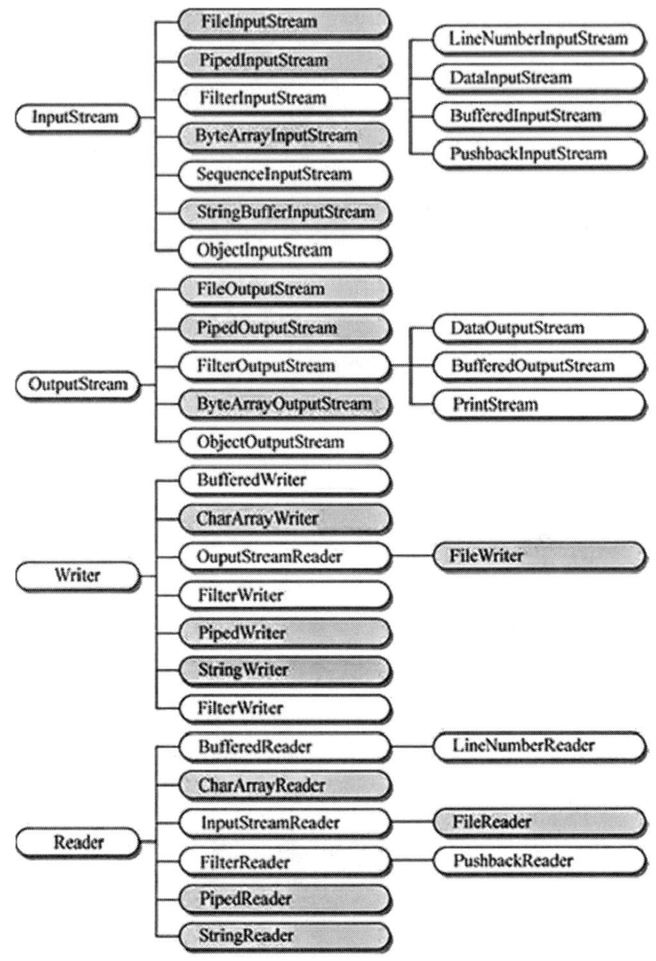

图 7.2　输入/输出流类的基本层次体系

3）可直接使用的流对象

为了方便标准输入/输出设备的使用，针对一些使用频繁的设备交互，Java 语言系统中预定义了 3 个可以不必创建而直接使用的流对象（它们都是静态成员），分别如下。

（1）System.in（标准输入）：通常代表键盘输入。

（2）System.out（标准输出）：通常写往显示器。

（3）System.err（标准错误输出）：通常写往显示器。

System.in、System.out 和 System.err 这 3 个标准输入/输出流对象定义在 java.lang.System 包中，这 3 个对象在 Java 源程序编译时会被自动加载。

System.in 是 InputStream 类的间接子类 BufferedInputStream 类的对象，当程序需要从键盘读入数据时，只需要调用 System.in 的 read()方法即可，该方法从键盘缓冲区读入一个字节的二进制数据（其 ASCII 值），返回以此字节作为低位字节而高位字节为 0 的整型数据。

System.out 是 OutputStream 类的间接子类 PrintStream 类（打印输出流类）的对象。该对象中的 print()和 println()方法，定义了向屏幕输出不同基本类型数据的功能。

System.err 用于为用户显示错误信息，也是由 PrintStream 类派生出来的错误流对象。该对象也有 print()和 println()方法，作为报错专用输出，有颜色标记（对比 System.out 对象输出的结果是白底黑字），以方便用户使用和调试程序。所有 err 打印的结果都在最顶行输出。

2. 面向字节的输入/输出流

字节流以字节为传输单位，用来读写 8 位的数据，除了能够处理纯文本文件之外，还能用来处理二进制文件的数据。InputStream 类和 OutputStream 类是所有字节流的父类。

1）InputStream 类

面向字节的输入流都是 InputStream 类的子类，其类层次结构如图 7.3 所示。

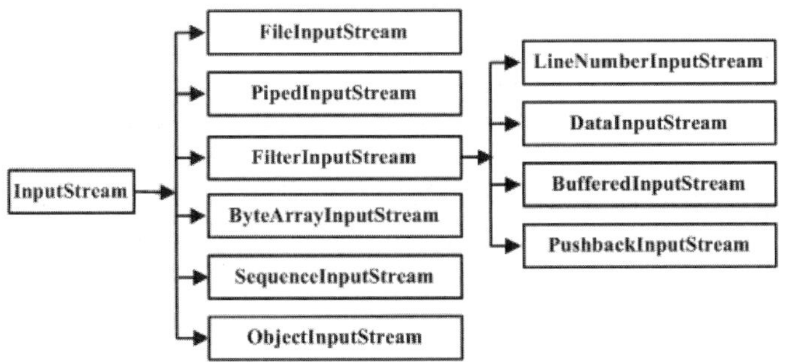

图 7.3　InputStream 的类层次结构

这些子类的主要功能描述如表 7.1 所示。

表 7.1　InputStream 的主要子类描述

类　　名	功 能 描 述
FileInputStream	从文件中读取的输入流
PipedInputStream	输入管道
FilterInputStream	过滤输入流
ByteArrayInputStream	从字节数组读取的输入流
SequenceInputStream	两个或多个输入流的联合输入流，按顺序读取
ObjectInputStream	对象的输入流
LineNumberInputStream	为文本文件输入流附加行号
DataInputStream	包含读取 Java 标准数据类型方法的输入流
BufferedInputStream	缓冲输入流
PushbackInputStream	返回一个字节并把此字节放回输入流

InputStream 流类中包含一套所有字节输入流类都需要的方法，可以完成最基本的从输入流读入数据的功能。表 7.2 列出了其中常用的方法及其功能描述。

表 7.2　InputStream 类的常用方法

方　　法	功 能 描 述
void close()	关闭输入流
void mark()	标记输入流的当前位置
void reset()	将读取位置返回到标记处
int read()	从输入流中当前位置读入一个字节的二进制数据，以此数据为低位字节，补足 16 位的整型量（0～255）后返回，若输入流中当前位置没有数据，则返回-1
int read(byte b[])	从输入流中的当前位置连续读入多个字节保存在数组中，并返回所读取的字节数
int read(byte b[], int off, int len)	从输入流中当前位置连续读 len 长的字节，从数组第 off+1 个元素位置处开始存放，并返回所读取的字节数
int available()	返回输入流中可以读取的字节数

续表

方　法	功能描述
long skip(long n)	跳过流内的 n 个字符
boolean markSupported()	测试输入数据流是否支持标记

2）OutputStream 类

面向字节的输出流都是 OutputStream 类的子类，其类层次结构如图 7.4 所示。

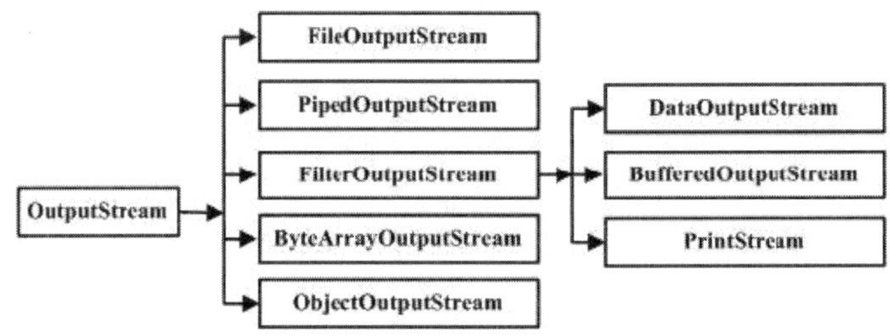

图 7.4　OutputStream 的类层次结构

表 7.3 列出了 OutputStream 的主要子类及其功能描述。

表 7.3　OutputStream 的主要子类描述

类　名	功能描述
FileOutputStream	写入文件的输出流
PipedOutputStream	输出管道
FilterOutputStream	过滤输出流
ByteArrayOutputStream	写入字节数组的输出流
ObjectOutputStream	对象的输出流
DataOutputStream	包含写 Java 标准数据类型方法的输出流
BufferedOutputStream	缓冲输出流
PrintStream	包含 print()和 println()的输出流

OutputStream 类中包含一套所有字节输出流类都需要的方法，可以完成最基本的向输出流写入数据的功能。表 7.4 列出了其中常用的方法及功能描述。

表 7.4　OutputStream 类的常用方法

方　法	功能描述
void close()	关闭输出流
void flush()	强制清空缓冲区并执行向外设输出数据
void write(int b)	将参数 b 的低位字节写入输出流
void write(byte b[])	按顺序将数组 b[]中的全部字节写入输出流
void write(byte b[], int off, int len)	按顺序将数组 b[]中第 off+1 个元素开始的 len 个数据写入输出流

由于 InputStream 和 OutputStream 都是抽象类，不能直接生成对象，所以当在程序中创建输入流或输出流对象时，一般都是它们某个子类的对象。通过调用对象继承的 read()和 write()方法就可实现对相应外设的输入/输出操作。下面举几个使用 InputStream 或 OutputStream 的子类来创建输入或输出流，完成输入/输出操作的例子。

【例 7-1】实现对二进制图形文件（ep7_1.gif）的备份。

```
import java.io.*;
class ImageCopy {
  public static void main(String[] args) throws IOException {
```

```
        FileInputStream a=new FileInputStream("ep7_1.gif"); //将文件放在工程目录下
            FileOutputStream b=new FileOutputStream("ep7_1_c.gif");
            System.out.println("文件的大小为: "+a.available());
            byte c[]=new byte[a.available()];
            a.read(c);                                      //将图形文件读入数组
            b.write(c);                                     //将数组中的数据写入新文件中
            System.out.println("文件已经被更名并复制! ");
            a.close();
            b.close();
        }
    }
```

在例 7-1 中，FileInputStream 和 FileOutputStream 分别是 InputStream 和 OutputStream 类的子类。程序运行完毕后，实现了对二进制图形文件 ep7_1.gif 的复制。

需要注意的是，执行 read()或 write()方法时，可能由于 I/O 错误，系统抛出 IOException 异常，需要将执行读写操作的语句包括在 try 块中，并通过相应的 catch 块来处理可能产生的异常，或者也可以使用 throws 语句向程序外抛出异常。

【例 7-2】 实现将 3 个整型数字 10、0、-10 写入数据文件 ep7_2.dat 中。

```
    import java.io.*;
    class writeNums {
       public static void main(String[] args) {
          String fileName="ep7_2.dat";
          int value1=10,value2=0,value3=-10;
          try{
             //将DataOutputStream与FileOutputStream连接输出不同类型的数据
             DataOutputStream a=new DataOutputStream(new FileOutputStream(fileName));
             a.writeInt(value1);
             a.writeInt(value2);
             a.writeInt(value3);
             a.close();
             System.out.println(fileName+"写入完毕!");
          }catch(IOException i){
             System.out.println(fileName+"出现错误!");
          }
       }
    }
```

DataOutputStream 和 FileOutputStream 都是 OutputStream 类的子类，DataOutputStream 类定义了独立于具体机器的带格式的写操作，从而实现对不同基本类型数据的写。该类的构造方法将文件输出流 FileOutputStream 作为其参数，可实现向指定的文件输出流写各种基本类型的数据。相类似地，数据输入流类 DataInputStream 与 InputStream 类的子类相连接，也能够实现从指定的输入流中读取基本类型的数据。

【例 7-3】 读取例 7-2 所创建的数据文件 ep7_2.dat 中的 3 个整数并求和显示。

```
    import java.io.*;
    class readNums{
       public static void main(String[] args) {
          String fileName="ep7_2.dat";
          int sum=0;
          try{
             DataInputStream a=new DataInputStream(new BufferedInputStream(new
FileInputStream(fileName)));
             sum+=a.readInt();
             sum+=a.readInt();
             sum+=a.readInt();
             System.out.println("3个数的和为: "+sum);
```

```
            a.close();
        }
        catch(IOException e){
            System.out.println(fileName+"出现错误！");
        }
    }
}
```

3. 面向字符的输入/输出流

字符流是针对字符数据的特点进行过优化的流，其提供了一些面向字符的有用特性，字符流的来源或目标通常是文本文件。Reader 和 Writer 是 java.io 包中所有字符流的父类。由于它们都是抽象类，应使用它们的子类来创建实体对象，利用实体对象来处理相关的读写操作。Reader 和 Writer 的子类又可以分为两大类：一类称为节点流，用来从数据源读入数据或往目的地写出数据；另一类称为处理流，用来对数据执行某种处理操作。

1）Reader 类

各种面向字符的输入流类都是 Reader 的子类，其类层次结构如图 7.5 所示。

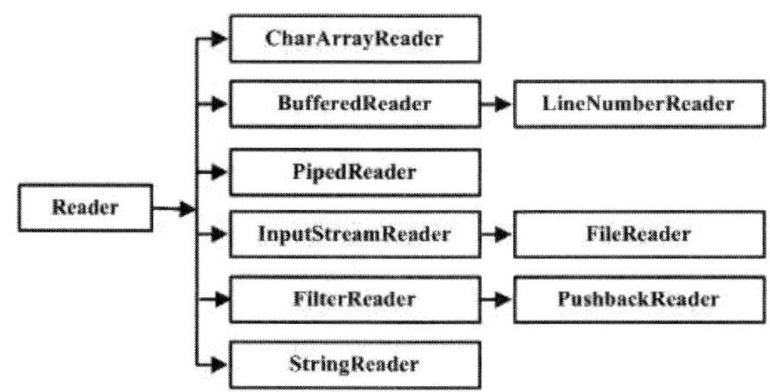

图 7.5　Reader 的类层次结构图

表 7.5 列出了 Reader 的主要子类及其功能描述。

表 7.5　Reader 的主要子类描述

类　　名	功 能 描 述
CharArrayReader	从字符数组读取的输入流
BufferedReader	缓冲输入字符流
PipedReader	输入管道
InputStreamReader	将字节转换到字符的输入流
FilterReader	过滤输入流
StringReader	从字符串读取的输入流
LineNumberReader	为输入数据附加行号
PushbackReader	返回一个字符并把此字节放回输入流
FileReader	从文件读取的输入流

Reader 所提供的方法如表 7.6 所示，可以利用这些方法来获得流内的字符数据。

表 7.6　Reader 类的常用方法

方　　法	功 能 描 述
void close()	关闭输入流
void mark()	标记输入流的当前位置
boolean markSupported()	测试输入流是否支持 mark
int read()	从输入流中读取一个字符
int read(char[] ch)	从输入流中读取字符数组

续表

方　　法	功 能 描 述
int read(char[] ch, int off, int len)	从输入流中读 len 长的字符到 ch 内
boolean ready()	测试流是否可以读取
void reset()	重定位输入流
long skip(long n)	跳过流内的 n 个字符

下面来看一个使用 Reader 类的子类来创建对象，实现以字符为单位进行输入/输出操作的例子。

【例 7-4】利用 FileReader 类读取纯文本文件的内容。

```
import java.io.*;
class FileReaderDemo {
   public static void main(String[] args) throws IOException{
      char a[]=new char[1000];                      //创建可容纳1000个字符的数组
      FileReader b=new FileReader("ep7_4.txt");
      int num=b.read(a);                            //将数据读入数组a中，并返回字符数
      String str=new String(a,0,num);               //将字符串数组转换成字符串
      System.out.println("读取的字符个数为："+num+"，内容为：\n");
      System.out.println(str);
   }
}
```

FileReader 类是 Reader 子类 InputStreamReader 类的子类，因此 FileReader 类既可以使用 Reader 类的方法也可以使用 InputStreamReader 类的方法来创建对象。

在使用 FileReader 类读取文件时，必须先调用 FileReader()构造方法创建 FileReader 类的对象，再调用 read()方法来读取字符。需要注意的是，Java 把一个汉字或英文字母作为一个字符对待，但把回车或换行符作为两个字符对待。

FileReader 构造方法的格式如下。

```
public FileReader(String name);                     //根据文件名创建一个可读取字符的输入流对象
```

再来看一个例子。

【例 7-5】利用 BufferedReader 类读取纯文本文件的内容。

```
import java.io.*;
class BufferedReaderDemo {
    public static void main(String[] args) {
        String OneLine;
        int count=0;
        try{
            FileReader a=new FileReader("ep7_5.txt");
            BufferedReader b=new BufferedReader(a);
            while((OneLine=b.readLine())!=null){    //每次读取1行
                count++;                            //计算读取的行数
                System.out.println(OneLine);
            }
            System.out.println("\n 共读取了"+count+"行");
            b.close();
        }
        catch(IOException io){
            System.out.println("出错了!\n"+io.toString());
        }
    }
}
```

BufferedReader 类是 Reader 类的直接子类，用来读取缓冲区中的数据。使用时必须先创建 FileReader 类对象，再以该对象为参数创建 BufferedReader 类的对象。BufferedReader 类有两个

构造方法，其格式如下。

```
public BufferedReader(Reader in);             //创建缓冲区字符输入流
public BufferedReader(Reader in,int size);    //创建输入流并设置缓冲区大小
```

2）Writer 类

各种面向字符的输出流都是类 Writer 的子类，其类层次结构如图 7.6 所示。

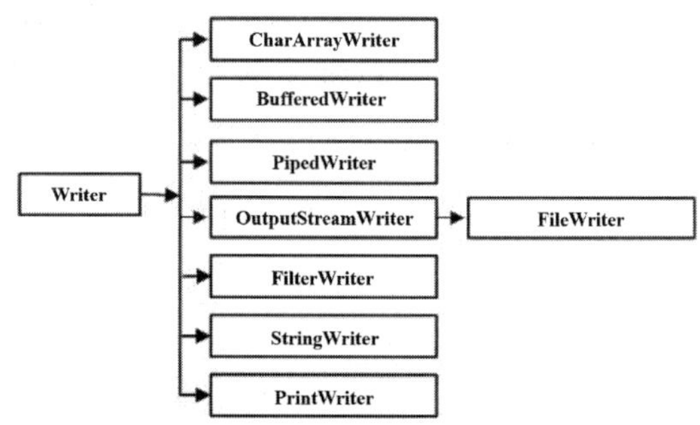

图 7.6　Writer 的类层次结构

表 7.7 列出了 Writer 的主要子类及其功能说明。

表 7.7　Writer 的主要子类说明

类　　名	功 能 说 明
CharArrayWriter	写到字符数组的输出流
BufferedWriter	缓冲输出字符流
PipedWriter	输出管道
OutputStreamWriter	转换字符到字节的输出流
FilterWriter	过滤输出流
StringWriter	输出到字符串的输出流
PrintWriter	包含 print()和 println()的输出流
FileWriter	输出到文件的输出流

Writer 类所提供的方法如表 7.8 所示。

表 7.8　Writer 类的常用方法

方　　法	功 能 描 述
void close()	关闭输出流
void flush()	将缓冲区中的数据写到文件中
void writer(int c)	将单一字符 c 输出到流中
void writer(String str)	将字符串 str 输出到流中
void writer(char[] ch)	将字符数组 ch 输出到流
void writer(char[] ch, int offset, int length)	将一个数组内自 offset 起到 length 长的字符输出到流

Writer 类作为抽象类不能直接使用，必须通过它的子类来创建字符输出流对象。下面来看一个 Writer 类子类使用的实例。

【例 7-6】利用 FileWriter 类将 ASCⅡ值为 32～125 的字符写入文件中。

```
import java.io.*;
class FileWriterDemo {
   public static void main(String[] args) {
      try{
         FileWriter a=new FileWriter("ep7_6.txt");
         for(int i=32;i<126;i++){
```

```
                a.write(i);
            }
            a.close();
            System.out.println("写入完毕! ");
        }catch(IOException e){
            System.out.println("出错了!\n"+e.toString());
        }
    }
}
```

运行程序后，打开 ep7_6.txt 文件，显示内容如下。

```
!"#$%&'()*+,-./0123456789:;<=>?@ABCDEFGHIJKLMNOPQRSTUVWXYZ[\]^_`abcdefghijklmnopqrstu
vwxyz{|}
```

在上例中，FileWriter 类是 Writer 子类 OutputStreamWriter 类的子类，因此 FileWriter 类既可以使用 Writer 类的方法，也可以使用 OutputStreamWriter 类的方法来创建对象。

在使用 FileWriter 类写入文件时，必须先调用 FileWriter()构造方法创建 FileWriter 类的对象，再调用 writer()方法。FileWriter 构造方法的格式如下。

```
public FileWriter(String name);                  //根据文件名创建一个可写入的输出流对象
public FileWriter(String name,Boolean a);        //a为真，数据将追加在文件后面
```

再来看一个例子。

【例 7-7】利用 BufferedWriter 类实现文件复制功能。

```
import java.io.*;
class BufferedWriterDemo {
    public static void main(String[] args){
        String str=new String();
        try{
            BufferedReader in=new
            BufferedReader(new FileReader("ep7_7_a.txt"));
            BufferedWriter out=new
            BufferedWriter(new FileWriter("ep7_7_b.txt"));
            while((str=in.readLine())!=null){
                System.out.println(str);
                out.write(str);                  //将读取到的1行数据写入输出流
                out.newLine();                   //写入换行符
            }
            out.flush();
            in.close();
            out.close();
        }
        catch(IOException e){
            System.out.println("出现错误! \n"+e.toString());
        }
    }
}
```

BufferedWriter 类是用来将数据写入缓冲区。使用时必须创建 FileWriter 类对象，再以该对象为参数创建 BufferedWriter 类的对象，最后需要用 flush()方法将缓冲区清空。BufferedWriter 类有两个构造方法，其格式如下。

```
public BufferedWriter(Writer out);               //创建缓冲区字符输出流
public BufferedWriter(Writer out,int size);      //创建输出流并设置缓冲区大小
```

4. 文件的管理与读写

1）文件与目录管理

目录是管理文件的特殊机制，同类文件保存在同一个目录下不仅可以简化文件管理，而且

可以提高工作效率。Java 语言在 java.io 包中定义了一个 File 类专门用来管理磁盘文件和目录。

每个 File 类对象表示一个磁盘文件或目录，其对象属性中包含了文件或目录的相关信息。通过调用 File 类提供的各种方法，能够创建、删除、重命名文件、判断文件的读写权限以及是否存在、设置和查询文件的最近修改时间等。不同操作系统具有不同的文件系统组织方式，通过使用 File 类对象，Java 程序可以用与平台无关的、统一的方式来处理文件和目录。

（1）创建 File 类的对象。创建 File 类对象需要给出其所对应的文件名或目录名，File 类的构造方法如表 7.9 所示。

表 7.9　File 类的构造方法

构 造 方 法	功 能 描 述
public File(String path)	指定与 File 对象关联的文件或目录名，path 可以包含路径及文件和目录名
public File(String path, String name)	以 path 为路径，以 name 为文件或目录名创建 File 对象
public File(File dir, String name)	用现有的 File 对象 dir 作为目录，以 name 作为文件或目录名创建 File 对象
public File(UR ui)	使用给定的统一资源定位符来定位文件

在使用 File 类的构造方法时，需要注意如下两点。

① path 参数可以是绝对路径，也可以是相对路径，还可以是磁盘上的某个目录。

② 由于不同操作系统使用的目录分隔符不同，可以使用 System 类的一个静态变量 System.dirSep 作为分隔符，来实现在不同操作系统下都通用的路径。例如，"d:"+System.dirSep+"myjava"+System.dirSep+"file"。

（2）获取属性和操作。借助 File 对象，可以获取文件和相关目录的属性信息并对其进行管理和操作。表 7.10 列出了其常用的方法及说明。

表 7.10　File 类的常用方法

方　　法	功 能 描 述
boolean canRead()	如果文件可读，返回真，否则返回假
boolean canWrite()	如果文件可写，返回真，否则返回假
boolean exists()	判断文件或目录是否存在
boolean createNewFile()	若文件不存在，则创建指定名字的空文件，并返回真，若不存在返回假
boolean isFile()	判断对象是否代表有效文件
boolean isDirectory()	判断对象是否代表有效目录
boolean equals(File f)	比较两个文件或目录是否相同
string getName()	返回文件名或目录名的字符串
string getPath()	返回文件或目录路径的字符串
long length()	返回文件的字节数，若 File 对象代表目录，则返回 0
long lastModified()	返回文件或目录最近一次修改的时间
String[] list()	将目录中所有文件名保存在字符串数组中并返回，若 File 对象不是目录则返回 null
boolean delete()	删除文件或目录，必须是空目录才能删除，删除成功返回真，否则返回假
boolean mkdir()	创建当前目录的子目录，成功返回真，否则返回假
boolean renameTo(File newFile)	将文件重命名为指定的文件名

下面再来看一个例子。

【例 7-8】从键盘输入一个绝对路径，判断该路径是代表一个文件还是一个目录。若是文件，则输出此文件的绝对路径，并判断此文件的文件属性（是否可读写或隐藏）；若是目录，则输出该目录下的所有文件（不包括隐藏文件）。

```
import java.io.*;
class FileDemo {
    public static void main(String[] args) throws IOException {
        String FilePath;
        InputStreamReader in=new InputStreamReader(System.in);
        BufferedReader a=new BufferedReader(in);
        System.out.println("请输入一个绝对路径：");
        FilePath=a.readLine();                              //将FilePath作为输入值
        File FileName=new File(FilePath);                   //获得此路径的文件名称
        if (FileName.isDirectory()){                        //判断此文件是否为目录
            System.out.println((FileName.getName())+"为一个目录");
            System.out.println("================");
            File FileList[]=FileName.listFiles();           //将目录下所有文件存入数组
            for(int i=0;i<FileList.length;i++){
                if(FileList[i].isHidden()==false){          //判断是否为隐藏文件
                    System.out.println(FileList[i].getName());   //输出非隐藏文件
                }
            }
        }else{
            System.out.println((FileName.getName())+"为一个文件");
            System.out.println("================");
            //获得文件绝对路径
            System.out.println("绝对路径为："+FileName.getAbsolutePath());
            //判断此文件是否可读取
            System.out.println(FileName.canRead()?"可读取":"不可读取");
            //判断此文件是否可修改
            System.out.println(FileName.canWrite()?"可修改":"不可修改");
            //判断此文件是否为隐藏
            System.out.println(FileName.isHidden()?"为隐藏文件":"非隐藏文件");
        }
    }
}
```

2）文件的随机读写

Java 的 java.io 包中提供了 RandomAccessFile 类，用于随机文件的创建和访问。使用这个类，可以跳转到文件的任意位置读写数据。程序可以在随机文件中插入数据，而不会破坏该文件的其他数据。此外，程序也可以更新或删除先前存储的数据，而不用重写整个文件。

RandomAccessFile 类是 Object 类的直接子类，包含两个主要的构造方法用来创建 RandomAccessFile 的对象，如表 7.11 所示。

表 7.11　RandomAccessFile 类的构造方法

构 造 方 法	功 能 描 述
public RandomAccessFile(String name, String mode)	指定随机文件流对象对应的文件名，以 mode 表示对文件的访问模式
public RandomAccessFile(File file, String mode)	以 file 指定随机文件流对象对应的文件名，以 mode 表示访问模式

需要注意的是，mode 表示创建的随机读写文件的操作状态，其取值包括如下。

（1）r：表示以只读方式打开文件。

（2）rw：表示以读写方式打开文件，使用该模式只用一个对象即可同时实现读写操作。

表 7.12 列出了 RandowAccessFile 类常用的方法及其说明。

表 7.12　RandowAccessFile 类的常用方法

方　　法	功 能 描 述
long length()	返回文件长度
void seek(long pos)	移动文件位置指示器，pos 指定从文件开头的偏离字节数
int skipBytes(int n)	跳过 n 个字节，返回数为实际跳过的字节数
int read()	从文件中读取一个字节，字节的高 24 位为 0，若遇到文件结尾，返回-1
final byte readByte()	从文件中读取带符号的字节值
final char readChar()	从文件中读取一个 Unicode 字符
final void writeChar(inte c)	写入一个字符，两个字节

【例 7-9】模仿系统日志，将数据写入文件尾部。

```
import java.io.*;
class RandomAccessFileDemo {
    public static void main(String[] args) throws IOException{
        try{
            BufferedReader in=new BufferedReader(new InputStreamReader(System.in));
            System.out.println("请输入日志内容：");
            String s=in.readLine();
            RandomAccessFile myFile=new RandomAccessFile("ep7_9.log","rw");
            myFile.seek(myFile.length());                //移动到文件结尾
            myFile.writeBytes(s+"\n");                   //写入数据
            myFile.close();
            System.out.println("写入完毕！");
        }
        catch(IOException e){
            System.out.println("有错误："+e.toString());
        }
    }
}
```

该程序运行后在目录中建立一个 ep7_9.log 的文件，每次运行时输入的内容都会在该文件内容的末尾处添加。

7.1.3　拓展知识

Java 的 java.util.zip 包中提供了可对文件的压缩和解压缩进行处理的类，它们继承自字节流类 InputStream 和 OutputSteam。其中 ZipOutputStream 和 GZIPOutputStream 可分别把数据压缩成 Zip 和 GZIP 格式，而 ZipInputStream 和 GZIPInputStream 又可将压缩的数据进行还原。

1．将文件写入压缩文件的一般步骤

（1）生成和所要生成的压缩文件相关联的压缩类对象。

（2）压缩文件通常不只包含一个文件，将每个要加入的文件称为一个压缩入口，使用 ZipEntry(String FileName)生成压缩入口对象。

（3）使用 putNextEntry(ZipEntry entry)将压缩入口加入压缩文件。

（4）将文件内容写入此压缩文件。

（5）使用 closeEntry()结束目前的压缩入口，继续下一个压缩入口。

2．将文件从压缩文件中读出的一般步骤

（1）生成和所要读入的压缩文件相关联的压缩类对象。

（2）利用 getNextEntry()得到下一个压缩入口。

【例 7-10】输入若干个文件名，将所有这些文件压缩到 ep7_10.zip 中，再从压缩文件中解压并显示出来。

```
import java.io.*;
import java.util.*;
import java.util.zip.*;
class FileZipDemo {
    public static void main(String[] args) throws IOException {
        FileOutputStream a=new FileOutputStream("ep7_10.zip");
        //处理压缩文件
        ZipOutputStream out=new ZipOutputStream(new BufferedOutputStream(a));
        System.out.println("Writing files……");
        for(int i=0;i<args.length;i++){                        //对命令行输入的每个文件进行处理
            System.out.println("Writing file"+(i+1)+": "+args[i]);
            BufferedInputStream in=new BufferedInputStream(new FileInputStream(args[i]));
            out.putNextEntry(new ZipEntry(args[i]));           //设置ZipEntry对象
            int b;
            while((b=in.read())!=-1)
                out.write(b);                                  //从源文件读出，往压缩文件中写入
            in.close();
        }
        out.close();
        System.out.println("All files are writen up.");
        //解压缩文件并显示
        System.out.println("Reading files……");
        FileInputStream d=new FileInputStream("ep7_10.zip");
        ZipInputStream  inout=new  ZipInputStream(new BufferedInputStream(d));
        ZipEntry z;
        while((z=inout.getNextEntry())!=null){                     //获得入口
            System.out.println("Reading file: "+z.getName());      //显示文件初始名
            int x;
            while((x=inout.read())!=-1)
                System.out.write(x);
            System.out.println();
        }
        inout.close();
        System.out.println("All files are read up.");
    }
}
```

本程序运行前，假设在当前工程文件夹下，放置两个试验文件 file1.txt 和 file2.txt，在程序运行时，在 MyEclipse 的运行配置窗口，输入两个文件名参数 file1.txt 和 file2.txt，二者用空格分开，如图 7.7 所示，单击 Run 按钮让程序运行后，控制台输出结果如下。

```
Writing files……
Writing file1: file1.txt
Writing file2: file2.txt
All files are writen up.
Reading files……
Reading file: file1.txt
file1
Reading file: file2.txt
file2
All files are read up.
```

并且，在当前工程文件夹下将建立一个 ep7_10.zip 的压缩文件，使用解压缩软件（如 WinRAR 等），可以将其打开，里面包含两个文件 file1.txt 和 file2.txt。

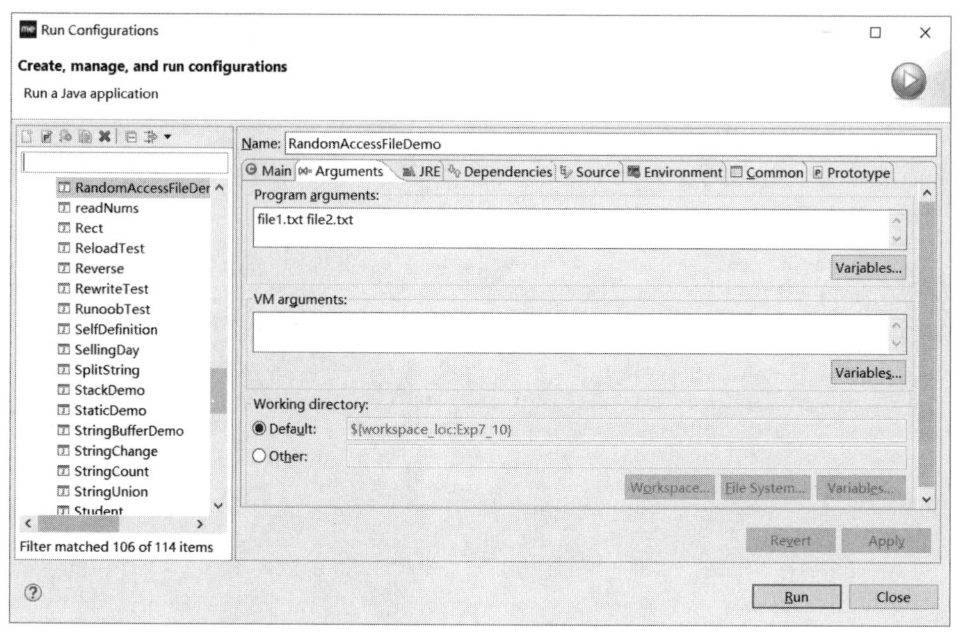

图 7.7　MyEclipse 的运行配置窗口输入两个文件名

7.2　第 7 章小结

本章主要讲述了输入/输出流的概念和有关处理方法，对于字节流着重介绍了 InputStream、OutputStream、FileInputStream、FileOutputStream、DataInputStream 和 DataOutputStream 等类的使用，对于字符流着重介绍了 Reader、Writer、FileReader、FileWriter、BufferedReader 和 BufferedWriter 等类的使用，还有可以直接使用输入/输出系统类 System.in、System.out 和 System.err 的使用，以及文件处理类 File、RandomAccessFile 的使用，这些类都是 java.io 包中的常用类，需要熟练掌握。另外，本章也介绍了文件压缩和解压缩的处理方法，其他输入/输出类还有很多，可以参考 Java API 的用法手册。

7.3　育人进阶——天道酬勤

没有人能只靠天分成功。唯有勤奋能将天分化为成功。

曾国藩是中国历史上最有影响力的人物之一，也是中国近代化建设的开拓者，被称为“中兴第一名臣”。然而他的天赋却并不高。

有一天，他在家读书，一篇文章不晓得重复了多少遍，仍在不断朗读，因为他还没有把它背下来。

这时他家来了一个贼，潜伏在他的屋檐下，希望等这读书人睡觉之后捞点好处。可是等啊等，就是不见他睡觉，他还是翻来覆去地朗读那篇文章。贼人大怒，跳出来说：“就你这水平，还读什么书！”说完，他将那篇听到的文章背诵了一遍，扬长而去。

勤能补拙是良训，一分辛苦一分收获。那盗贼的记忆力确实很好，能把没看过而只是听过几遍的文章完整而流利地背下来。但遗憾的是，他没有把天分用到正道上，不愿踏实勤奋地凭劳动致富，干起了偷鸡摸狗的营生，这样终会碌碌无为，甚至沦为阶下囚。

7.4 巩固练习

一、选择题

1．字节流和字符流的区别是（　　）。

A．每次读入的字节数不同

B．前者带有缓冲，后者没有

C．前者以字节读写，后者以字符读写

D．二者没有区别

2．Java 语言提供的主要输入/输出流所在的包是（　　）。

A．java.io　　B．java.util

C．java.math　　D．java.iol

3．创建文件 test.txt 的字节输入流的语句是（　　）。

A．InputStream in=new FileInputStream("test.txt");

B．FileInputStream in=new FileInputStream(new File("test.txt"));

C．InputStream in=new FileReader("test.txt");

D．InputStream in=new InputStream("test.txt");

4．下列创建 InputStreamReader 对象的方法中正确的是（　　）。

A．new InputStreamReader(new FileInputStream("data"));

B．new InputStreamReader(new FileReader("data"));

C．new InputStreamReader(new BufferedReader("data"));

D．new InputStreamReader(System.in);

5．下列创建 RandomAccessFile 对象的方法中正确的是（　　）。

A．new RandomAccessFile("test.txt","rw");

B．new RandomAccessFile(new DataInputStream());

C．new RandomAccessFile(new File("test.txt"));

D．new RandomAccessFile("test.txt");

6．以下实现关闭流的方法是（　　）。

A．void close()　　B．void reset()

C．int size()　　D．void flush()

7．可以得到一个文件的路径名的方法是（　　）。

A．String getName()　　B．String getPath()

C．String getParent()　　D．String renameTo()

8．下面说法不正确的是（　　）。

A．InputStream 类与 OutputStream 类可以用来处理字节流，也就是二进制文件

B．Reader 与 Writer 类是用来处理字符流的，也就是文本文件

C．Java 中的 I/O 流的处理通常分为输入和输出两个部分

D．File 类是输入/输出流类的子类

9．要创建一个新目录，可以使用下面（　　）类来实现。

A．FileInputStream　　B．FileOutputStream

C．RandomAccessFile　　D．File

10．下面的（　　）方法能够得到一个文件的上一级目录名。

A．getParent()　　B．getName()

C．getDirectory()　　D．getPath()

11．实现字符流的写操作类是（　　），实现字符流的读操作类是（　　）。

A．FileReader　　B．Writer

C．FileInputStream　　D．FileOutputStream

12．要从 file.dat 文件读出第 10 个字节到变量 c，下列哪些语句可以做到?（　　）

A．FileInputStream in= new FileInputStream("file.dat"); int c= in.read();

B．RandomAccessFile in= new RandomAccessFile("file.dat"); in.skip(9); int c=in.readByte();

C．FileInputStream in= new FileInputStream("file.dat"); in.skip(9); int c=in.read();

D．FileInputStream in= new FileInputStream("file.dat"); in.skip(10); int c=in.read();

13．在编写 Java Application 程序时，若需要使用到标准输入/输出语句，必须在程序的开头写上（　　）语句。

A．import java.awt.*;

B．import java.applet.Applet;

C．import java.io.*;

D．import java.awt.Graphics;

14．下列流中（　　）类不属于字符流。

A．InputStreamReader　　B．BufferedReader

C．FilterReader　　D．FileInputStream

二、判断题

1．文件缓冲流的作用是提高文件的读/写效率。（　　）

2．通过 File 类可对文件属性进行修改。（　　）

3．IOException 必须被捕获或抛出。（　　）

4. Java 系统的标准输入对象是 System.in，标准输出对象有两个，分别是标准输出 System.out 和标准错误输出 System.er。（　　）

5．System 类的 println()方法分行显示信息，print()方法不分行显示信息。（　　）

6．File 类继承自 Object 类。（　　）

7．InputStream 和 OutputStream 类都是抽象类。（　　）

8．所有的流都支持标记和复位操作。（　　）

9．随机读写流 RandomAccessFile 的指针所计算的是字符的个数。（　　）

三、填空题

1．________对象可以使用 read()方法从标准的输入设备（键盘）读取数据；________对象可以使用 print()方法向标准的输出设备（屏幕）输出显示。

2．阅读下面的程序段：

```
File file= new File("./abc.txt");
FileInputStream fis= new FileInputStream(file);
int n= 0;
byte b[]= new byte[255];
n= fis.read(b);
```

```
System.out.println(n);
System.out.println(file.length( ));
System.out.println(fis.available( ));
```

如果 System.out.println(file.length())的输出是 24，则 System.out.println(n)的输出是________；System.out.println(fis.available())的输出是________。

3．阅读下面的程序段：

```
RandomAccessFile randfile = new RandomAccessFile("./abc.dat", "rw");
System.out.println("文件长度: "+ randfile.length());
System.out.println("文件指针: "+ randfile.length());
randfile.writeDouble(2.1);
System.out.println("文件指针: "+ randfile.getFilePointer());
```

如果程序段第 2 行输出 0，则第 3 行输出_______；当执行完第 4 行后，文件长度是_______，第 5 行输出_______。

四、简答题

1．什么是流？什么是输入流和输出流？它们的抽象类有哪些？

2．字节流和字符流有什么区别？

3．字节流和字符流进行读写操作的一般步骤是什么？

4．如何创建文件？如何实现对文件的顺序读/写和随机读/写？

五、编程题

1．编写一个程序，将输入的英文小写字符串转换为大写，然后保存到文件 test.txt 中。

2．编写一个程序，如果文件 text.txt 不存在，以该文件名创建一个文件。如果该文件已存在，使用文件输入/输出流将 100 个随机生成的整数写入文件中，整数之间用空格分隔。

第8章　图形界面编程

学习目标与要求

本章主要介绍 Java 图形界面程序设计、图形界面的设计工具，以及 Java 图形界面程序设计的基本过程和方法等。通过本章的学习，读者应能够掌握以下知识点。

- ❖ 了解图形界面开发工具包 Swing 包、AWT 包。
- ❖ 掌握几种基本的图形界面布局方式。
- ❖ 掌握常用的图形界面组件的使用方法。
- ❖ 掌握针对图形界面组件的基本事件处理过程。

学习重点

图形界面组件的使用与属性设置、界面组件的事件处理机制。

8.1　任务案例：添加职员信息用户界面

8.1.1　实现过程

【任务说明】

在前面的“职员信息管理系统”案例中，职员信息的输入是通过 DOS 界面完成的，该界面操作起来很麻烦，现要求把输入界面改为图形界面，使用户界面更加友好。设计好的“职员信息管理系统”的添加职员信息界面如图 8.1 所示。

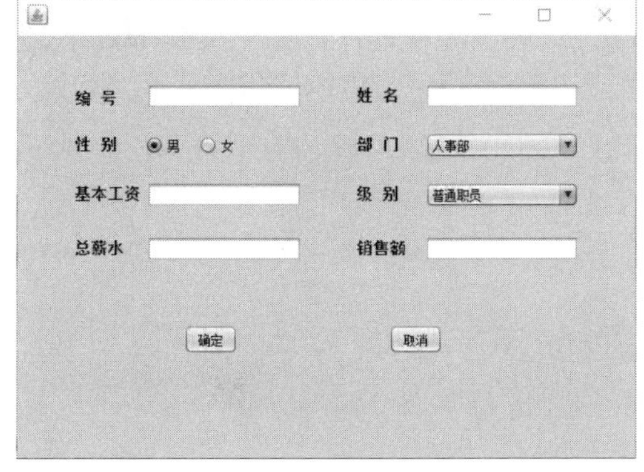

图 8.1　添加职员信息界面

当用户输入员工信息后，单击“确定”按钮，能够获得用户的输入并保存在文件中。

【任务目的】

（1）掌握基本常用 Swing 组件（按钮、文本框等）的使用。

（2）了解 AWT 组件的使用。

（3）掌握使用布局管理器。

（4）掌握添加组件的事件处理程序设计。

（5）掌握 NetBeans 8.0.1 集成开发环境中 Swing/AWT 组件的使用方法。

【技术要点】

（1）用户输入职员信息，需要添加如标签、文本框、组合框、按钮等组件。

（2）所有用户交互的组件应该放置在容器内才能显示。

（3）使用布局管理器布置组件在容器中的排放位置。

（4）要在程序中获得用户输入信息，需要使用事件处理机制。

（5）为了方便用户图形界面开发，需要使用 NetBeans 8.0.1 开发工具来设计界面程序。

（6）该界面既可以使用 AWT 组件实现，也可以使用 Swing 组件实现。

【实现步骤】

（1）安装好 NetBeans 8.0.1，双击 NetBeans 图标，打开 NetBeans 的 IDE，如图 8.2 所示。

图 8.2　NetBeans IDE

（2）执行“文件”→“新建”→“项目”命令，打开“新建项目”对话框，选择“类别”为 Java、“项目”为“Java 应用程序”，如图 8.3 所示，然后单击“下一步”按钮。

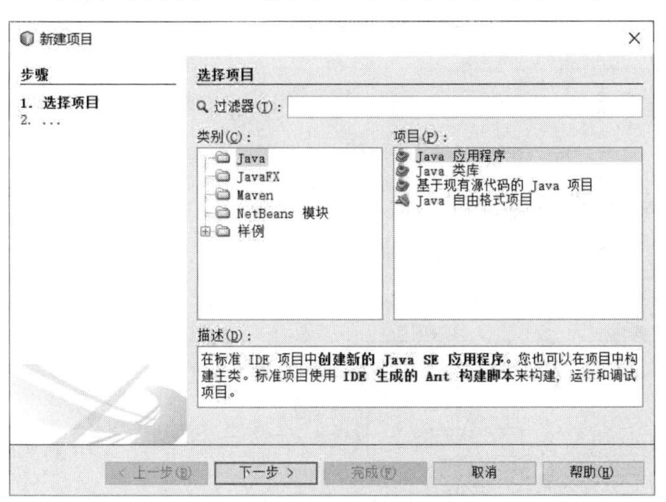

图 8.3　使用 NetBeans 创建 Java 项目

（3）打开“新建 Java 应用程序”对话框，在“项目名称”文本框中输入 project8_1，在“项目位置”中选择好项目保存的位置，取消选中“创建主类”复选框（后面自行添加主类），然后单击“完成”按钮，如图 8.4 所示。

（4）打开“新建文件”对话框，“类别”选择“Swing GUI 窗体”，“文件类型”选择“JFrame 窗体”，然后单击“下一步”按钮，如图 8.5 所示。

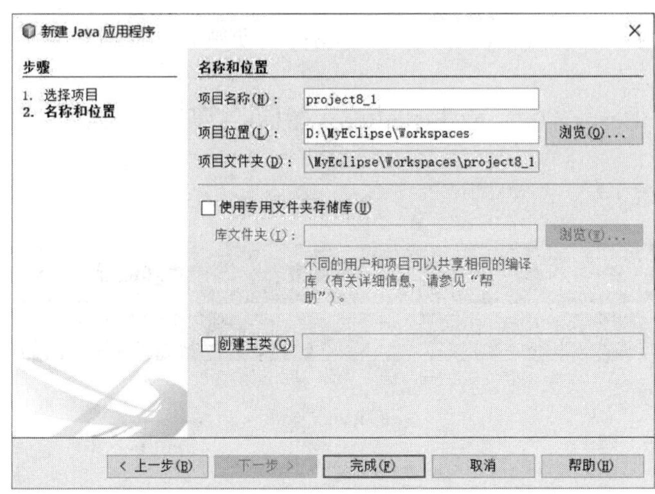

图 8.4　使用 NetBeans 创建 Java 应用程序

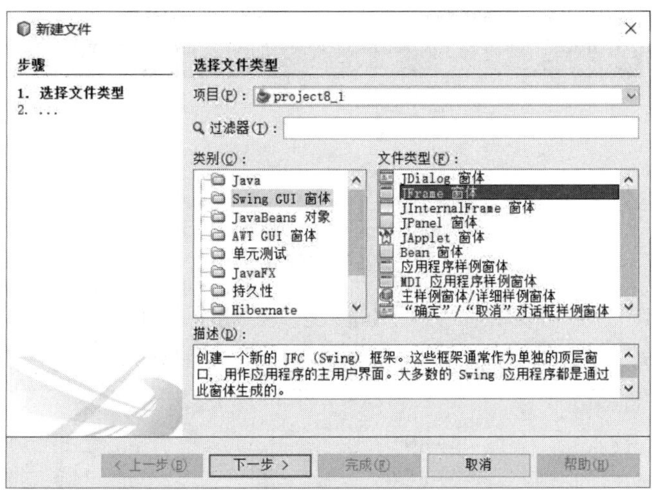

图 8.5　使用 NetBeans 创建 JFrame 窗体

（5）打开“New JFrame 窗体”对话框，在“类名”文本框中输入 AddEmployee，单击“完成”按钮，如图 8.6 所示。

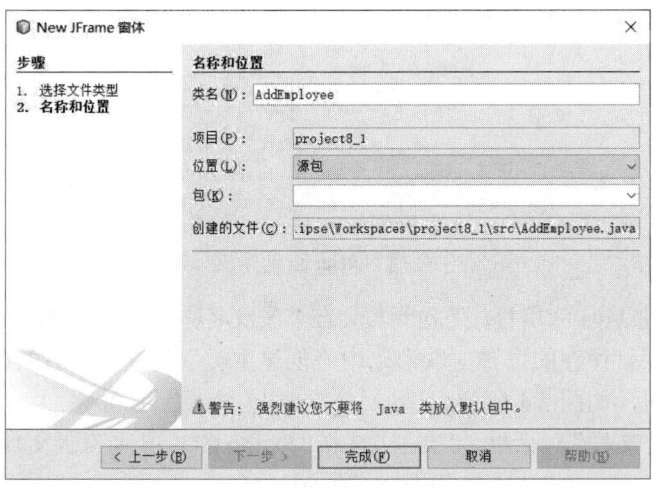

图 8.6　新建添加职员信息的窗体类

（6）进入窗体设计视图的编辑界面，如图 8.7 所示。在此界面，可以来设计添加职员信息的用户交互界面。

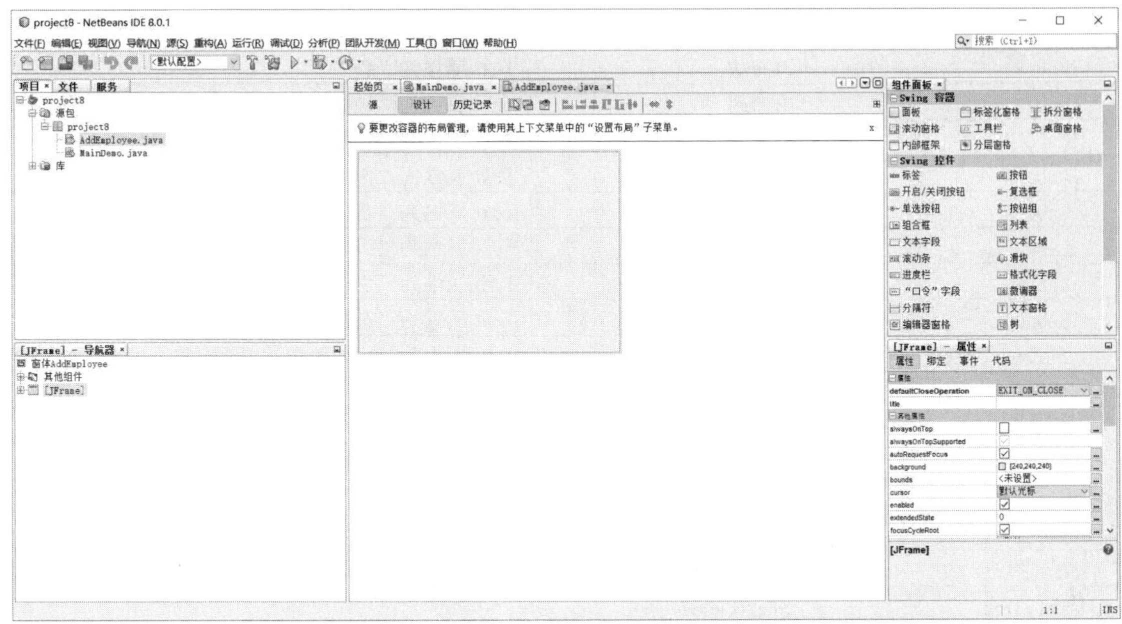

图 8.7　NetBeans 的设计视图编辑界面

（7）调整主窗体的宽和高，依次从右面控件面板中拖曳相应控件至窗体中的合适位置，如图 8.8 所示。

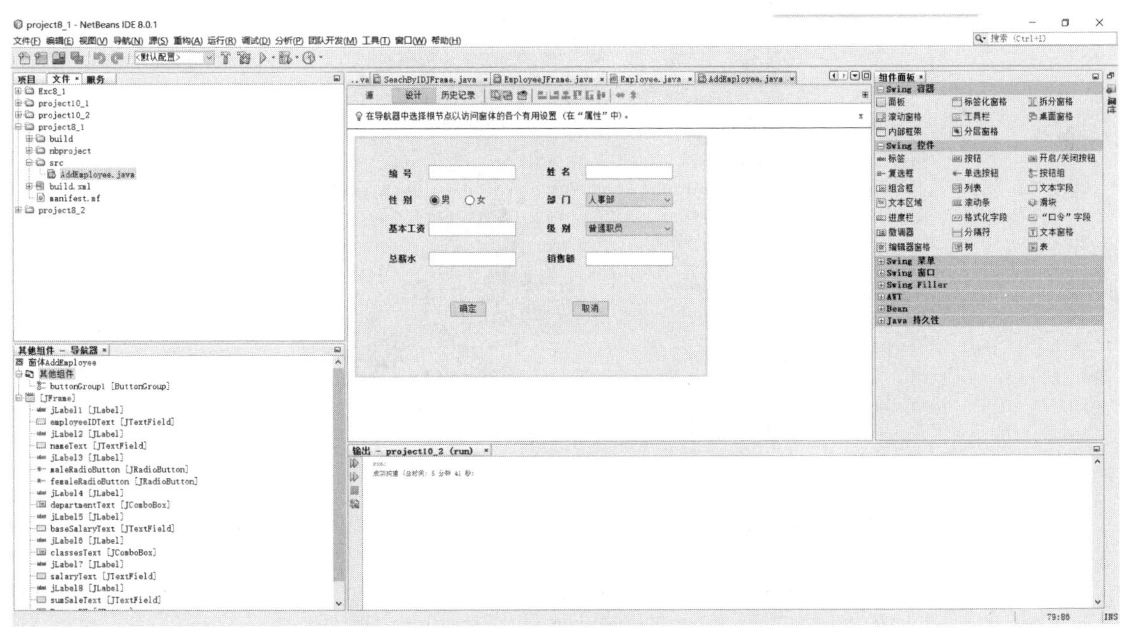

图 8.8　在设计视图中为 JFrame 对象添加组件

所需的组件及有关组件的属性设置如表 8.1 所示。

（8）为“确定”按钮添加事件处理，获得用户的输入，操作如下。右击“确定”按钮，在弹出的快捷菜单中选择“属性”命令，打开属性事件选择对话框，选择 actionPerformed 属性，如图 8.9 所示。

表 8.1　交互界面所需组件

组件名称	组件类型	说　明
jLabell	JLabel	其 Text 属性为“编号”
jLabel2	JLabel	其 Text 属性为“姓名”
jLabel3	JLabel	其 Text 属性为“性别”
jLabel4	JLabel	其 Text 属性为“部门”
jLabel5	JLabel	其 Text 属性为“基本工资”
jLabel6	JLabel	其 Text 属性为“级别”
jLabel7	JLabel	其 Text 属性为“总薪水”
jLabel8	JLabel	其 Text 属性为“销售额”
employeeIDText	JTextField	其 Text 属性为空，用来填写“编号”
nameText	JTextField	其 Text 属性为空，用来填写“姓名”
maleRadioButton	JRadioButton	其 Text 属性为男，用来选择性别“男”
femaleRadioButton	JRadioButton	其 Text 属性为男，用来选择性别“女”
departmentText	JComboBox	其 model 属性为人事部、销售部、财务部
baseSalaryText	JTextField	其 Text 属性为空，用来填写“基本工资”
classesText	JComboBox	其 model 属性为普通职员、部门经理、销售职员
salaryText	JTextField	其 Text 属性为空，用来填写“总工资”
sumSaleText	JTextField	其 Text 属性为空，用来填写“销售额”
ButtonOK	JButton	其 Text 属性为“确定”
ButtonCancel	JButton	其 Text 属性为“取消”

图 8.9　为“确定”按钮添加单击事件处理方法

（9）将 actionPerformed 属性值改为 ButtonOKActionPerformed，关闭属性对话框后，NetBeans 自动为 ButtonOK 按钮添加 ActionListener 监听器，调用刚才创建的 ButtonOKActionPerformed() 方法，自动生成代码如下。

```
ButtonOK.addActionListener(new Java.awt.event.ActionListener(){
   public void actionPerformed(Java.awt.event.ActionEvent evt) {
      ButtonOKActionPerformed(evt);
   }
});
```

```
private void ButtonOKActionPerformed(Java.awt.event.ActionEvent evt) {
}
```

（10）继续在 ButtonOKActionPerformed()方法内添加代码，获取用户的输入并在控制台打印信息，代码如下。

```
private void ButtonOKActionPerformed(Java.awt.event.ActionEvent evt) {
  String employeeID = this.employeeIDText.getText();
  String name = this.nameText.getText();
  String sex;
  if(this.maleRadioButton.isSelected()){
    sex ="男";
  }else{
    sex ="女";
  }
  String department = this.departmentText.getSelectedItem().toString();
  float baseSalary = Float.parseFloat(this.baseSalaryText.getText());
  String classes = this.classesText.getSelectedItem().toString();
  float salary = Float.parseFloat(this.salaryText.getText());
  System.out.println("职员编号: "+employeeID);
  System.out.println("职员姓名: "+name);
  System.out.println("性别: " + sex);
  System.out.println("部门: "+department);
  System.out.println("级别: " + classes);
  System.out.println("基本工资: "+baseSalary);
  System.out.println("总薪水: "+salary);
}
```

（11）类似地，为“取消”按钮添加事件处理，当单击该按钮时，退出程序运行。操作如下。右击“取消”按钮，在弹出的快捷菜单中选择“属性”命令，打开属性事件选择对话框，选择 actionPerformed 属性，将 actionPerformed 属性值改为 ButtonCancelActionPerformed，关闭属性对话框，在 ButtonCancelActionPerformed()方法内添加如下代码。

```
private void ButtonCancelActionPerformed(java.awt.event.ActionEvent evt) {
   System.exit(0);
}
```

（12）运行用户输入界面，输入职员信息如图 8.10 所示。

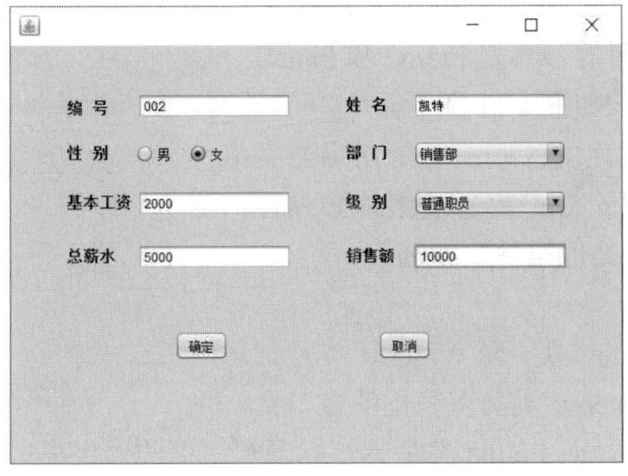

图 8.10　在交互界面添加职员信息

（13）当单击“确定”按钮后，控制台输出信息如下。

```
职员编号: 002
职员姓名: 凯特
性别: 女
```

```
部门：销售部
级别：普通职员
基本工资：2000.0
总薪水：5000.0
```

8.1.2 知识集萃

图形用户界面（Graphics User Interface，GUI）是为应用程序提供一个图形化的界面。GUI 使用图形的方式是借助菜单、按钮等标准界面元素和鼠标操作，帮助用户方便地向计算机系统发出命令、启动操作，并将系统运行的结果同样以图形的方式显示给用户，使一个应用程序具有画面生动、操作简便的特性。

为了方便编程人员开发图形用户界面，Java 提供了抽象窗口工具包（Abstract Windowing ToolKit，AWT）和 Swing 包两个图形用户界面工具包。在这两个工具包中提供了丰富的类库来支持编程人员创建与平台无关的用户界面。编程人员可方便地使用这个类库来生成各种标准图形界面元素和处理图形界面的各种事件。

本章讨论图形用户界面中所用组件的构造方法、常用方法、与组件相关的事件及事件接口，每一个组件都给出了具体的应用实例，以帮助读者更好地掌握图形用户界面的设计方法。首先介绍如何使用 AWT 包进行 GUI 程序设计。

1. AWT 容器

容器的主要作用是实现图形界面和组织其他组件，是用来组织其他图形界面的最基础的单元，如一个窗口。容器内部可以包含许多其他界面元素，也可以包含另一个容器，这个容器再包含更多的元素。

AWT 容器分为两类：外部容器和内部容器。其中，外部容器一般会独立存在，如 Frame 类等；而内部容器则会嵌套在外部容器内使用，如 Panel 类等。

（1）Panel（为组件提供空间）和 Applet 是无边框的容器组件。

（2）ScrollPane 是具有边框且带有滚动条的容器组件。

（3）Window、Frame、Dialog、FileDialog 等都是有边框的容器组件且可以移动、放大、缩小、关闭等。

（4）其中两个最常用的容器是 Frame 和 Panel。

AWT 容器的层次结构如图 8.11 所示。

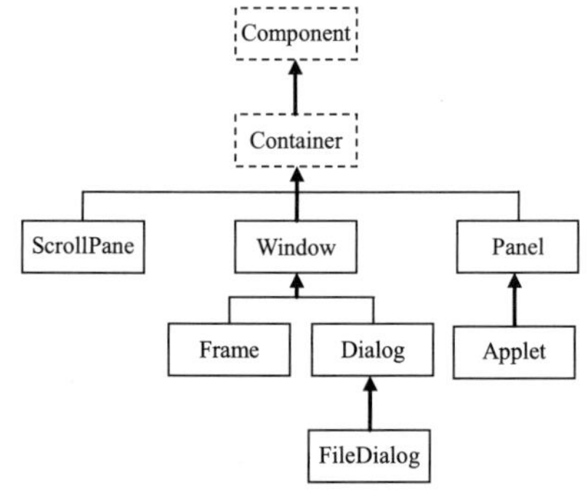

图 8.11 AWT 容器的层次结构

容器类组件与普通组件的区别：一是在容器类组件上面可以添加另外的组件；二是容器类组件必须提供专门的工具来控制其面板中其他组件的布局。

1）Frame 容器

Frame 类继承于 Window 类，而 Window 类是继承于 Container 类的，但是 Window 类只有简单的窗口框，没有通用的标题栏、边框等，而 Frame 类是带有标题和边框的顶层窗口。

（1）构造方法。

```
public Frame()
public Frame(String title)
```

（2）常用方法。

```
public void setSize(int width,int height)          //设置宽和高
```

```
public void setVisible(boolean v)                //设置窗口是否可见
public void setResizable(boolean b)              //设置是否可调大小
public void setIconImage(Image m)                //设置窗口图标
public void setBounds(int x,int y,int w,int h)   //设置窗口位置和尺寸
public void pack()                               //以紧凑方式显示
public void setMenuBar(MenuBar m)                //设置菜单
```

创建 Frame 类对象的用法有两种：一种是在定义的类内通过构造方法生成 Frame 实例，另一种是通过子类继承 Frame 来实现。

【例 8-1】创建 Frame 类对象的两种用法。

第一种：

```
package ep1_1;
import java.awt.*;
class FrameDemo{
   public static void main(String[] args) {
        Frame f=new Frame ("Frame示例1");         //创建一个带标题的窗口
        f.setSize(400, 300);                     //设置窗口的大小为400×300
        f.setVisible(true) ;                     //设置窗口为可见
   }
}
```

运行结果如图 8.12 所示。

图 8.12　Frame 类对象的第一种用法

第二种：

```
package ep1_2;
import java.awt.*;
class FrameDemo extends Frame{
   FrameDemo(String str) {                       //类的构造函数
       super(str) ;                              //调用父类Frame的构造函数
       setSize(400,300);
       setVisible(true);
   }
}
//主类
class FrameTest{
   public static void main(String args[]){
       //调用FrameDemo类的构造函数并实例化一个带标题的窗口
       FrameDemo FD = new FrameDemo("Frame示例2");
   }
}
```

2）Panel 容器

Panel 是最简单的容器类，应用程序可以将其他组件放在面板提供的空间内，这些组件可以

包括其他面板。

构造方法如下。

```
Panel()                                    //使用默认的布局管理器创建新面板
Panel(LayoutManager layout)                //创建具有指定布局管理器的新面板
```

【例 8-2】Panel 容器示例。

```
import java.awt.*;
  class PanelEx{
      public static void main(String[] args){
        Frame f=new Frame("Panel示例");      //创建一个带标题的窗口f
        f.setLayout(new GridLayout(2,2));
        Panel p1=new Panel() ;               //创建新的Panel对象p1
        p1.setBackground(Color.yellow) ;     //给p1设置背景颜色为黄色
        f.setBackground(Color.blue);         //给窗口f设置背景颜色为蓝色
        f.setSize(500,400);                  //设置窗口的大小为500×400
        f.add(p1);
        f.setVisible(true) ;                 //设置窗口可见
      }
}
```

程序运行结果如图 8.13 所示。

图 8.13　Panel 类用法示例

3）滚动面板 ScrollPane

ScrollPane 是带有滚动条的 Panel，它单独使用时和 Panel 一样，没有什么区别。在使用时必须将所有组件放到一个 Panel 中，再将 Panel 放在 ScrollPane 中即可。

构造方法如下。

```
public ScrollPane()                        //不带任何参数，按默认方式创建
public ScrollPane(int type)
```

其中，type 有 3 种取值，具体如下。

❖ ScrollPane.SCROLLBARS_AS_NEEDED：按需要显示滚动条。

❖ ScrollPane.SCROLLBARS_NONE：不需要显示滚动条。

❖ ScrollPane.SCROLLBARS_ALWAYS：永远都要显示滚动条。

ScrollPane 不需要编程人员去处理滚动事件，它都是自动完成的。

【例 8-3】ScrollPane 的示例。

```
import java.awt.*;
```

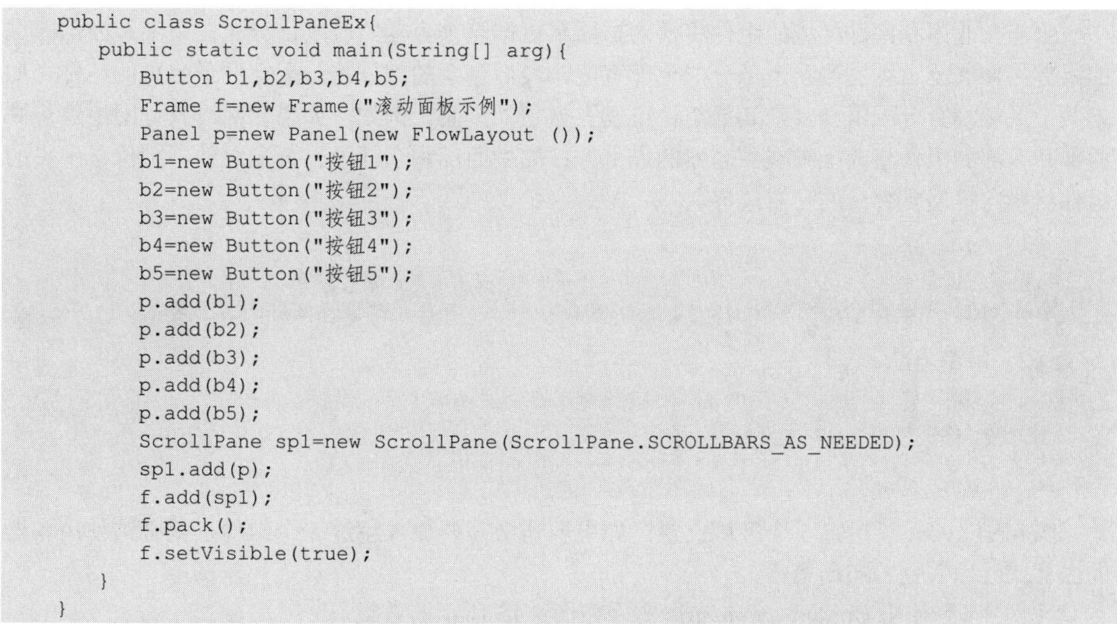

```
public class ScrollPaneEx{
    public static void main(String[] arg){
        Button b1,b2,b3,b4,b5;
        Frame f=new Frame("滚动面板示例");
        Panel p=new Panel(new FlowLayout ());
        b1=new Button("按钮1");
        b2=new Button("按钮2");
        b3=new Button("按钮3");
        b4=new Button("按钮4");
        b5=new Button("按钮5");
        p.add(b1);
        p.add(b2);
        p.add(b3);
        p.add(b4);
        p.add(b5);
        ScrollPane sp1=new ScrollPane(ScrollPane.SCROLLBARS_AS_NEEDED);
        sp1.add(p);
        f.add(sp1);
        f.pack();
        f.setVisible(true);
    }
}
```

程序运行结果如图 8.14 所示，横向拖动滚动条，可以看到按钮 4 和按钮 5。

2. 布局管理器

选择容器之后，就需要设置容器中各个组件的位置和大小，也就是需要使用容器的布局管理器来确定组件的布局（Layout）。

Java 提供了多种布局，如边界布局（Border Layout）、顺序布局（Flow Layout）、卡片布局（Card Layout）和网格布局（Grid Layout）等。

每个布局编辑类对应一种布局策略。在编程过程中，先要创建指定布局方式类的对象，然后调用容器类的 setLayout()方法来指定所需的布局方式。

例如：

```
frame.setLayout(new GridLayout(2,2));
```

下面着重介绍常用的 4 种布局管理器，其余的可参考 Java API 的用法手册。

1）BorderLayout 布局

BorderLayout 布局将容器内的空间划分为东、南、西、北、中 5 个方位，并指明组件所在的方位，它是 Window、Dialog 和 Frame 的默认布局方式。

这 5 个区域分别用字符串常量 East、West、South、North、Center 表示。向这个容器内每加入一个组件都应该指明把它放在容器的哪个区域中，如图 8.15 所示。

图 8.14　ScrollPane 用法示例

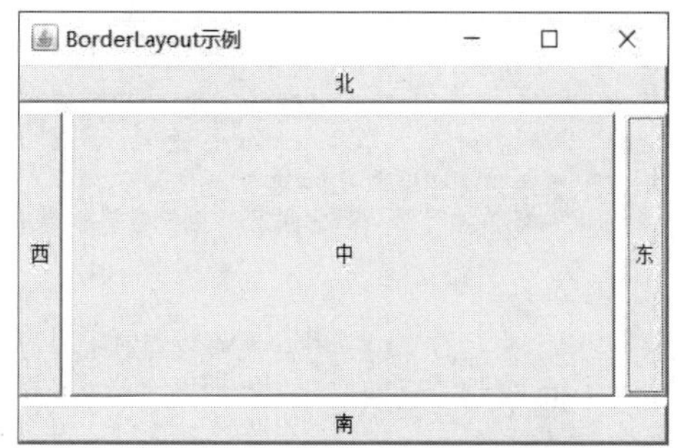

图 8.15　BorderLayout 布局示例

分布在北部和南部区域的组件将横向扩展至占据整个容器的长度，分布在东部和西部区域的组件将伸展至占据容器剩余部分的全部宽度，最后剩余的部分将分配给位于中央的组件。如果某个区域没有分配组件，则其他组件可以占据它的空间。例如，如果北部没有分配组件，则西部和东部的组件将向上扩展到容器的最上方；如果西部和东部没有分配组件，则位于中央的组件将横向扩展到容器的左右边界。

（1）构造方法。

```
BorderLayout()                          //构造一个组件之间没有间距的新边界布局
BorderLayout(int hgap, int vgap)    //用指定的组件之间的水平间距构造一个边界布局
```

（2）常用方法。

```
getHgap()                               //返回组件之间的水平间距
setHgap(int hgap)                       //设置组件之间的水平间距
getVgap()                               //返回组件之间的垂直间距
setVgap(int vgap)                       //设置组件之间的垂直间距
```

BorderLayout 只指定 5 个区域位置，如果容器中需要加入超过 5 个组件，就必须使用容器的嵌套或改用其他的布局策略。

【例 8-4】 使用 BorderLayout 布局实现如图 8.15 所示的效果。

```
import java.awt.*;
class BorderLayoutEx{
   public static void main(String[] args){
      Frame f= new Frame("BorderLayout示例");
      //设置布局为BorderLayout，并指定组件间隔为5
      f.setLayout(new BorderLayout(5,5));
      Button btn1=new Button("东");
      Button btn2=new Button("南");
      Button btn3=new Button("西");
      Button btn4=new Button("北");
      Button btn5=new Button("中");
      f.add(btn1,BorderLayout.EAST);
      f.add(btn2,BorderLayout.SOUTH);
      f.add(btn3,BorderLayout.WEST);
      f.add(btn4,BorderLayout.NORTH);
      f.add(btn5,BorderLayout.CENTER);
      f.setSize(400,250);
      f.setVisible(true);
   }
}
```

2）FlowLayout 布局

FlowLayout 布局是将容器中的组件按照加入的先后顺序从左向右排列的，当一行排满之后就转到下一行继续从左向右排列。FlowLayout 是 Panel、Applet 默认使用的布局编辑策略。

（1）构造方法。

```
FlowLayout()                            //构造一个新的FlowLayout，居中对齐，采用默认的水平和垂直间隙
FlowLayout(int align)                   //构造一个新的FlowLayout，对齐方式是指定的，默认的水平和垂直间隙
FlowLayou(int align,int hgap,int vgap)
//创建一个新的流式布局管理器，具有指定的对齐方式以及指定的水平和垂直间隙
```

（2）常用方法。

```
getHgap()                               //返回组件之间的水平间距
setHgap(int hgap)                       //设置组件之间的水平间距
getVgap()                               //返回组件之间的垂直间距
setVgap(int vgap)                       //设置组件之间的垂直间距
```

【例 8-5】使用 FlowLayout 布局添加 3 个按钮的示例。

```
import java.awt.*;
class FlowLayoutEx{
  public static void main(String[] args){
    Frame f=new Frame("FlowLayout示例");      //创建一个带标题的窗口f
    f.setLayout(new FlowLayout());
    Button button1, button2, button3;
    button1 = new Button("确定");
    button2 = new Button("打开");
    button3 = new Button("关闭");
    f.add(button1);
    f.add(button2);
    f.add(button3);
    f.setSize(200, 100);
    f.setVisible(true) ;              //设置窗口可见
  }
}
```

程序运行结果如图 8.16 所示。

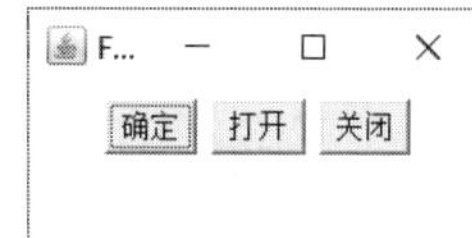

图 8.16　FlowLayout 用法示例

3）CardLayout 布局

CardLayout 将容器中的每个组件看作一张卡片，一次只能看到一张卡片，而容器充当卡片的堆栈。当容器第一次显示时，第一个添加到 CardLayout 对象的组件为可见组件。卡片的顺序由组件对象本身在容器内部的顺序决定。

（1）构造方法。

```
CardLayout()                       //使用默认（间隔为0）方式创建一个对象
CardLayout(int hgap,int vgap)      //使用hgap指定的水平间隔和vgap指定的垂直间隔创建一个对象
```

（2）常用方法。

```
show(Container parent, String name)
//翻转到已添加到此布局（使用addLayoutComponent）中具有指定name的组件
first(Container parent)            //翻转到指定容器的第一张卡片
next(Container parent)             //翻转到指定容器的下一张卡片
previous(Container parent)         //翻转到指定容器的前一张卡片
last(Container parent)             //翻转到指定容器的最后一张卡片
setHgap(int hgap)                  //设置组件之间的水平间隙
setVgap(int vgap)                  //设置组件之间的垂直间隙
getHgap()                          //获得组件之间的水平间隙
getVgap()                          //获得组件之间的垂直间隙
```

【例 8-6】CardLayout 布局示例。

```
import java.awt.*;
class CardLayoutEx{
  public static void main(String[] args){
    Frame f;
    CardLayout card;
    f = new Frame("CardLayout示例");
    Button btn1=new Button("第一张卡片");
    Button btn2=new Button("第二张卡片");
    Button btn3=new Button("第三张卡片");
    card=new CardLayout(10,10);    //设置卡片和容器的间隔距离
    f.setLayout(card);
    f.add(btn1,"page1");           //将按钮btn1加到f中，并命名为page1
    f.add(btn2,"page2");
    f.add(btn3,"page3");
    card.show(f,"page2");          //显示第二张卡片
```

```
        f.setSize(200,150);
        f.setVisible(true);
    }
}
```

程序运行结果如图 8.17 所示。

图 8.17　CardLayout 用法示例

4）GridLayout 布局

如果界面上需要放置的组件较多且组件的大小又基本一致，如计算器面板，使用 GridLayout 布局策略是最佳的选择。

GridLayout 的布局是把容器的空间划分为若干行、若干列的网格区域，而每个组件按添加的顺序从左向右、从上向下地占据这些网格。

（1）构造方法。

```
GridLayout()                          //按默认（1行1列）方式创建一个GridLayout布局
GridLayout(int rows, int cols)        //创建一个具有rows行cols列的GridLayout布局
GridLayout(int rows,int cols,int hgap,int vgap)
//按指定行数rows、列数cols、水平间隔hgap和垂直间隔vgap创建一个GridLayout布局
```

（2）常用方法。

```
setHgap(int hgap)                     //设置组件之间的水平间隙
setVgap(int vgap)                     //设置组件之间的垂直间隙
setColumns(int cols)                  //将此布局中的列数设置为指定值
setRows(int rows)                     //将此布局中的行数设置为指定值
getHgap()                             //获得组件之间的水平间隙
getVgap()                             //获得组件之间的垂直间隙
getColumns()                          //获取此布局中的列数
getRows()                             //获取此布局中的行数
```

【例 8-7】使用 GridLayout 的布局，在容器中放入 6 个按钮。

```
import java.awt.*;
class GridLayoutEx{
    public static void main(String[] args){
        Frame f;
        f = new Frame("GridLayout示例");
        f.setLayout(new GridLayout(3,2));
        f.add(new Button("1"));
        f.add(new Button("2"));
        f.add(new Button("3"));
        f.add(new Button("4"));
        f.add(new Button("5"));
        f.add(new Button("6"));
        f.setSize(300,200);
        f.setVisible(true);
    }
}
```

程序运行结果如图 8.18 所示。

图 8.18　GridLayout 用法示例

3. 事件处理

1）事件处理机制

前面讲解了如何放置各种组件使图形界面更加美观，但它们目前也仅仅是放在容器中一个个“中看却不中用”的物件，并无实用价值。因为这些组件还不能对用户的任何操作做出任何响应。若要使图形界面中的这些组件能够对用户操作做出相

应的反馈和响应，就必须为各个组件对特定的组件操作加上相应的事件处理。

在事件处理的过程中，主要有如下 3 种类对象。

（1）事件源。事件发生的场所，通常就是各个组件，如按钮 Button。

（2）事件。用户对组件的操作在 Java 语言上的描述，以类的形式出现，如键盘操作对应的事件类是 KeyEvent。

（3）事件处理者。接收事件对象并对其进行处理的对象。

例如，在现实生活中，如果某人患病了，人们就会拨打 120 急救电话，将病人送到医院由具体某个医生来治疗。那么病人就是事件源，所患的病就是事件，接诊医生就是事件处理者。而在 Java 应用程序中，如果用户用鼠标单击了按钮对象 button，则该按钮 button 就是事件源，用户单击鼠标就是一个事件，Java 运行时系统会生成 ActionEvent 类的一个对象 actionEvent，该对象描述了本次鼠标单击事件发生时的有关信息，然后事件处理者将接收由 Java 运行时系统传递过来的事件对象 actionEvent 并对其进行相应的处理。

再如，现实生活中某人可能会患病也可能会发生各种紧急事件，家里可能还会发生火险，发生不同事情，人们可以拨打不同的特服号码请不同的机构处理。同样在 Java 应用程序中，同一个事件源上可能发生多种事件，因此 Java 采取了委托处理机制，事件源可以把自身所有可能发生的事件分别委托给不同的事件处理者来处理。例如，在 button 对象上既可能发生鼠标事件，也可能发生键盘事件，该 button 对象就可以委托鼠标事件处理者来处理鼠标事件，或者委托键盘事件处理者来处理键盘事件。

通常将事件处理者称为监听器，各个监听器时刻监听着事件源上所有发生的事件类型，一旦监听到某个事件类型与自己负责处理的事件类型相一致，就马上进行处理。

委托模型把事件的处理委托给外部的处理实体进行处理，实现了将事件源和事件监听器分开的机制。事件处理者（监听器）通常是一个类，该类如果要处理某种类型的事件，就必须实现与该事件类型相对应的接口。

使用委托处理模型进行事件处理的一般方法如下。

（1）对于某种类型的事件，要想接收并处理这类事件，必须定义相应的事件监听器类，该类需要实现与该事件相对应的监听器接口。

（2）事件源实例化以后，必须进行委托，注册该类事件的监听器，作为事件源的组件应提供注册监听器的方法（AWT 的组件类中提供了注册和注销监听器的方法）。

2）事件类

AWT 的相关事件类继承自 java.awt.AWTEvent 类，由它派生出 AWT 事件的各种类和接口，这些类和接口都位于 java.awt.event 包中，通常把这些事件称为 AWTEvent。AWTEvent 类的层次结构如图 8.19 所示。

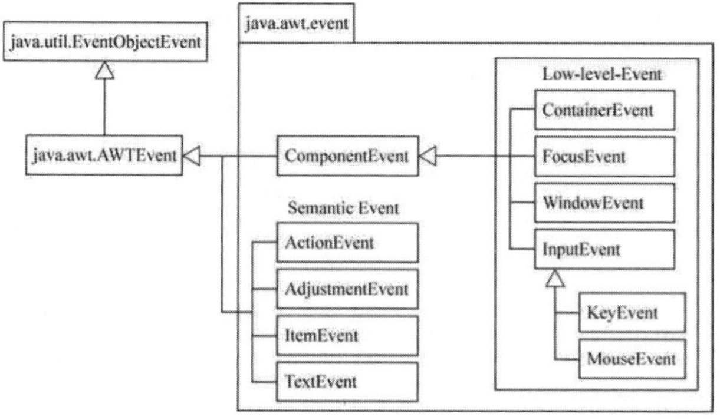

图 8.19　java.awt.event 包的层次结构

这些 AWT 事件是由鼠标的进入、单击、拖放等或针对组件的窗口开关等动作触发组件事件的，具体如下。

- ❖ ComponentEvent（组件事件：组件尺寸的变化、移动）。
- ❖ ContainerEvent（容器事件：组件增加、移动）。
- ❖ WindowEvent（窗口事件：关闭窗口、窗口闭合、图标化）。
- ❖ FocusEvent（焦点事件：焦点的获得和丢失）。
- ❖ KeyEvent（键盘事件：键按下、释放）。
- ❖ MouseEvent（鼠标事件：鼠标单击、移动）。
- ❖ ActionEvent（动作事件：按钮按下，如在 TextField 中按 Enter 键）。
- ❖ AdjustmentEvent（调节事件：在滚动条上移动滑块以调节数值）。
- ❖ ItemEvent（项目事件：选择项目，不选择“项目改变”)。
- ❖ TextEvent（文本事件：文本对象改变）。

3）事件监听器

每类事件都有对应的事件监听器，监听器是接口，它根据组件上发生的动作来定义相应的方法。

例如，与鼠标事件 MouseEvent 相对应的接口如下。

```
public interface MouseListener extends EventListener{
  public void mouseClicked(MouseEvent e);
  public void mousePressed(MouseEvent e);
  public void mouseReleased(MouseEvent e);
  public void mouseEntered(MouseEvent e);
  public void mouseExited(MouseEvent e);
}
```

在 Java 应用程序运行中发生事件时，系统会根据事件类型调用相应的方法，具体如下。

- ❖ 单击组件（按下并释放）时调用 mouseQicked(MouseEvent e)方法。
- ❖ 鼠标进入组件上时调用 mouseEntered(MouseEvent e)方法。
- ❖ 鼠标离开组件时调用 mouseExited(MouseEvent e)方法。
- ❖ 鼠标按键在组件上按下时调用 mousePressed(MouseEvent e)方法。
- ❖ 鼠标按钮在组件上释放时调用 mouseReleased(MouseEvent e)方法。

事件类、监听器接口和方法的对应关系如表 8.2 所示。

表 8.2　事件类、监听器接口和方法的对应关系

事 件 类	接　口	方　　法
ActionEvent	ActionListener	actionPerformed(ActionEvent)
ItemEvent	ItemListener	itemStateChanged(ItemEvent)
MouseEvent	MouseMotionListener	mouseDragged(MouseEvent)
		mouseMoved(MouseEvent)
MouseEvent	MouseListener	mousePressed(MouseEvent)
		mouseReleased(MouseEvent)
		mouseEntered(MouseEvent)
		mouseExited(MouseEvent)
		mouseClicked(MouseEvent)
KeyEvent	KeyListener	keyPressed(KeyEvent)
		keyReleased(KeyEvent)
		keyTyped(KeyEvent)

续表

事 件 类	接 口	方 法
FocusEvent	FocusListener	focusGained(FocusEvent)
		focusLost(FocusEvent)
AdjustmentEvent	AdjustmentListener	adjustmentValueChanged(AdjustmentEvent)
ComponertEvent	ComponentListener	ComponentMoved(ComponentEvent)
		ComponentHidden(ComponentEvent)
		ComponentResized(ComponentEvent)
		ComponentShown(ComponentEvent)
WindowEvent	WindowListener	windowClosing(WindowEvent)
		windowOpened(WindowEvent)
		windowIconified(WindowEvent)
		windowDeiconified(WindowEvent)
		windowClosed(WindowEvent)
		windowActivated(WindowEvent)
		windowDeactivated(WindowEvent)
ContainerEvent	ContainerListener	componentAdded(ContainerEvent)
		componentRmoved(ContainerEvent)
TextEvent	TextListener	textValueChanged(TextEvent)

组件事件处理编程步骤一般如下。

（1）实现某一事件的监听器接口（定义事件处理类并实现监听器接口）。

（2）在事件处理类中重写（实现）事件处理的方法体。

（3）在创建组件时注册事件处理代码以指定该事件的监听器（响应者）是谁。

【例 8-8】窗口事件监听器示例。

```
import java.awt.*;
import java.awt.event.WindowListener;
import java.awt.event.WindowEvent;
class WindowListenerDemo{
   public static void main(String[] args){
      Frame f = new Frame("窗口监听器示例");
      f.add(new Button("确定"));
      f.setSize(300,300);
      f.setVisible(true);
      f.addWindowListener(new MyWindowListener());     //注册监听器
   }
}
class MyWindowListener implements WindowListener{
   public void windowOpened(WindowEvent e){
   }
   public void windowClosing(WindowEvent e){           //Closing关闭窗口
       e.getWindow().setVisible(false);
       (e.getWindow()).dispose();
       System.exit(0);                                  //退出程序
   }
   public void windowClosed(WindowEvent e){            //Closed已经关闭窗口
   }
   public void windowIconified(WindowEvent e){
   }
   public void windowDeiconified(WindowEvent e){
   }
   public void windowActivated(WindowEvent e){
```

```
    }
    public void windowDeactivated(WindowEvent e){
    }
}
```

程序运行时，会弹出一个如图 8.20 所示的窗口，当单击右上角的“关闭”按钮，将会触发窗口事件 WindowEvent 中的关闭窗口事件并执行对应的 windowClosing(WindowEvent e)方法，退出程序的执行。

图 8.20　窗口监听器示例

从上面的程序代码中可以看到，类 MyWindowListener 在实现 WindowListener 监听器接口时，虽然按实现接口的语法要求，把其中的所有方法都重写（实现）了一遍，但真正添加了有效代码的只有 windowClosing(WindowEvent e)一个方法；而对于其他事件方法，由于本程序中不需要它们给出具体的响应处理，都是以重写空方法的方式予以实现的。

4）事件适配器

Java 语言为一些 Listener 接口提供了事件适配器（Adapter）。事件适配器实际也是 Java 的类。这些 Adapter 类已经实现了事件监听器接口，并重写了监听器接口中的所有抽象方法。当使用时，程序员通过继承 Adapter 类，只需要重写程序中需要的方法，无关的方法可以不用重写，这样就可以大大缩短程序的代码。

事件适配器提供了一种简单的实现监听器的手段，但是由于 Java 的单一继承机制，当程序中需要多种监听器或者实现类已有其他父类时，就无法采用事件适配器。

java.awt.event 包中定义的事件适配器类包括以下几个。

❖ ComponentAdapter（组件适配器）。
❖ ContainerAdapter（容器适配器）。
❖ FocusAdapter（焦点适配器）。
❖ KeyAdapter（键盘适配器）。
❖ MouseAdapter（鼠标适配器）。
❖ MouseMotionAdapter（鼠标运动适配器）。
❖ WindowAdapter（窗口适配器）。

下面将例 8-8 窗口事件监听器示例改写为事件适配器实现事件监听，以便对照学习，加深理解。

```
import java.awt.*;
import java.awt.event.WindowListener;
import java.awt.event.WindowEvent;
import java.awt.event.WindowAdapter;
class WindowListenerDemo{
  public static void main(String[] args){
     Frame f = new Frame ("窗口监听器示例");
     f.add(new Button ("确定"));
     f.setSize(300,300);
     f.setVisible(true);
     f.addWindowListener(new MyWindowListener());    //注册监听器
  }
}
class MyWindowListener extends WindowAdapter{
  public void windowClosing(WindowEvent e){          //Closing关闭窗口
```

```
        e.getWindow().setVisible(false);
        (e.getWindow()).dispose();
        System.exit(0);              //退出程序
    }
}
```

4. AWT 组件

java.awt 包含用于创建用户界面和绘制图形图像的所有类。在 AWT 术语中，诸如按钮或滚动条之类的用户界面对象称为组件。Component 类是所有 AWT 组件的根。

下面介绍 AWT 的常用组件的创建及使用方法，其他组件可参考 Java API 的用法手册。

1）标签 Label

（1）构造方法。

```
Label()                          //构造一个空标签
Label(String text)               //使用指定文本字符串构造一个新的标签，其文本对齐方式为左对齐
Label(String str,int align)      //构造一个显示指定文本字符串的新标签，其文本对齐方式为指定的方式
```

其中，align 为对齐方式，取值为 Label.LEFT、Label.RIGHT、Label.CENTER。

（2）常用方法。

```
getAlignment()                   //获取此标签的当前对齐方式
getText()                        //获取此标签的文本
setAlignment(int align)          //将此标签的对齐方式设置为指定的方式
setText(String text)             //将此标签的文本设置为指定的文本
```

2）按钮 Button

Button 类的功能是创建一个标签按钮，当按下该按钮时，应用程序执行某项操作。

（1）构造方法。

```
Button()                         //构造一个标签字符串为空的按钮
Button(String label)             //构造一个带指定标签的按钮
```

（2）常用方法。

- ❖ addActionListener(ActionListener l)：添加指定监听器，以接收来自此按钮的操作事件。
- ❖ getActionCommand()：返回此按钮激发的操作事件的命令名称。
- ❖ getActionListeners()：返回在此按钮上注册的所有操作监听器的一个数组。
- ❖ getLabel()：获得此按钮的标签。
- ❖ removeActionListener(ActionListener l)：移除指定的操作监听器，不再接收来自此按钮的操作事件。
- ❖ setActionCommand(String command)：设置此按钮激发的操作事件的命令名称。
- ❖ setLabel(String label)：将按钮的标签设置为指定的字符串。

（3）按钮事件。

按钮事件必须实现 ActionListener 接口，然后在事件处理方法 actionPerformed()中进行编程，具体如下。

```
public class ButtonHandler implements ActionListener{
    public void actionPerformed(ActionEvent e){
        if (e.getSource()==b)        //假设b为按钮对象
        System.out.println("我被单击了！");
    }
}
b.addActionListener(this);       //为按钮组件添加事件监听器
```

3）文本框 TextField

（1）构造方法。

```
TextField([String str])                          //参数str表示文本框初始显示的字符串
TextField(int n)                                 //参数n表示文本框能显示的字符长度
TextField(String s,int n)
```

（2）常用方法。

```
String getText()                                 //取得文本框的内容
String getSelectedText()                         //取得文本框中被选择的内容
void setText(String s)                           //设置文本框的内容
void setEchoChar(char c)                         //设置回显字符
void setEditable(boolean b)                      //设置文本框是否可以编辑
void setBackground(Color c)                      //设置背景颜色
void setForeground(Color c)                      //设置前景颜色
```

（3）文本框事件。

在文本框中按 Enter 键将会触发 ActionEvent 事件，需要实现 ActionListener 接口中的 actionPerformed()方法；如果文本框中的内容发生了改变，将引发 TextEvent 事件，需要实现 TextListener 接口中的 textValueChanged()方法。

【例 8-9】标签、按钮和文本框综合示例。

```
import java.awt.*;
import java.awt.event.*;
class ControlsEx implements ActionListener,TextListener{
   Frame f;
   TextField tfName,tfPWD;
   Label lName,lPwd,lTip;
   Button b = new Button("按我！");
   public static void main(String[] arg){
      new ControlsEx().init();
   }
   void init(){
      f=new Frame("标签、按钮和文本框综合示例");
      f.setLayout(new GridLayout(3,2));
      lName=new Label("请输入姓名",Label.RIGHT);    //创建标签并向右对齐
      lPwd=new Label("请输入密码",Label.RIGHT);
      lTip=new Label();
      tfName=new TextField("", 15);                 //创建文本框，大小为15个字符宽
      tfName.addTextListener(this);                 //添加监听器
      tfPWD=new TextField("",10);
      tfPWD.setEchoChar('#');                       //设置回显字符
      tfPWD.addActionListener(this);
      b.addActionListener(this);
      f.add(lName) ;                                //注意添加组件的顺序
      f.add(tfName);
      f.add(lPwd);
      f.add(tfPWD);
      f.add(lTip);
      f.add(b);
      f.pack();
      f.setVisible(true);
   }
   public void actionPerformed(ActionEvent e){
      if (e.getSource()==b)
         lTip.setText("按钮被单击了！");
      else lTip.setText("姓名："+tfName.getText()+"，密码："+tfPWD.getText());
   }
```

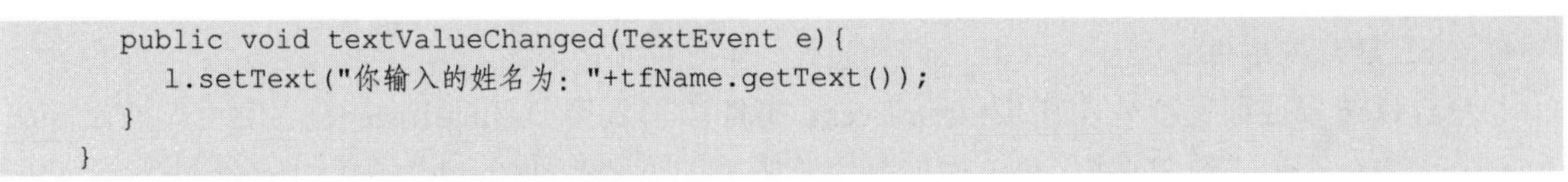

```
    public void textValueChanged(TextEvent e){
        l.setText("你输入的姓名为: "+tfName.getText());
    }
}
```

当在文本框中输入完毕，按 Enter 键，引发 ActionEvent 事件，程序运行结果如图 8.21（a）所示；当单击按钮时，也会触发 ActionEvent 事件，程序运行结果如图 8.21（b）所示。

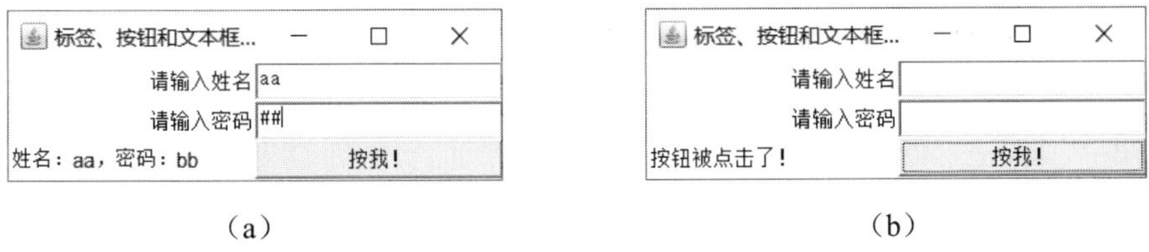

（a）　　　　　　　　（b）

图 8.21　标签、按钮和文本框综合示例运行结果

4）文本域 TextArea

（1）构造方法。

```
TextArea()
TextArea(int r, int c)                          //指定行数r列数c
TextArea(String s,int r,int c,int scroll)
```

其中，scroll 取值如下。

```
TextArea.SCROLLBARS_BOTH                        //水平和垂直滚动条都有
TextArea.SCROLLBARS_HORIZONTAL_ONLY             //只有水平滚动条
TextArea.SCROLLBARS_VERTICAL_ONLY               //只有垂直滚动条
TextArea.SCROLLBARS_NONE                        //没有滚动条
```

（2）常用方法。

```
String getText()                                //取得文本域内容
void setText(String s)                          //设置文本域内容
void append(String s)                           //将s追加到文本域中
int getCaretPosition()                          //取得当前插入位置
void insert(String s,int p)                     //在位置p处插入s
String getSelectedText()                        //取得选定文本
int getSelectionStart()                         //取得选定文本的起始位置
int getSelectionEnd()                           //取得选定文本的结束位置
void replaceRange(String ss, int s, int e)      //用ss代替文本域从s开始到e结束的内容
```

（3）文本域事件。

文本域内容发生变化会引发 TextEvent 事件，引入接口 TextListener，使用其抽象方法 textValueChanged()。给文本域 ta1 添加事件监听器的方法为 ta1.addTextListener(this)。

5）复选框 Checkbox

Checkbox 组件被称为复选框，它提供“选中/ON”和“未选中/OFF”两种状态。用户选中某个复选框会改变该复选框原有的状态。

（1）构造方法。

```
Checkbox([String str])
Checkbox(String s, boolean b)                   //是否选中
```

（2）常用方法。

```
void setState(boolean state)                    //设置复选框状态
boolean getState()                              //取得复选框状态
String getLabel()                               //取得复选框标题
```

（3）复选框事件。

复选框选择或取消变化会引发 ItemEvent 事件，引入接口 ItemListener，使用其抽象方法 itemStateChanged()。给复选框 chk1 添加事件监听器的方法：chk1.addItemListener(this)。

6）单选按钮

单选按钮实际是通过将若干个 Checkbox 包含在一个叫 CheckboxGroup 的类中来实现的，所以要使用单选按钮时必须先创建一个选框组 CheckboxGroup 对象，然后再创建若干个 Checkbox 对象，并将它们加到选框组中。

使用方法如下。

（1）定义选框组。

```
CheckboxGroup group=new CheckboxGroup();
```

（2）定义 Checkbox 创建单选框。

```
Checkbox(String str,boolean state,CheckboxGroup group)
```

其中，state 为单选框的初始选中状态，group 为已定义的选择组对象。

7）下拉列表框 Choice

Choice 组件称为下拉列表框。其特点是将所有选项折叠收藏在一起，只显示最前面的或被用户选中的一个。如果希望看到其他选项，只需单击下拉列表右边的下三角按钮就可以弹出所有选项的列表，用户可在这个列表中进行选择或者直接输入所要的选项。下拉列表与选项按钮类似，一次只能选择一项。

（1）构造方法。

```
Choice()
```

（2）常用方法。

```
void add(String item)                //向滚动列表的末尾添加指定的项
int getSelectIndex()                 //取得被选项索引号
String getSelectItem()               //取得被选项
void select(int pos | String str)    //选定指定选项
void insert(String item, int index)  //在指定位置插入选项
void remove(int pos | String str)    //删除指定位置或内容的选项
void removeAll()                     //删除所有选项
void getItem(int pos)                //取得指定位置选项
void getItemCount()                  //取得选项总数
```

（3）下拉列表事件。

与复选框事件类似，可通过如下方法获得下拉列表事件源。

```
if(e.getItemSelectable().equals(choice)){}
```

或

```
if(e.getSource() ==choice){}
```

8）列表 List

（1）构造方法。

```
List([int rows])
List(int rows,boolean multipleMode)
```

（2）常用方法。

```
add(String item)                     //向滚动列表的末尾添加指定的项
add(String item, int index)          //向滚动列表中索引指示的位置添加指定的项
int getSelectIndex()                 //取得被选项索引号
```

```
int[] getSelectIndexes()                          //取得多个被选项索引号
String getSelectItem()                            //取得被选项
String[] getSelectItems()                         //取得多个被选项
int getItemCount()                                //取得选项数
void select (int index)                           //选定指定选项
int getRows()                                     //取得可视行数
void remove(int pos | String str)                 //删除指定位置或内容的选项
void removeAll()                                  //删除所有选项
void deselect(int pos)                            //取消选定指定位置的选项
boolean isIndexSelected(int pos)                  //判断指定选项是否被选中
void setMultipleMode()                            //设置多选或单选模式
boolean isMultipleMode()                          //判断是否为多选模式
```

（3）列表事件。

单击触发 ItemEvent 事件，由 ItemListener 接口中的 ItemStateChanged()方法处理事件，用 getItemSelectable()方法获得事件源，用 addItemListener(this)方法添加监听器。

双击触发 ActionEvent 事件，由 ActionListener 接口中的 actionPerformed()方法处理事件，用 getSource()方法获得事件源，用 addActionListener(this)方法添加监听器。

【例 8-10】文本域、复选框、单选框、下拉列表和列表的综合示例。

```
import java.awt.*;
import java.awt.event.*;
public class CntrolsEx_2 implements ItemListener,ActionListener{
  TextArea ta;
  Label Intro1;
  Label Intro2;
  Label Intro3;
  String interests[]={"音乐","体育","购物","读书","上网"};
  Checkbox cb[]=new Checkbox[5];                  //声明5个复选框对象数组
  Checkbox c1;
  Checkbox c2;
  Choice colorChooser;
  Button b1,b2,b3;
  List list=new List(5) ;                         //创建一个可显示5行的多选模式列表对象
  Frame f;

  void init(){
    f = new Frame("多组件综合示例");
    f.setLayout(new FlowLayout());
    Intro1=new Label("请选择",Label.LEFT);
    f.add(Intro1);
    for (int i = 0; i < interests.length; i++) {  //遍历控件数组
      cb[i] = new Checkbox(interests[i]);         //初始化数组中的复选框组件
      f.add(cb[i]);                               //把数组元素(即每个复选框)添加到框架中
      cb[i].addItemListener(this);
    }
    Intro2=new Label("性别",Label.LEFT);
    f.add(Intro2);
    CheckboxGroup group=new CheckboxGroup();
    c1 = new Checkbox("男",true,group);
    c2 = new Checkbox("女",false,group);
    f.add(c1);
    f.add(c2);
    c1.addItemListener(this);
    c2.addItemListener(this);
    Intro3=new Label("喜欢颜色",Label.LEFT);
    f.add(Intro3);
    colorChooser = new Choice();
    colorChooser.add("红色");
```

```
        colorChooser.add("蓝色");
        colorChooser.add("绿色");
        f.add(colorChooser);
        colorChooser.addItemListener(this) ;        //给列表框添加事件监听器
        ta=new TextArea(5,20);
        f.add(ta);
        list.add("123");
        f.add(list);
        list.addItemListener(this);                 //添加列表的单击监听器
        list.addActionListener(this);               //添加列表的双击监听器
        b1=new Button("加入");
        f.add(b1);
        b1.addActionListener(this);
        b2=new Button("删除");
        f.add(b2);
        b2.addActionListener(this);
        b3=new Button("删除全部");
        f.add(b3);
        b3.addActionListener(this);
        f.setSize(350, 300);
        f.setVisible(true);
    }
    public void itemStateChanged(ItemEvent e){
        if (e.getSource() == colorChooser) {
            ta.setText("你选中的是: ["+ colorChooser.getSelectedItem() + "] 序号是: "
            + colorChooser.getSelectedIndex());
        }else if (e.getSource() == c1 || e.getSource() == c2){
                ta.setText("你的性别是: "+ (c1.getState() ? "男" : "女"));
        }else if(e.getSource() == list){
                String s="";
                String[] L;
                L=list.getSelectedItems ();          //取得所有被选项并放入数组L
                for(int i=0;i<L.length;i++){
                    if(s!="")
                        s=s+","+L[i];
                    else
                        s=L[i];
                }
                ta.setText("你选中的是: "+s);
        }else{
                String interestselect="";
                for(int i=0;i<cb.length;i++)
                    if(cb[i].getState())
                        interestselect += cb[i].getLabel()+" ";
                ta.setText("你的爱好是: "+ interestselect);
        }
    }
    public void actionPerformed(ActionEvent e){
        if (e.getSource()==b1)
            list.add(ta.getText());
        if (e.getSource()==b2)
            list.remove(list.getSelectedIndex());
        if (e.getSource()==b3)
            list.removeAll();
        if (e.getSource()==list)                    //如果双击列表
            ta.setText("你双击了选项["+list.getItem(list.getSelectedIndex())+"]");
    }
    public static void main(String[] arg) {
        new CntrolsEx_2().init();
    }
}
```

当选中单选按钮、复选框中某一选项，或者在下拉列表中选择某选项，或者选择下拉列表中的某一命令时，都会引发 ItemEvent 事件，故需要在响应的 itemStateChanged() 事件处理方法中加入必要的对事件源的判断；而单击按钮或双击列表框又会引发 ActionEvent 事件。除单击按钮外，上述事件响应的结果都会呈现在文本域中；而单击按钮，能对列表框中的选项进行添加或删除操作。本程序运行结果如图 8.22 所示。

其他 AWT 组件的使用，可参考 Java API 的用法手册。

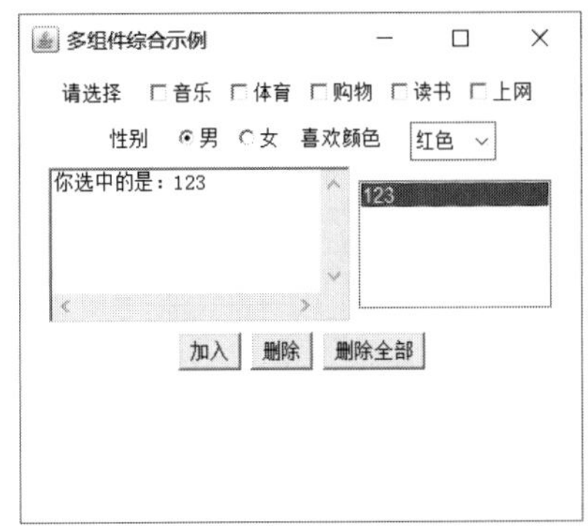

图 8.22　多组件综合示例运行结果

8.1.3　拓展知识

1. 用内部类实现事件处理

由于一个内部类的对象可访问外部类的成员方法和变量，包括私有的成员，故实现事件监听器时，采用内部类和匿名类编程，可以比较简便地实现事件处理功能。尤其在编写事件驱动程序时，用内部类会很方便。

【例 8-11】内部类实现事件处理示例。

```
import java.awt.* ;
import java.awt.event.*;
class InnerClassDemo{
   private Frame f;
   private int count;
   private Label label;
   public InnerClassDemo(){
      f=new Frame ("内部类示例");
   }
   public void go(){
      label=new Label("你总共单击了 0次");
      Button b = new Button("单击我! ");
      b.addActionListener(new ButtonHandler());
      f.add(label,BorderLayout.NORTH);
      f.add(b,BorderLayout.SOUTH);
      f.setSize (300,200);
      f.setVisible(true);
   }
   class ButtonHandler implements ActionListener{
      public void actionPerformed(ActionEvent e){
         count++;
         label.setText ("你总共单击了 "+count + "次");
      }
   }
   public static void main(String args[]){
      InnerClassDemo obj=new InnerClassDemo();
      obj.go();
   }
}
```

2. 用匿名类实现事件处理

当一个内部类的类声名只是在创建此类对象时用了一次，以后便不再使用该类，而且要产生的新类需要继承一个已有的父类或实现一个接口时，便可以考虑采用匿名类。所谓的匿名，就是该类连名字都没有，只是显示地调用一个无参的父类的构造方法，并且需要重写父类中处理事件的方法。

【例 8-12】匿名类实现事件处理示例。

```
import java.awt.* ;
import java.awt.event.*;
class AnonymousClassDemo{
   private Frame f;
   private int count;
   private Label label;
   public AnonymousClassDemo(){
      f=new Frame ("匿名类示例");
   }
   public void go(){
      label=new Label("你总共单击了 0次");
      Button b = new Button("单击我! ");
      b.addActionListener(new ActionListener(){
         public void actionPerformed(ActionEvent e){
            count++;
            label.setText("你总共单击了 " + count + "次");
         }
      });
      f.add(label,BorderLayout.NORTH);
      f.add(b,BorderLayout.SOUTH);
      f.setSize (300,200);
      f.setVisible(true);
   }
   public static void main(String args[]){
      AnonymousClassDemo obj=new AnonymousClassDemo();
      obj.go();
   }
}
```

8.2 任务案例：职员信息管理系统界面设计

8.2.1 实现过程

【任务说明】

设计实现职员信息管理系统主界面如图 8.23 所示。

当选择“职员管理”→“显示职员”命令后，使用表格的形式显示职员信息。当单击表格中任一单元格，将显示该单元格所在位置和保存的数据值，界面如图 8.24 所示。

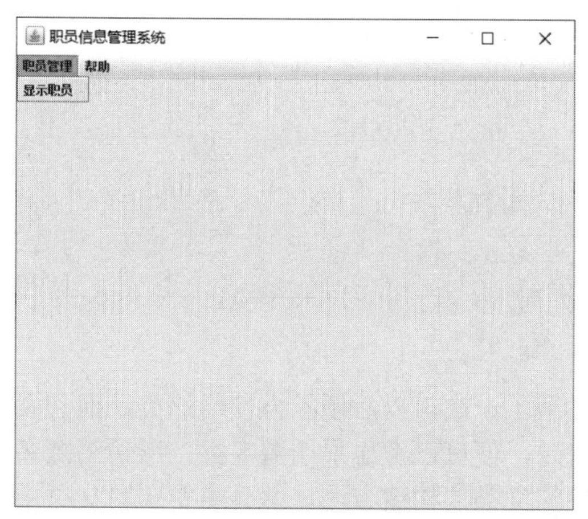

图 8.23 职员信息管理系统主界面

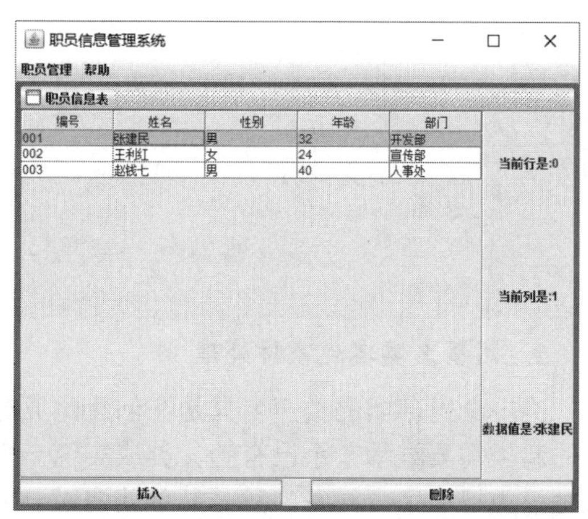

图 8.24 职员信息显示界面

【任务目的】

（1）进一步熟悉 NetBeans 8.0.1 开发环境。

（2）学习菜单 JMenuBar 和 JMenu 等 Swing 组件的使用。

（3）学习使用 JTable 生成表格视图。

【技术要点】

（1）使用菜单的有关知识，完成菜单条的开发。

（2）使用 JTable 的有关知识实现数据表格的显示。

（3）使用内部类，以方便对主类中所创建对象的访问。

【实现步骤】

（1）创建类 TableFrame，生成主界面及表格视图界面，代码如下。

```
import java.awt.BorderLayout;
import java.awt.Dimension;
import java.awt.GridLayout;
import javax.swing.table.*;
import java.awt.event.*;
import javax.swing.*;

public class TableFrame {
    javax.swing.JInternalFrame f=new JInternalFrame("职员信息表");
    JFrame mainFrame = new JFrame("职员信息管理系统");
    JMenuBar menuBar=new JMenuBar();
    JMenu manage=new JMenu("职员管理");
    JMenuItem show= new JMenuItem("显示职员");
    JMenu help = new JMenu("帮助");
    JMenuItem about=new JMenuItem("关于");
    JDialog jDialog1=new JDialog(mainFrame,"提示",true);
    JLabel cau = new JLabel("这是一个职员信息管理系统！");
    JPanel contentPane;
    BorderLayout borderLayout1 = new BorderLayout();
    JLabel row = new JLabel("当前行是:", JLabel.CENTER);
    JLabel col = new JLabel("当前列是:", JLabel.CENTER);
    JLabel val = new JLabel("数据值是:", JLabel.CENTER);
    String field[] = {"编号","姓名","性别","年龄","部门"};
    Object[][] data = {{"001","张建民","男","32","开发部"},{"002","王利红","女","24","宣传
部"},{"003","赵钱七","男","40","人事处"}};
    DefaultTableModel mod = new DefaultTableModel(data,field);
    JTable tab = new JTable(mod);
    JScrollPane jsp = new JScrollPane();
    JPanel ps = new JPanel(new GridLayout(1, 2, 30, 10));
    JPanel pe = new JPanel(new GridLayout(3, 1, 10, 30));
    JButton jButton1 = new JButton("插入");
    JButton jButton2 = new JButton("删除");

    private void jbInit(){
        menuBar.add(manage);
        manage.add(show);
        menuBar.add(help);
        help.add(about);
        mainFrame.setJMenuBar(menuBar);
        show.addActionListener(new BouttonHandler());
        about.addActionListener(new BouttonHandler());
        mainFrame.setSize(new Dimension(600, 500));
        f.setSize(new Dimension(500, 400));
```

```
        contentPane = (JPanel)f.getContentPane();
        contentPane.setLayout(borderLayout1);
        contentPane.add(jsp,java.awt.BorderLayout.CENTER);
        contentPane.add(ps, java.awt.BorderLayout.SOUTH);
        contentPane.add(pe, java.awt.BorderLayout.EAST);
        jsp.getViewport().add(tab);
        ps.add(jButton1);
        ps.add(jButton2);
        pe.add(row);
        pe.add(col);
        pe.add(val);
        jDialog1.getContentPane().add(cau);
        jDialog1.setSize(200,200);
        jDialog1.setLocation(450,450);
        jButton1.addActionListener(new BouttonHandler());
        jButton2.addActionListener(new BouttonHandler());
        tab.addMouseListener(new TableH());
        mainFrame.setVisible(true);
    }
    class BouttonHandler implements ActionListener{
        public void actionPerformed(ActionEvent e){
            if (e.getSource()== jButton1) {
                Object [] dt = {null, null, null, null};
                mod.addRow(dt);
            } else if (e.getSource()==jButton2) {
                mod.removeRow(tab.getSelectedRow());
            }else if (e.getSource()==show) {
                mainFrame.add(f);
                f.setVisible(true);
            }else if(e.getSource()==about){
                jDialog1.setVisible(true);
            }
        }
    }
    class TableH extends MouseAdapter{
        public void mouseClicked(MouseEvent e) {
            int rr, cc;
            String vv;
            rr=tab.getSelectedRow();
            cc=tab.getSelectedColumn();
            vv=(String)tab.getValueAt(rr,cc);
            row.setText("当前行是:"+rr);
            col.setText("当前列是:"+cc);
            val.setText("数据值是:"+vv);
        }
    }

    public static void main(String []args){
        TableFrame that=new TableFrame();
        that.jbInit();
    }
}
```

（2）当单击“插入”按钮时，可以在“职员信息表”中新增职员信息；当单击“删除”按钮时，又可以删除其中的某条职员信息；而当选择“帮助”菜单中的“关于”命令时，会弹出一个提示对话框，运行结果如图 8.25 所示。

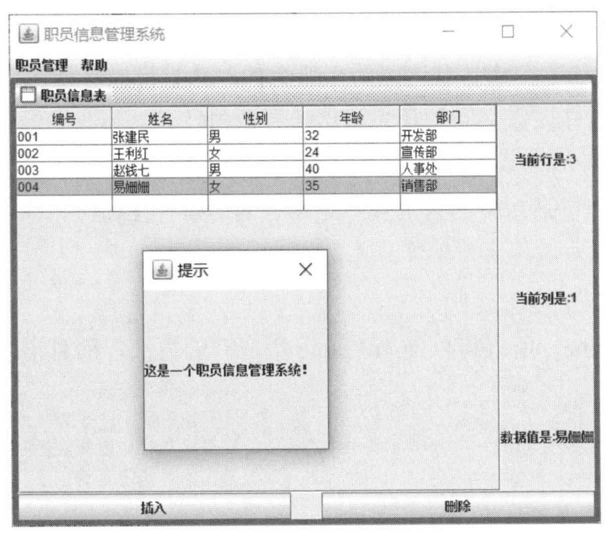

图 8.25　职员信息管理系统界面

8.2.2　知识集萃

GUI 程序除了可以使用 AWT 包中的工具外，还可以使用 Swing 包。Swing 可以看作 AWT 的改良版，它并不是代替 AWT，而是对 AWT 的提高和扩展。所以，在编写 GUI 程序时，AWT 和 Swing 都可以使用，它们共存于 Java 基础类（Java Foundation Class，JFC）中。

尽管 AWT 和 Swing 都提供了构造图形界面元素的类，但它们的侧重有所不同：AWT 依赖于主平台绘制用户界面组件；而 Swing 有自己的机制，在主平台提供的窗口中绘制和管理界面组件。Swing 与 AWT 之间最明显的区别是界面组件的外观：AWT 在不同平台上运行相同的程序，界面的外观和风格可能会有一些差异；然而，一个基于 Swing 的应用程序可能在任何平台上都会有相同的外观和风格。

Swing 中的类是从 AWT 继承的，有些 Swing 类直接扩展 AWT 中对应的类。使用 Swing 设计图形界面，主要引入如下两个包。

（1）javax.swing 包：包含 Swing 的基本类。

（2）java.awt.event 包：包含与处理事件相关的接口和类。

Swing 作为 AWT 的扩展，提供了许多新的图形界面组件。Swing 组件以 J 开头，除了有与 AWT 类似的按钮（JButton）、标签（JLabel）、复选框（JCheckBox）、菜单（JMenu）等基本组件外，还增加了一些高层组件，如表格（JTable）、树（JTree）。

与 AWT 组件不同，Swing 组件不能直接添加到顶层容器中，它必须添加到一个与 Swing 顶层容器相关联的内容面板（Content Panel）上。内容面板是顶层容器包含的一个普通容器，是一个轻量级组件。其使用的基本规则有以下两点。

（1）把 Swing 组件放入一个顶层 Swing 容器的内容面板上。

（2）避免使用非 Swing 的重量级组件。

1. Swing 容器

容器的主要作用是实现图形界面和组织其他组件，是用来组织其他图形界面的最基础的单元，如一个窗口等。容器内部可以包含许多其他界面元素，也可以包含另一个容器，这个容器再包含很多的元素。

而内部容器则嵌套在外部容器内部使用，如 JPanel 类。

（1）JFrame、JDialog 等都是有边框的容器组件，并且可以移动、放大、缩小、关闭等。

（2）JPanel（为组件提供空间）是无边框的容器组件。

（3）JScrollPane 是具有边框且带有滚动条的容器组件。

注意：容器类组件与普通组件的区别：一是在容器类组件上面可以添加另外的组件；二是容器类组件必须提供专门的工具来控制其板面的布局。

1）JFrame 容器

JFrame 继承了 Frame，所以可以使用 Frame 类所有的方法，而且增加了自己的方法。

```
getContentPane()                              //返回此窗体的ContentPane对象
getJMenuBar()                                 //返回此窗体上设置的菜单栏
setDefaultCloseOperation(int operation)       //设置用户在此窗体上发起close时默认执行的操作
setJMenuBar(JMenuBar menubar)                 //设置此窗体的菜单栏
```

对 JFrame 添加组件的方式与 AWT 不同，有以下两种方式。

（1）用 getContentPane()方法获得 JFrame 的内容面板，再对其加入组件 frame.getContentPane().add(childComponent)。

（2）建立一个 JPanel 或 JDesktopPane 之类的中间容器，把组件添加到容器中，用 setContentPane()方法把该容器置为 JFrame 的内容面板，例如：

```
JPanel contentPane=new JPanel();
//把其他组件添加到JPanel中
frame.setContentPane(contentPane);
//把ContentPane对象设置成为Frame的内容面板
```

2）JPanel 容器

建立一个 JPanel 时，首先使用 JPanel 类构造方法创建 JPanel 类对象，再调用 setLayout()方法设置组件在面板上的排列方式，最后将所需组件加入面板。

3）JScrollPane 容器

JScrollPane 容器的构造方法主要有以下 4 个。

（1）JScrollPane()：创建一个空的 JScrollPane，需要时水平和垂直滚动条都可显示。

（2）JScrollPane(Component view)：创建一个显示指定组件内容的 JScrollPane，只要组件的内容超过视图大小就会显示水平和垂直滚动条。

（3）JScrollPane(Component view,int vsbPolicy,int hsbPolicy)：创建一个 JScrollPane，它将视图组件显示在一个视图窗口中，视图位置可使用一对滚动条控制。

（4）JScrollPane(int vsbPolicy, int hsbPolicy)：创建一个具有指定滚动条策略的空（无组件的视图窗口）JscrollPane。

当窗口里的内容大于窗口时，可以在窗口的右边和下边设置滚动条，借助于滚动条就可以看到整个窗口的内容了。JScrollPane 就是具有这种功能的组件，通常将它称为滚动面板，用于滚动窗口。

2. Swing 组件

1）JButton 与 JLable 组件

按钮是一个常用组件，可以带标签或者图像。

JButton 事件由 AWT 的 ActionEvent 类的方法来处理。

JLable 可提供带图形的标签。

2）JTextField 与 JTextArea 组件

JTextField 是用来接收输入和显示输出的。

JTextArea 与 JTextField 的主要区别是 JTextField 只能输入/输出一行文本；而 JTextArea 可以输入/输出多行文本。

以上组件的使用方法都与 AWT 中的同类型组件相类似，在此不再赘述。

3）JPasswordField 密码输入框

JPasswordField 是一个轻量级组件，允许编辑单行文本，其视图指示输入内容但不显示原始字符。JPasswordField 与使用 echoChar 设置的 java.awt.TextField 是根本一致的。单独提供它可以较方便地安全更改 JTextField 的 UI 而不影响密码输入，构造方法主要有以下 5 个。

（1）JPasswordField()：构造一个新 JPasswordField，使其具有默认文档为空的开始文本字符串和为 0 的列宽度。

（2）JPasswordField(Document doc, String txt, int columns)：构造一个使用给定文本存储模型和给定列数的新 JPasswordField。

（3）JPasswordField(int columns)：构造一个具有指定列数的新的空 JPasswordField。

（4）JPasswordField(String text)：构造一个利用指定文本初始化的新 JPasswordField。

（5）JPasswordField(String text, int columns)：构造一个利用指定文本和列初始化的新 JPasswordField。

常用方法有如下 6 个。

（1）echoCharIsSet()：如果此 JPasswordField 具有为回显设置的字符，则返回 true。

（2）getAccessibleContext()：返回与此 JPasswordField 关联的 AccessibleContext。

（3）getEchoChar()：返回要用于回显的字符。

（4）getPassword()：返回此 TextComponent 中所包含的文本。

（5）paramString()：返回此 JPasswordField 的字符串表示形式。

（6）setEchoChar(char c)：设置此 JPasswordField 的回显字符。

【例 8-13】文本框、文本域和密码框组件的使用示例。

```
import javax.swing.*;
import java.awt.*;
import java.awt.event.*;
import java.util.*;
class ControlsEx_3 extends Applet implements ActionListener{
   JTextArea textA;
   JTextField textF;
   JPasswordField passF;
   JButton b1,b2,b3;
   JLabel j1,j2,j3;
   JFrame jf = new JFrame("文本框、文本域和密码框综合示例");
   Container ctp=jf.getContentPane();
   void init(){
      ctp.setLayout(new BorderLayout ());         //设置布局方式为边界布局
      JPanel jp1 =new JPanel(new GridLayout(3,2));
      JPanel jp2 =new JPanel(new GridLayout(1,3));
      j1 = new JLabel("计算框");
      j2 = new JLabel("密码框");
      j3 = new JLabel("结果框");
      textA=new JTextArea("",5,20);
      textA.setBackground(Color.cyan);
      textF=new JTextField("",20);
      textF.setBackground(Color.pink);
```

```
        passF= new JPasswordField(20);
        passF.setBackground(Color.pink);
        b1=new JButton("求 和");
        b2=new JButton("显 示");
        b3=new JButton("清 空");
        textA.setEditable(false);
        b1.addActionListener(this);
        b2.addActionListener(this);
        b3.addActionListener(this);
        jp1.add(j1);
        jp1.add(textF);
        jp1.add(j2);
        jp1.add(passF);
        jp1.add(j3);
        jp1.add(textA);
        jp2.add(b1);
        jp2.add(b2);
        jp2.add(b3);
        ctp.add(jp1, BorderLayout.CENTER);
        ctp.add(jp2, BorderLayout.SOUTH);
        jf.setSize(260,200);
        jf.setResizable(true);
        jf.setVisible(true);
    }
    public void actionPerformed(ActionEvent e){
        if(e.getSource()==b1){
            String s=textF.getText();
            StringTokenizer tokens=new StringTokenizer(s);
            //使用默认的分隔符集合：空格、换行、Tab符和回车符作分隔符
            int n=tokens.countTokens(),sum=0,i;
            for(i=0;i<=n-1;i++){
                String temp=tokens.nextToken();        //从文本域取下一个数据
                sum+=Integer.parseInt(temp);
            }
            textA.setText(""+sum);
        }else if(e.getSource()==b2){
            textA.setText(passF.getText());
        }else{
            textA.setText(null);
            textF.setText(null);
            passF.setText(null);
        }
    }
    public static void main(String[] args) {
        new ControlsEx_3().init();
    }
}
```

程序中设置 1 个文本框、1 个文本域、1 个密码框和 3 个按钮。用户在文本框中输入（以空格等分隔符分开的）整数序列，单击“求和”按钮，程序对文本框中的整数序列进行求和，并在文本域中输出和；单击第二个按钮，能把在密码框中输入的字符显示在文本域中；单击第三个按钮，能清除文本框、文本域和密码框中的内容。运行结果如图 8.26 所示。

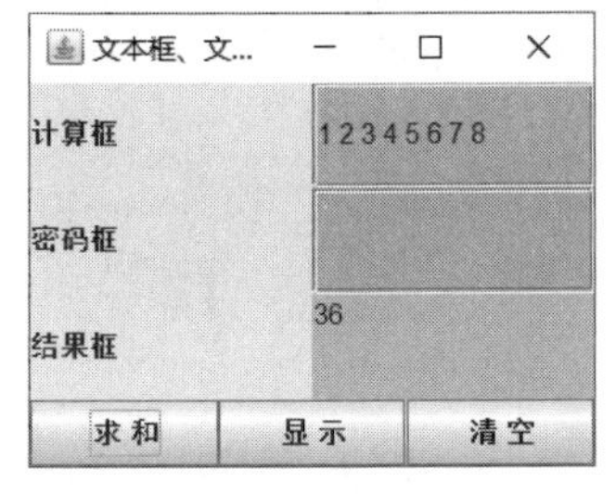

图 8.26　文本框、文本域和密码框综合示例运行结果

4）JCheckbox 与 JRadioButton 组件

复选框 JCheckbox 是一个可以被选定和取消选定的项，

它将其状态显示给用户，可以选定组中任意数量的复选框。

JRadioButton 是一个单选按钮，此按钮项可被选择或取消选择，并可为用户显示其状态。它与 ButtonGroup 对象配合使用可创建一组按钮，一次只能选择其中的一个按钮。实现方法是创建一个 ButtonGroup 对象并用其 add()方法将 JRadioButton 对象包含在此组中。

注意：ButtonGroup 对象为逻辑分组不是物理分组，要创建按钮面板仍需要创建一个 JPanel 或类似的容器对象并将其添加到其中，以便将面板与周围的组件分开。

在 Java 中，JRadioButton 组件与 JCheckbox 组件功能完全一样，只是图形不同，复选框为方形图标，单选按钮为圆形图标。其用法类似于 AWT 中 Checkbox 及单选框的实现。

5）JComboBox 组件

JComboBox 是将按钮或可编辑字段与下拉列表组合的组件。用户可以从下拉列表中选择选项，下拉列表在用户请求时显示。如果使组合框处于可编辑状态，则组合框将包括用户可在其中输入值的可编辑字段。

使用 JComboBox 类的构造方法创建下拉列表框时，应用事件响应用户操作。

下拉列表框产生 ItemEvent 代表的选择事件。cbx.addltemListener(this)表示注册 JComboBox 类对象 cbx 给监听者对象。当用户单击下拉列表的某个选项时，系统会自动产生一个包含这个事件有关信息的 ItemEvent 类的对象 e，并把该对象作为实际参数传递给被自动调用的监听者的选择事件响应方法：itemStateChanged(ItemEvent e)。在这个方法中通过调用 ItemEvent 事件的方法 e.getItem()获得引发当前选择事件的下拉列表事件源（被选中的项），再调用 getSelectedIndex()获取该选项的下标值。

【例 8-14】复选框、单选按钮和组合框综合示例。

```
import javax.swing.*;
import java.awt.*;
import java.awt.event.*;
class ControlsEx_4 implements ItemListener,ActionListener{
  int i1=0,i2=0,i3=0;
  int fonti=16;
  Font font;
  JFrame jf = new JFrame("复选框、单选按钮和组合框综合示例");
  Container ctp=jf.getContentPane();
  JLabel lb=new JLabel("你选择的颜色是: ");
  JCheckBox cb1,cb2,cb3;                 //声明复选框对象
  JRadioButton r1,r2,r3;                 //声明按钮对象
  ButtonGroup bg=new ButtonGroup();      //创建按钮组对象，实现JRadioButton多选一
  JLabel lb1=new JLabel("课程:");
  JLabel lb2=new JLabel("你选择的课程是: ");
  String name[]={"数学","英语","政治","物理"};
  JComboBox cbx=new JComboBox();
  void init(){
    ctp.setLayout(new BorderLayout()); //设置主界面布局方式为边界布局
    JPanel jp1 =new JPanel(new GridLayout(2,3));
    JPanel jp2 =new JPanel(new FlowLayout());
    cb1=new JCheckBox("红色",false);   //创建复选框
    cb2=new JCheckBox("绿色",false);
    cb3=new JCheckBox("蓝色",false);
    cb1.addItemListener(this);          //注册cb给监听者this
    cb2.addItemListener(this);
    cb3.addItemListener(this);
    jp1.add(cb1);                       //添加复选框在面板上
    jp1.add(cb2);
```

```
    jp1.add(cb3);
    r1=new JRadioButton("8");
    r2=new JRadioButton("16");
    r3=new JRadioButton("24");
    r1.addActionListener(this);
    r2.addActionListener(this);
    r3.addActionListener(this);
    jp1.add(r1);                          //加载按钮到面板上
    jp1.add(r2);
    jp1.add(r3);
    bg.add(r1);                           //加载按钮到按钮组
    bg.add(r2);
    bg.add(r3);
    for(int j=0;j<name.length;j++)
      cbx.addItem(name[j]);               //为组合框赋值
    jp2.add(lb1);
    jp2.add(cbx);                         //加载组合框到面板上
    jp2.add(lb2);
    cbx.addItemListener(this);
    ctp.add(lb,BorderLayout.NORTH);       //加载标签到界面上
    ctp.add(jp1,BorderLayout.CENTER);     //加载面板到界面上
    ctp.add(jp2,BorderLayout.SOUTH);
    jf.setSize(300,200);
    jf.setResizable(true);
    jf.setVisible(true);
  }
  public void itemStateChanged(ItemEvent e){
    if(e.getSource() == cbx) {
      int c=0;
      String str=(String)e.getItem();
      lb2.setText("你选择的课程是: " + str);
    }else{
        JCheckBox cb=(JCheckBox)e.getItem();
        if (cb.getText()=="红色"){
          if(e.getStateChange()==e.SELECTED)
            i1=255;                       //判断组件是否被选
          else i1=0;
        }
        if (cb.getText()=="绿色"){
          if(e.getStateChange()==e.SELECTED)
            i2=255;
          else i2 = 0;
        }
        if(cb.getText()=="蓝色"){
          if(cb.isSelected())
            i3=255;                       //判断组件是否被选
          else i3=0;
        }
        font=new Font("宋体",Font.BOLD,fonti);
        lb.setText("你选择的颜色是: "+cb.getText());
        lb.setFont(font);
        lb.setForeground(new Color(i1,i2,i3));
    }
  }
  public void actionPerformed(ActionEvent e){
    String rbt=e.getActionCommand();
    if(rbt=="8")
      fonti=8;
    else if(rbt=="16")
      fonti=16;
```

```
        else fonti=24;
        font=new Font("宋体",Font.BOLD,fonti);
        lb.setFont(font);
        lb.setForeground(new Color(i1,i2,i3));
    }
    public static void main(String[] args) {
        new ControlsEx_4().init();
    }
}
```

本程序可根据复选框与单选按钮来改变标签组件的文本大小及颜色，并可根据在组合框中的选择，显示所选课程名称。运行结果如图 8.27 所示。

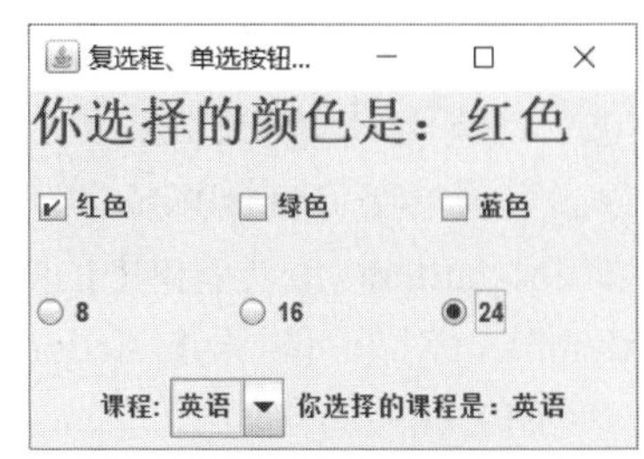

图 8.27　复选框、单选按钮和组合框综合示例运行结果

6）JList 组件

JList 称为列表组件，它是将所有选项放入列表框中的。如果将 JList 放入滚动面板（JScrollPane）中，则会出现滚动菜单效果。利用 JList 提供的成员方法，用户可以指定显示在列表框中的选项个数，而多余的选项则可通过列表的上下滚动来显示。

JList 组件与 JComboBox 组件的用法类似，它们最大区别是 JComboBox 组件一次只能选择一项；而 JList 组件一次可以选择一项或多项，选择多项时可以是连续区间选择（按 Shift 键进行选择），也可以是不连续的选择（按 Ctrl 键进行选择）。

JList 组件的使用方法与 AWT 中的 List 组件类似，具体可参见前面 List 用法示例。

7）菜单条 JMenuBar

JMenuBar 只能被添加到 JFrame 对象中，作为整个菜单树的根基。通常只能通过 JFrame 的 setJMenuBar()方法设置成菜单条。

（1）构造方法。

```
JMenuBar();
```

（2）常用方法。

```
add(JMenu c)                                //增加菜单
getJMenu(int index)                         //通过索引获得菜单
```

8）下拉菜单 JMenu

JMenu 下拉菜单可以被添加到 JMenuBar 或其他 JMenu 中。

（1）构造方法。

```
JMenu();
JMenu(String s);
JMenu(Action a);
JMenu(String s, boolean b)
```

（2）常用方法。

```
add(JMenuItem menuItem)                     //增加菜单项
addSeparator()                              //增加分割条
remove(JMenuItem item)
addMenuListener(MenuListener l)             //注册监听器
isSelected()
getItem(int pos)                            //通过索引获得菜单项
```

（3）使用示例。

```
Frame fr = new Frame("MenuBar");
MenuBar mb = new MenuBar();
fr.setMenuBar(mb);
Menu m1 = new Menu("File");
Menu m2 = new Menu("Edit");
Menu m3 = new Menu("Help");
mb.add(m1);
mb.add(m2);
mb.setHelpMenu(m3);
fr.setSize(200,200);
fr.setVisible(true);
```

9）菜单项 JMenuItem

JMenuItem 是菜单树中的“叶子节点”。JMenuItem 通常被添加到一个 JMenu 中。对于 JMenuItem 对象可以添加 ActionListener 对菜单项进行监听，使其能够完成相应的操作。

（1）构造方法。

```
JMenuItem()
JMenuItem(Icon icon)
JMenuItem(String text)
JMenuItem(Action a)
JMenuItem(String text, Icon icon)
JMenuItem(String text, int mnemonic)
```

（2）常用方法。

```
addMenuDragMouseListener(MenuDragMouseListener l)     //注册菜单鼠标拖动监听器
addMenuKeyListener(MenuKeyListener l)                 //注册弹出菜单监听器
```

（3）使用示例。

```
JMenu m1 = new JMenu("File");
JMenuItem mi1 = new JMenuItem("Save");
JMenuItem mi2 = new JMenuItem("Load");
JMenuItem mi3 = new JMenuItem("Quit");
m1.add(mi1);
m1.add(mi2);
m1.addSeparator();
m1.add(mi3)
```

MenuBar 和 Menu 一般被当作菜单项的容器，都没有必要注册监听器，只需要对 MenuItem 添加监听器 ActionListener，完成相应操作即可。

10）表格 JTable

表格是 Swing 新增加的组件，主要功能是把数据以二维表格的形式显示出来。使用表格最好先生成一个 MyTableModel 类型的对象来表示数据，这个类是从 AbstractTableModel 类中继承来的，其中有几个方法是一定要重写的，如 getColumnCount()、getRowCount()、getColumnName()和 getValueAt()。因为 JTable 会从这个对象中自动获取表格显示所必需的数据，AbstractTableModel 类的对象负责表格大小的确定（行、列）、内容的填写、赋值、表格单元更新的检测等一切跟表格内容有关的属性及操作。JTable 类生成的对象以该 TableModel 为参数，并负责将 TableModel 对象中的数据以表格的形式显示出来。

（1）构造方法。

```
JTable(object[][]rowData,object[]columnNams);
JTable(Vector[][]rowData,Vector[]columnNams);
//第一个参数是数据，第二个参数是表格第一行中显示的内容
```

（2）常用方法。

```
getModel()                                    //获得表格的数据来源对象
JTable(TableModel dm)                         //dm对象中包含了表格要显示的数据
```

11）对话框 JDialog

对话框是为人机对话过程提供交互模式的工具。应用程序通过对话框，或给用户提供信息，或从用户获得信息。对话框与一般窗口不同，对话框依赖其他窗口，当它所依赖的窗口消失或最小化时，对话框也将消失；当窗口还原时，对话框又会自动恢复。由于对话框依赖窗口，要建立对话框，必须要先创建一个窗口。在 Swing 中，JDialog 类是对话框的基类。

对话框分为强制型和非强制型两种。强制型对话框不能中断对话过程，直至对话框结束，才让程序响应对话框以外的事件。非强制型对话框可以中断对话过程，去响应对话框以外的事件。强制型对话框也称有模式对话框，非强制型对话框也称非模式对话框。

JDialog 对象也是一种容器，因此也可以给 JDialog 对话框指派布局管理器，对话框的默认布局为 BoarderLayout 布局。但组件不能直接加到对话框中，可以在对话框中包含一个内容面板，应当把组件加到 JDialog 对象的内容面板中。

（1）构造方法。

❖ JDialog()：构造一个初始化不可见的非强制型对话框。
❖ JDialog(JFrame f, String s)：构造一个初始化不可见的非强制型对话框，参数 f 设置对话框所依赖的窗口，参数 s 用于设置标题。
❖ JDialog(JFrame f, String s, boolean b)：构造一个标题为 s，初始化不可见的对话框，参数 f 设置对话框所依赖的窗口，参数 b 决定是强制型还是非强制型。

（2）常用方法。

❖ getTitle()：获取对话框的标题。
❖ setTitle(String s)：设置对话框的标题。
❖ setModal(boolean b)：设置对话框的模式。
❖ setSize()：设置对话框的大小。
❖ setVisible(boolean b)：设置显示或隐藏对话框。

12）树 JTree

要显示一个层次关系分明的一组数据，用树状图表示能给用户一个直观易见的感觉，JTree 类如同 Windows 的资源管理器的左半部，通过单击可以“打开”“关闭”文件夹，展开树状结构的图表数据。JTree 也是依据 MVC 的思想来设计的，JTree 的主要功能是把数据按照树状进行显示，其数据来源于其他对象。

【例 8-15】 JTree 树用法示例。

```
import java.awt.*;
import javax.swing.*;
import javax.swing.tree.*;
import java.awt.event.*;
import javax.swing.event.*;
class JTreeDemo{
    JFrame f = new JFrame("树状视图用法示例");
    JScrollPane jsp = new JScrollPane();
    JPanel jp = new JPanel(new GridLayout(3,1,5, 20));
    JLabel l1 = new JLabel("显示节点路径：");
    JLabel l2 = new JLabel("显示节点索引：");
    JLabel l3 = new JLabel("显示节点对象：");
    JTree tr;
    void fun(){
```

```
        DefaultMutableTreeNode root, node1, node11;
        f.getContentPane().add("Center", jsp);
        f.getContentPane().add("East", jp);
        jp.add(l1);
        jp.add(l2);
        jp.add(l3);
        jp.setBackground(Color.white);
        root = new DefaultMutableTreeNode("学校");
        root.add(node1 = new DefaultMutableTreeNode("清华大学"));
        node1.add(node11 = new DefaultMutableTreeNode("信息科学技术学院"));
        node11.add(new DefaultMutableTreeNode("计算机系"));
        node11.add(new DefaultMutableTreeNode("自动化系"));
        node1.add(new DefaultMutableTreeNode("机械工程学院"));
        node1.add(new DefaultMutableTreeNode("经济管理学院"));
        node1.add(new DefaultMutableTreeNode("土木水利学院"));
        root.add(node1 = new DefaultMutableTreeNode("湖南外贸职业学院"));
        node1.add(new DefaultMutableTreeNode("电子商务学院"));
        node1.add(new DefaultMutableTreeNode("国际商务学院"));
        node1.add(new DefaultMutableTreeNode("商务外语学院"));
        node1.add(new DefaultMutableTreeNode("艺术设计学院"));
        root.add(node1);
        tr = new JTree(root);
        jsp.getViewport().add(tr);
        f.setSize (400, 350);
        f.setVisible(true);
        tr.addTreeSelectionListener(new TreeH());
    }
    class TreeH implements TreeSelectionListener {
        public void valueChanged(TreeSelectionEvent e) {
        DefaultMutableTreeNode node = (DefaultMutableTreeNode)
        tr.getLastSelectedPathComponent();
        TreePath tp = tr.getSelectionPath();
        String str = (String) node.getUserObject();
        int idx = tr.getRowForPath(tp);
        l1.setText(tp.toString());
        l2.setText("索引= " + idx);
        l3.setText(str);
        }
    }
    public static void main(String[] args) {
        JTreeDemo that = new JTreeDemo();
        that.fun();
    }
}
```

程序运行结果如图 8.28 所示。

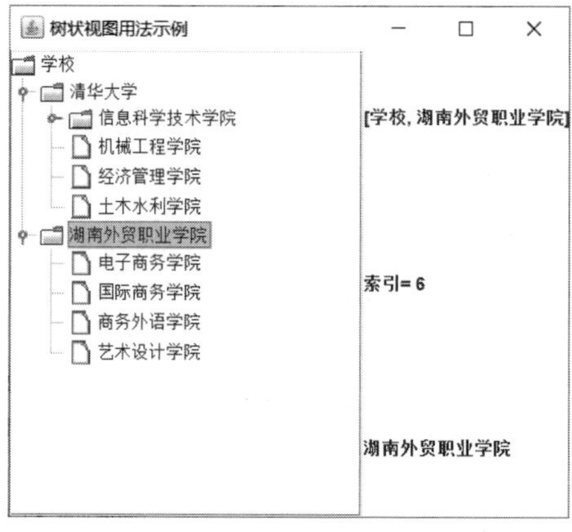

图 8.28　JTree 树示例运行结果

以上是较常见 Swing 组件的介绍，其他 Swing 组件的使用，可参考相关 API。

8.2.3 拓展知识

1. 图形的绘制

要在平面上显示文字和绘图，首先要确定一个平面坐标系。Java 语言约定，显示屏上一个长方形区域为程序绘图区域，坐标原点（0, 0）位于整个区域的左上角。一个坐标点（x,y）对应屏幕窗口中的一个像素，是整数，如图 8.29 所示。

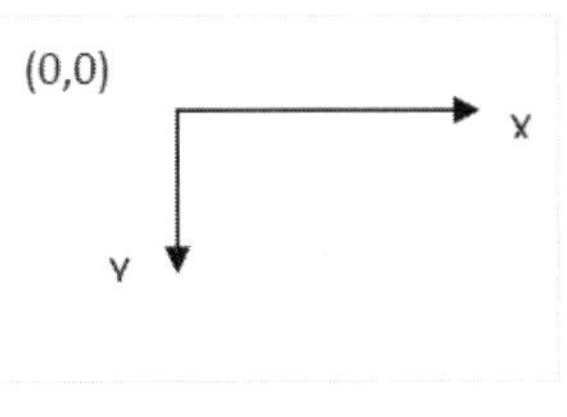

图 8.29　绘图坐标系

1）Graphics 类的基本功能

在 java.awt 包中，类 Graphics 提供的功能有建立字体、设定显示颜色、显示图像和文本、绘制和填充各种几何图形。可以从图形对象或使用 Component 的 getGraphics()方法得到 Graphics 对象。Graphics2D 类继承 Graphics 类，并且增加了许多状态属性，使应用程序可以绘制出更加丰富多彩的图形。

在某个组件中绘图，一般应该为这个组件所属的子类重写 paint()方法，在该重写的方法中进行图形绘制。但要在 JComponent 子类的组件中绘图，应重写 paintComponent()方法，在该方法中进行图形绘制。例如，继承定义一个文本区子类，要在这样的文本区子对象中绘图，就应给这个文本区子类重写 paintComponent()方法。系统自动为程序提供图形对象，并以参数 g 传递给 paint()和 paintComponent()方法。

2）Graphics 类的基本绘图方法

Graphics 类提供基本的几何图形绘制方法，主要有画线段、画矩形、画椭圆形、画圆弧、画多边形、限定作图显示区域、复制图形等。

（1）画线段。

在窗口画一条线段，可以使用 Graphics 类的 drawLine()方法：

```
drawLine(int x1,int y1,int x2,int y2)
```

例如，以下代码在点（3,3）与点（50,50）之间画线段，在点（100,100）处画一个点。

```
g.drawLine(3,3,50,50);                              //画一条线段
g.drawLine(100,100,100,100);                        //画一个点
```

（2）画矩形。矩形有两种：普通型和圆角型。

① 画普通矩形有以下两个方法。

- drawRect(int x, int y, int width, int height)：画线框围起来的矩形。其中参数 x 和 y 指定左上角的位置，参数 width 和 height 是矩形的宽和高。
- fillRect(int x, int y, int width, int height)：是用预定的颜色填充一个矩形，得到一个着色的矩形块。

以下代码是画普通矩形的例子。

```
g.drawRect(80,100,40,25);                           //画线框
g.setColor(Color.yellow);g.fillRect(20,70,20,30);   //画着色块
```

② 画圆角矩形有以下两个方法。

- drawRoundRect(int x, int y, int width, int height, int arcWidth, int arcHeight)：用线围起来的圆角矩形。其中参数 x 和 y 指定矩形左上角的位置，参数 width 和 heigth 是矩形的宽和高，arcWidth 和 arcHeight 分别是圆角弧的横向直径和纵向直径。

❖ fillRoundRect(int x, int y, int width, int height, int arcWidth, int archeight)：用预定的颜色填充的圆角矩形。各参数的意义同前一个方法，以下代码是画圆角矩形的例子。

```
g.drawRoundRect(10,10,150,70,40,25);                           //画一个圆角矩形
g.setColor(Color.blue); g.fillRoundRect(80,100,100,100,60,40);      //涂一个圆角矩形块
g.drawRoundRect(10,150,40,40,40,40);                           //画圆
g.setColor(Color.red); g.fillRoundRect(80,100,100,100,100,100);     //画圆块
```

用画圆角矩形的方法画圆形：当矩形的宽和高相等，圆角弧的横向直径和圆角弧的纵向直径也相等，并等于矩形的宽和高时，画的就是圆形。

③ 擦除矩形块。当需要在一个着色图形的中间有一个空缺的矩形时，可用背景色填充一矩形块实现，相当于在该矩形块上使用了“橡皮擦”，实现的方法如下。

clearRect(int x,int y, int width,int height)：擦除一个由参数指定的矩形块的着色。

例如，以下代码实现在一个圆中擦除一个矩形块的着色。

```
g.setColor(Color.blue);
g.fillOval(50,50,100,100);
g.clearRect(70,70,40,55);
```

（3）画椭圆形。椭圆形由椭圆的横轴和纵轴确定，画椭圆形有以下两个方法。

❖ drawOval(int x, int y, int width, int height)：画用线围成的椭圆形。其中参数 x 和 y 指定椭圆形左上角的位置，参数 width 和 height 是横轴和纵轴。

❖ fillOval(int x, int y, int width, int height)：用预定的颜色填充的椭圆形，是一个着色块。也可以用画椭圆形方法画圆形，当横轴和纵轴相等时，所画的椭圆形即为圆形。

以下代码是画椭圆形的例子。

```
g.drawOval(10,10,60,120);                                      //画椭圆形
g.setColor(Color.cyan);g.fillOval(100,30,60,60);                  //涂圆块
g.setColor(Color.magenta);g.fillOval(15,140,100,50);              //涂椭圆形
```

（4）画圆弧。画圆弧有以下两个方法。

❖ drawArc(int x, int y, int width, int height, int startAngle, int arcAngle)：画椭圆一部分的圆弧线。椭圆的中心是它的外接矩形的中心，其中参数是外接矩形的左上角坐标(x,y)，宽是 width，高是 heigh。参数 startAngle 的单位是“度”，起始角度 0 度是指 3 点钟方位。参数 startAngle 和 arcAngle 表示从 startAngle 角度开始，逆时针方向画 arcAngle 度的弧，约定：正值度数是逆时针方向，负值度数是顺时针方向，例如，-90 度是 6 点钟方位。

❖ fillArc(int x, int y, int width, int height, int startAngle, int arcAngle)：用 setColor()方法设定的颜色，画着色椭圆的一部分。

以下代码是画圆弧的例子。

```
g.drawArc(10,40,90,50,0,180);                             //画圆弧线
g.setColor(Color.yellow); g.fillArc(10,100,40,40,0,-270);//填充缺右上角的四分之三的椭圆
```

（5）画多边形。多边形是用多条线段首尾连接而成的封闭平面图。多边形线段端点的 x 坐标和 y 坐标分别存储在两个数组中，画多边形就是按给定的坐标点顺序用直线段将它们连起来。画多边形常用的两个方法如下。

❖ drawPolygon(int xpoints[], int yPoints[], int nPoints)：画一个多边形。

❖ fillPolygon(int xPoints[], int yPoints[], int nPoints)：用方法 setColor()设定的颜色着色多边形。其中，数组 xPoints[]存储 x 坐标点，yPoints[]存储 y 坐标点，nPoints 是坐标点个数。

注意：上述方法并不自动闭合多边形，要画一个闭合的多边形，给出坐标点的最后一点必须与第一点相同。

以下代码实现填充一个三角形和画一个八边形。

```
int px1[]={50,90,10,50};        //首末点相重，才能画多边形
int py1[]={10,50,50,10};
int px2[]={140,180,170,180,140,100,110,140};
int py2[]={5,25,35,45,65,35,25,5};
g.setColor(Color.blue);
g.fillPolygon(px1,py1,4);
g.setColor(Color.red);
g.drawPolygon(px2,py2,9);
```

（6）限定作图显示区域。

限定区域是指用一个矩形表示图形的显示区域，要求图形在指定的范围内有效，不重新计算新的坐标值，自动实现超出部分不显示，方法如下。

clipRect(int x, int y, int width, int height)：限制图形在指定区域内显示，超出部分不显示。多个限制区域有覆盖时，得到限制区域的交集区域。例如，代码

```
g.clipRect(0,0,100,50);
g.clipRect(50,25,100,50);
```

相当于

```
g.clipRect(50,25,50,25);
```

（7）复制图形。

利用 Graphics 类的方法 copyArea()可以实现图形的复制，其使用格式是 copyArea(int x, int y, int width, int height, int dx, int dy)。dx 和 dy 分别表示将图形粘贴到原位置偏移的像素点数，正值为往右或往下的偏移量，负值为往左或往上的偏移量。位移的参考点是要复制矩形的左上角坐标。

例如，以下代码示意将一个矩形的一部分、另一个矩形的全部分别自行复制。

```
g.drawRect(10,10,60,90);
g.fillRect(90,10,60,90);
g.copyArea(40,50,60,70,-20,80);
g.copyArea(110,50,60,60,10,80);
```

3）Graphics2D 类的基本绘图方法

在 Graphics 类提供绘制各种基本几何图形的基础上，扩展 Graphics 类提供一个 Graphics2D 类，它拥有更强大的二维图形处理能力，提供坐标转换、颜色管理以及文字布局等更精确的控制。

（1）绘图属性。

Graphics2D 定义了几种方法，用于添加或改变图形的状态属性。可以通过设定和修改状态属性，指定画笔宽度和画笔的连接方式；设定平移、旋转、缩放或修剪变换图形；以及设定填充图形的颜色和图案等。图形状态属性用特定的对象存储。

① stroke 属性。stroke 属性控制线条的宽度、笔形样式、线段连接方式或短画线图案。该属性的设置需要先创建 BasicStroke 对象，再调用 setStroke()方法来设置。创建 BasicStroke 对象的方法有以下两种。

- BasicStroke(float w)：指定线条宽 w。
- BasicStroke(float w, int cap, int join)：cap 是端点样式，有 CAP_BUTT（无修饰）、CAP_ROUND（半圆形末端）和 CAP_SQUARE（方形末端，默认值）3 个。join 定义

两线段交汇处连接方式，有 JOIN_BEVEL（无修饰）、JOIN_MTTER（尖形末端，默认值）和 JOIN_ROUND（圆形末端）3 个。

② paint 属性。paint 属性控制填充效果。先调用以下方法确定填充效果，利用 setPaint()方法设置。

- ❖ GradientPaint(float x1, float y1, Color c1, float x2, flaot y2, Color c2)：从(x1,y1)到(x2,y2)颜色从 c1 渐变到 c2。其中，参数 c1、c2 决定这个渐变色是从颜色 c1 渐变到颜色 c2。参数 x1、y1、x2、y2 决定了渐变的强弱，即要求从点(x1,y1)出发到达点(x2,y2)，颜色从 c1 变成 c2。
- ❖ GradientPaint(float x1, float y1, Color c1, float x2, float y2, Color c2, Boolean cyclic)：如果希望渐变到终点又是起点的颜色，应将 cyclic 设置为 true。

③ transform 属性。transform 属性用来实现常用的图形平移、缩放和斜切等变换操作。首先创建 AffineTransform 对象，然后调用 setTransform()方法设置 transform 属性。最后，用具有指定属性的 Graphics2D 对象绘制图形。创建 AffineTransform 对象的方法有以下 5 种。

- ❖ getRotateinstrance(double theta)：旋转 theta 弧度。
- ❖ getRotateInstance(double theta, double x, double y)：绕旋转中心（x,y）旋转。
- ❖ getScaleInstance(double sx, double sy)：x 和 y 方向分别按 sx,sy 比例变换。
- ❖ getTranslateInstance(double tx, double ty)：平移变换。
- ❖ getShearInstance(double shx, double shy)：斜切变换，shx 和 shy 指定斜拉度。

也可以先创建一个没有 transform 属性的 AffineTransform 对象，然后用以下方法指定图形平移、旋转、缩放变换属性。

- ❖ transelate(double dx, double dy)：将图形在 x 轴方向平移 dx 像素。
- ❖ scale(double sx, double sy)：图形在 x 轴方向缩放 sx 倍，纵向缩放 sy 倍。
- ❖ rotate(double arc, double x, double y)：图形以点（x,y）为轴点，旋转 arc 弧度。

④ clip 属性。clip 属性用于实现剪裁效果。设置剪裁属性可调用 setClip()方法确定剪裁区的 Shape。连续多个 setClip()得到它们交集的剪裁区。

⑤ composit 属性。composit 属性设置图形重叠区域的效果。先用方法 AlphaComposite. getInstance(int rule, float alpha)得到 AlphaComposite 对象，再通过 setComposite()方法设置混合效果。Alpha 值的范围为 0.0f（完全透明）到 0.1f（完全不透明）。

（2）绘图方法。

Graphics2D 类仍然保留 Graphics 类的绘图方法，同时增加了许多新方法。新方法将几何图形（线段、圆等）作为一个对象来绘制。在 java.awt.geom 包中声明的一系列类，分别用于创建各种身体图形对象。主要有 Line2D 线段类、RoundRectangle2D 圆角矩形类、Ellipse2D 椭圆类、Arc2D 圆弧类、QuadCurve2D 二次曲线类、CubicCurve2D 三次曲线类。

要用 Graphics2D 类的新方法画一个图形，基本步骤如下：首先，在重画方法 paintComponent()或 paint()中，把参数对象 g 强制转换成 Graphics2D 对象；然后，用上述图形类提供的静态方法 Double()创建该图形的对象；最后，以图形对象为参数调用 Graphics2D 对象的 draw()方法绘制这个图形。

例如，以下代码用 Graphics2D 的新方法绘制线段和圆角矩形。

```
Graphics2D g2d = (Graphics2D)g;                //将对象g类型从Graphics转换成Graphics2D
Line2D line = new Line2D.Double(30.0,30.0,340.0,30.0);
g2d.draw(line);
```

```
RoundRectangle2D rRect = new RoundRectangle2D.Double(13.0,30.0,100.0,70.0,40.0,20.0);
g2d.draw(rRect);
```

也可以在转换成 Graphics2D 对象后，先运用单精度 Float 或双精度 Double 坐标创建 Shape 对象，然后再用 draw()方法绘制。

例如，以下代码先创建圆弧对象，然后绘制圆弧。

```
Shape arc = new Arc2D.Float(30,30,150,150,40,100,Arc2D.OPEN);
g2d.draw(arc);                                    //绘制前面创建的图形对象arc
```

下面介绍常用图形对象的创建方法。

① 线段。

```
Line2D line = new Line2D.Double(2,3,200,300);    //声明并创建线段对象
//起点是(2,3)，终点是(200,300)
```

② 矩形。

```
Rectangle2D rect = new Rectangle2D.Double(20,30,80,40);
//声明并创建矩形对象，矩形的左上角是(20,30)，宽是80，高是40
```

③ 圆角矩形。

```
RoundRectangle2D rectRound = new RoundRectangle2D.Double(20,30,130,100,18,15);
//左上角是(20,30)，宽是130，高是100，圆角的长轴是18，短轴是15
```

④ 椭圆。

```
Ellipse2D ellipse = new Ellipse2D.Double(20,30,100,50);
//左上角 (20,30)，宽是100，高是50
```

⑤ 圆弧。

```
Arc2D arc1 = new Arc2D.Double(8,30,85,60,5,90,Arc2D.OPEN);
//外接矩形的左上角(8,30)，宽85，高60，起始角是5度，终止角是90度
Arc2D arc2 = new Arc2D.Double(20,65,90,70,0,180,Arc2D.CHORD);
Arc2D arc3 = new Arc2D.Double(40,110,50,90,0,270,Arc2D.PIE);
```

参数 Arc2D.OPEN、Arc2D.CHORD、Arc2D.PIE 分别表示圆弧是开弧、弓弧和饼弧。

⑥ 二次曲线。

二次曲线用二阶多项式表示：y(x)=ax2+bx+c。

一条二次曲线需要 3 个点确定：始点、控制点和终点。

```
QuadCurve2D curve1 = new QuadCurver2D.Double(20,10,90,65,55,115);
QuadCurve2D curve2 = new QuadCurver2D.Double(20,10,15,63,55,115);
QuadCurve2D curve3 = new QuadCurver2D.Double(20,10,54,64,55,115);
```

方法 Double()中的 6 个参数分别是二次曲线的始点、控制点和终点。以上 3 条二次曲线的开始点和终点分别相同。

⑦ 三次曲线。

三次曲线用三阶多项式表示：y(x)=ax3+bx2+cx+d。

一条三次曲线需要 4 个点确定：始点、两个控制点、终点。

```
CubicCurve2D curve1 = new CubicCurve2D.Double(12,30,50,75,15,15,115,93);
CubicCurve2D curve2 = new CubicCurve2D.Double(12,30,15,70,20,25,35,94);
CubicCurve2D curve3 = new CubicCurve2D.Double(12,30,50,75,20,95,95,95);
```

方法 Double()中的 8 个参数分别是三次曲线的始点、两个控制点、终点。

4）显示文字的方法

Java 绘图中，显示文字的方法主要有 3 个。

（1）drawString(String str,int x,int y)：在指定的位置显示字符串。

（2）drawChars(char data[],int offset,int length, int x, int y)：在指定的位置显示字符数组中的文字，从字符数组的 offset 位置开始，最多显示 length 个字符。

（3）drawBytes(byte data[],int offset,int length,int x,int y)：在指定的位置显示字符数组中的文字，从字符数组的 offset 位置开始，最多显示 length 个字符。

文字字型有 3 个要素。

（1）字体：常用的字体有 Times New Roman、Symbol、宋体、楷体等。

（2）风格：常用风格有正常、粗体和斜体 3 种，分别用 Font.PLAIN（正常）、Font.BOLD（粗体）和 Font.ITALIC（斜体）3 个常量表示。风格可以组合使用，如 Font.BOLD+Font.ITALIC。

（3）字号：字号是字的大小，单位是磅。

在 Java 语言中，用类 Font 对象字型。Font 类构造方法如下。

```
Font(String fontName,int style,int size)
```

3 个参数分别表示字体、风格和字号。例如：

```
Font fnA = new Font("楷体",Font.PLAIN,12);
```

设置的字型是楷体、正常风格、12 磅字号。

2. 图像的显示

图像是由一组像素构成，用二进制形式保存的图片。Java 语言支持 GIF、JPEG 和 BMP 3 种主要图像文件格式。Java 语言的图像处理功能被封装在 Image 类中。

1）图像载入和输出

（1）图像载入。在 java 程序中，图像也是对象，所以载入图像时，先要声明 Image 对象；然后利用 getImage()方法把 Image 对象与图像文件联系起来。载入图像文件的方法有以下两个。

❖ Image getImage(URL url)：url 指明图像所在位置和文件名。

❖ Image getImage(URL url,String name)：url 指明图像所在位置，name 是文件名。

例如，如下代码声明 Image 对象，并用 getImage()对象与图像文件联系起来。

```
Image img = getImage(getCodeBase(),"family.jpg");
```

（2）图像信息获取。获取图像信息（属性）的方法有以下两个。

❖ getWidth(ImageObserver observer)：取宽度。

❖ getHeight(ImageObserver observer)：取高度。

（3）图像输出。输出图像的代码写在 paint()方法中，有 4 个显示图像的方法。

❖ boolean drawImage(Image img, int x, int y, ImageObserver observer)

❖ boolean drawImage(Image img, int x, int y, Color bgcolor, ImageObserver observer)

❖ boolean drawImage(Image img, int x, int y, int width, int height, ImageObsever observer)

❖ boolean drawImage(Image img,int x,int y,int width,int height,Color bgcolor, ImageObsever observer)

参数 img 是 Image 对象，x,y 是绘制图像矩形的左上角位置，observer 是加载图像时的图像观察器，bgcolor 是显示图像用的底色，width 和 height 是显示图像的矩形区域，当这个区域与图像的大小不同时，显示图像会有缩放处理。

Applet 类也实现 ImageObserver 接口，常用 this 作为实参。显示图像方法如下。

❖ g.drawImage(image1,0,0,this)：原图显示。

❖ g.drawImage(image2,10,10,Color.red,this)：图形加底色显示。

注意：如原图的大小与给定的范围不同，系统会自动缩放。

❖ g.drawImage(labImag,0,0,this)：原图显示。

❖ g.grawImage(labImag,0,120,100,100,this)：缩放显示。

由于在 Frame、JFrame 和 JPanel 等类中没有提供 getImage()方法，它们载入的图像需要使用 java.awt.Toolkit 中的 Toolkit 抽象类，该类载入图像文件的方法如下。

❖ Image.getImage(String name)：按指定的文件名载入图像文件。

❖ Image.getImage(URL url)：统一资源定位符载入图像文件。

这样，各种组件可以用 getToolkit()方法得到 Toolkit 对象；然后在组件的 paint()方法中通过 Toolkit 对象显示图像，以下代码示意了这种用法。

```
Toolkit tool = getToolkit();
URL url = new URL(http://www.weixueyuan.net/image.gif);
Image img = tool.getImage(url);
```

组件也可以使用 Toolkit 提供的静态方法 getDefaultToolkit()获得一个默认的 Toolkit 对象，并用它加载图像。此时，载入图像的代码如下。

```
Image img = Toolkit.getDefaultToolkit().getImage(url);
```

2）图像缓冲显示

当图像信息量较大，采用以上直接显示的方法，可能在前面一部分显示后，显示后面一部分时，由于后面一部分还未从文件读出，使显示呈斑驳现象。为了提高显示效果，许多应用程序都采用图像缓冲技术，即先把图像完整装入内存，在缓冲区中绘制图像或图形；然后将缓冲区中绘制好的图像或图形一次性输出在屏幕上。缓冲技术不仅可以解决闪烁问题，并且由于在计算机内存中创建图像，程序可以对图像进行像素级处理，完成复杂的图像变换后再显示。

程序要创建缓冲区图像，需要引入 java.awt.image 包中的 BufferedImage 类。要创建一个缓冲区图，可以调用 createImage()方法，该方法返回一个 Image 对象；然后再将它转换成一个 BufferedImage 对象。例如，可以利用以下代码。

```
BufferedImage bimage = (BufferedImage)this.createImage(this.getWidth(),this.getHeight());
```

也可利用以下构造方法来建立。

```
BufferedImage(int width,int heigh, int imageType);
```

其中，参数 imageType 是图像类型。

使用缓冲区显示图像，需先在缓冲区中准备好图像，再将缓冲区中的图像显示在界面上。显示图像需要图形对象 Graphics，可以通过以下方法建立。

```
Graphics2D g2d = bimge.createGraphics();
```

8.3　第 8 章小结

本章主要讲解了 AWT 和 Swing 包中有关图形用户组件的使用。学习了图形用户接口所需要的一些基本元件：面板、按钮、标签、滚动条、列表框、文本域、文本区等组件，以及各组件的事件处理机制和方法。除此以外，还讲解了内部类、匿名类在图形用户界面编程中的运用，基本图形的绘制与显示。知识点较多，需要通过大量的练习来加深和巩固对它们的理解和应用。

8.4 育人进阶——成功在于坚持

一个人的成败固然与天生的禀赋有关，但后天的努力和坚持更重要，这是众所周知的。说起来好像都明白，但并不是每个人都能做得到。生活中的信仰与执着总是会被一些琐碎的事打断，不知不觉中背弃当初的理想，也成为随波逐流的一个人，抱怨自己天资不够聪明。要知道，再聪明的人，没有后天的努力与坚持，也绝不可能成为成功者。

开学第一天，古希腊大哲学家苏格拉底对学生们说："今天咱们只学一件最简单也是最容易做的事：每人把胳膊尽量往前甩，然后再尽量往后甩。"说着，苏格拉底做了一遍示范，"从今天开始，每天做 300 下。大家能做到吗？"

学生们都笑了。这么简单的事，有什么做不到的？过了一个月，苏格拉底问学生们："每天甩胳膊 300 下，哪些同学坚持了？"有 90%的同学骄傲地举起了手。

又过了一个月，苏格拉底又这样问，这回，坚持下来的学生只剩下八成。

一年过后，苏格拉底再一次问大家："请告诉我，甩胳膊运动，还有哪些同学坚持了？"这次，整个教室里只有一个人举起了手。这个学生就是后来成为古希腊另一位大哲学家的柏拉图。

坚持其实是世间最容易也是最难的事，做事情贵在坚持，持之以恒。说它容易，是因为只要你愿意去做，人人都能做到。说它难，是因为在这个过程中总会出现一些使你动摇的事情。因此能够坚持到底的人终究是少数。为了达到自己的目标，你有毅力坚持不懈吗？不管遇到多大的困难，多强的阻碍，你都能够坚持下来吗？想一想我们有过多少次只因没有坚持到底而失败的事呢？许多失败，其实如果肯再多坚持一分钟，或再多付出一点努力，就可以转变为成功。

爱迪生为找做灯丝的材料，做了 5000 多次实验，都失败了。有人问他："你已经失败了 5000 多次了吧？"爱迪生却说："不对！我不是失败了 5000 多次，而是知道了这 5000 多种材料不适合做灯丝，我还要继续下去！"他的坚持，最终让他找到了适合做灯丝的材料，发明了电灯。

美国历史上最伟大的总统之一——林肯，终其一生都在面对挫败，他八次竞选全部落败，两次经商失败，甚至还精神崩溃过一次。有好多次，他本可以妥协，但他并没有放弃。"此路艰辛而泥泞。我一只脚滑了一下，另一只脚也因而站不稳；但我缓口气，告诉自己，这不过是滑了一跤，并不是死去而爬不起来。"

当遇到困难的时候不要轻言放弃。谁都不可能一蹴而就，成功的路上布满荆棘，谁能坚持到困难向你屈服退缩的时候，谁就将是最后的成功者。三分钟热度无法成就你的梦想，只有坚持下去，不断总结经验教训，才是成功的秘诀。

本文节选自 80 后励志网，略有删减。

原文链接：https://www.201980.com/lizhi/chenggong/27468.html

8.5 巩固练习

一、选择题

1．编写图形用户界面程序时，一定要引入的包是（　　）。

A．import java.awt;　　B．import java.awt.*;

C．import javax.awt;　　D．import javax.swing;

2．下列说法中错误的是（　　）。

A．组件是一个可视化的能与用户交互的对象

B．组件必须放在容器里才能正确显示出来

C．组件能独立显示

D．组件中还能放置其他组件

3．下列关于 Frame 窗体的说法中，错误的是（　　）。

A．对于窗体来说，可以调用其 setVisible()方法来显示

B．对于窗体来说，可以调用其 show()方法来显示

C．要正确显示窗体，必须为其设置合适的尺寸，否则尺寸为 0，不会正常显示

D．窗体中可以添加面板容器

4．下列说法中错误的是（　　）。

A．TextArea 可以显示多行多列文本

B．TextField 可以显示单行多列文本

C．Component 类是抽象类，其他的组件类都是该类的子类

D．Container 类不是 Component 类的子类

5．下列选项中不属于 AWT 布局管理器的是（　　）。

A．GridLayout　　B．CardLayout

C．FlowLayout　　D．BoxLayout

6．下列说法中错误的是（　　）。

A．采用 GridLayout 布局管理器，容器中每个组件平均分配容器的空间

B．采用 GridLayout 布局管理器，容器大小改变时，各组件将不再平均分配容器空间

C．采用 GridLayout 布局管理器，容器中的组件按从左到右、从上到下的顺序放入容器

D．采用 GridLayout 布局管理器，容器中各个组件形成一个网格状布局

7．下列说法中，错误的一项是（　　）。

A．事件处理对象也可以是一个组件

B．在 Java 中，事件也是类

C．事件源是一个组件

D．事件处理对象接受事件对象，然后做出相应的处理

8．下列说法中，错误的一项是（　　）。

A．TextField 组件中按 Enter 键会触发 ActionEvent 事件

B．与 ActionListener 接口对应的适配器类是 ActionAdapter

C．MouseEvent 类与 KeyEvent 类都是 InputEvent 类的子类

D．Frame 是顶级容器，无法直接侦听键盘输入事件

9．下列关于容器的描述中，错误的是（　　）。

A．容器是由若干个组件和容器组成的

B．容器是对图形界面中界面元素的一种管理

C．容器是一种指定宽和高的矩形范围

D．容器都是可以独立的窗口

10．下列界面元素中，不是容器的是（　　）。

A．List　　B．JFrame　　C．JDialog　　D．JPanel

11．下列关于实现图形用户界面的描述中，错误的是（　　）。

A．放在容器中的组件首先要定义，接着要初始化

B．放在容器中的多个组件是要进行布局的，默认布局策略是 FlowLayout

C．容器中所有组件都是事件组件，都可产生事件对象

D．事件处理是由监听者定义的方法来实现的

12．下列关于组件类的描述中，错误的是（　　）。

A．组件类中包含文本组件类（TextComponent）和菜单组件类（JMenuComponent）

B．标签（JLabel）和按钮（JButton）是组件类（JComponent）的子类

C．面板（JPanel）和窗口（JWindow）是容器类（Container）的子类

D．文本框（JTextField）和文本区（JTextArea）是文本组（TextComponent）的子类

13．在对下列语句的解释中，错误的是（　　）。

```
but.addActionListener(this);
```

A．but 是某种事件对象，如按钮事件对象

B．this 表示当前容器

C．ActionListener 是动作事件的监听者

D．该语句的功能是将 but 对象注册为 this 对象的监听者

14．所有事件类的父类是（　　）。

A．ActionEvent　　B．AwtEvent

C．KeyEvent　　D．MouseEvent

15．所有 GUI 标准组件类的父类是（　　）。

A．JButton　　B．List

C．Component　　D．Container

16．下列各种布局管理器中，Window 类、JDialog 类和 JFrame 类的默认布局是（　　）。

A．FlowLayout　　B．CardLayout

C．BorderLayout　　D．GridLayout

17．在下列各种容器中，最简单的、无边框的、又不能移动和缩放的、只能包含在另一种容器中的容器是（　　）。

A．JWindow　　B．JDialog

C．JFrame　　D．JPanel

18．下列关于菜单和对话框的描述中，错误的是（　　）。

A．JFrame 容器是可以容纳菜单组件的容器

B．菜单条中可包含若干菜单，菜单中又可包含若干菜单项，菜单项中可包含菜单子项

C．对话框与 JFrame 一样都可作为程序的最外层容器

D．对话框内不含有菜单条，它是由 JFrame 弹出的

二、判断题

1．容器是用来组织其他界面成分和元素的单元，它不能嵌套其他容器。（　　）

2．一个容器中可以混合使用多种布局策略。（　　）

3．使用 BorderLayout 布局管理器时，GUI 组件可以按任何顺序添加到面板上。（　　）

4．在使用 BorderLayout 时，最多可以放入 5 个组件。（　　）

5．每个事件对应一事件监听器接口，每一监听器接口都有相对应的适配器。（　　）

6．在 Swing 用户界面的程序设计中，容器可以被添加到其他容器中去。（　　）

三、填空题

1．框架（JFrame）和面板（JPanel）的默认布局管理器分别是________和________。

2．Swing 的布局管理器主要包括____。

3．Java 事件处理包括建立事件源、________和将事件源注册到监听器。

4．AWT 的事件处理机制包括________、事件和事件监听者。

5．Swing 的顶层容器有________、JApplet、JWindow 和 JDialog。

四、简答题

1．简述图形用户界面的构成成分及各自的作用。

2．开发图形用户界面的基本步骤是什么？

3．框架（JFrame）和面板（JPanel）有哪些主要区别？

4．JMenu 组件的层次结构是什么样的？

5. 什么是事件源？什么是监听者？Java 的图形用户界面中，谁可以充当事件源？谁可以充当监听者？

6．动作事件的事件源可以有哪些？如何响应动作事件？

7．为什么要使用布局管理器？窗体和面板默认的布局管理器各是什么？

8．如何为组件注册一个事件侦听器？如何实现一个侦听器接口？

五、编程题

1．使用 NetBeans 创建一个窗体 SwingJFrame 类，接受用户输入的账号和密码，给 3 次输入机会：若账号等于 abc 且密码等于 123 则登录成功，否则予以警告并重新输入。

2．编写一个 Calculator 窗体类，模拟简单计算器功能，能实现对数字进行加、减、乘、除、求平方、求倒数、取反、退格、清零等基本操作。

3．使用各种 AWT 组件，制作一个简单的企业信息调查表，其主要内容有企业名称、注册资金（整数）、员工数量（整数）、从事行业（机构组织、信息产业、医药卫生、机械机电，4 选 1）、年营业额（浮点数）和利润率（浮点数）；当单击“确认”按钮，系统将在控制台输出所选（或输入）的信息；当单击“取消”按钮，系统将为各组件恢复初始默认状态；当单击“退出”按钮，则退出系统运行。

4．使用窗体容器创建一个简易的文本编辑器，为其添加一个主菜单和一个文本区，利用主菜单中的菜单项和文本区分别完成对文件的新建、打开、保存以及对文本区内容的编辑功能，实现“复制”“剪切”“粘贴”功能。

第9章　多线程编程

学习目标与要求

本章主要介绍 Java 多线程编程的有关知识。通过本章的学习，读者应能够掌握以下知识点。

- ❖ 了解线程的概念、特点、线程运行机制和生命周期。
- ❖ 理解程序、进程与线程之间的异同。
- ❖ 掌握 Java 多线程的实现方式。
- ❖ 掌握 Java 多线程的创建、启动。
- ❖ 掌握线程优先级的设置与调度。
- ❖ 掌握 Java 线程的同步机制。
- ❖ 理解线程死锁的原理和规避方法。

学习重点

Java 多线程程序的编写方法以及线程的调度。

9.1　任务案例：弹球游戏的设计与实现

9.1.1　实现过程

【任务说明】

制作一个弹球游戏，游戏界面如图 9.1 所示。游戏要求：每当单击“开始”按钮，从窗口左上角能弹出一个弹球，并能够在容器内自由移动，弹球若遇到容器边界能够自动往相反方向弹回；当单击“终止”按钮时，所有弹球暂停运动；当单击右上角的“关闭”按钮时，将关闭整个窗口并结束游戏。

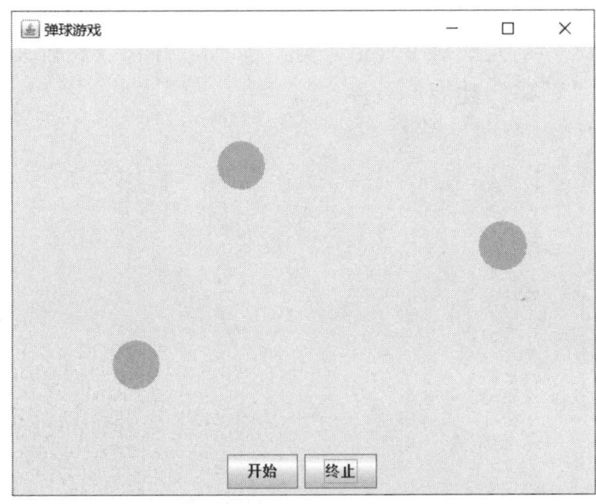

图 9.1　弹球游戏界面

【任务目的】

（1）理解 Java 线程运行的状态及其变化机制。

（2）掌握 Java 多线程实现方式及线程的创建和启动。

（3）掌握 Java 多线程程序的编写方法。

【技术要点】

（1）使用用户图形界面编程，完成游戏背景界面的设计。

（2）使用绘图类完成弹球的绘制。

（3）多个弹球的运动可以使用多线程技术实现。

【实现步骤】

（1）创建弹球 Ball 类，绘制弹球形状，并定义其移动方法，代码如下。

```
package game;
import java.awt.geom.Ellipse2D;
import java.awt.geom.Rectangle2D;
class Ball{
   private static final int XSIZE = 40;            //XSIZE和YSIZE分别是球的最大横轴和纵轴尺寸
   private static final int YSIZE = 40;
   private double x=0;                             //x和y分别是球最左边沿点的坐标值
   private double y=0;
   private double dx=1;
   private double dy=1;
   public void move(Rectangle2D bounds)
   {
      x+=dx;
      y+=dy;
      if(x<bounds.getMinX())
      {
           x=bounds.getMinX();
           dx=-dx;
      }
      if(x+XSIZE>=bounds.getMaxX())
      {
          x=bounds.getMaxX()-XSIZE;
          dx=-dx;
      }
      if(y<bounds.getMinY())
      {
          y=bounds.getMinY();
          dy=-dy;
      }
      if (y+YSIZE>=bounds.getMaxY())
      {
          y=bounds.getMaxY()-YSIZE;
          dy=-dy;
      }
    }
    public Ellipse2D getShape()
    {
      return new Ellipse2D.Double(x,y,XSIZE,YSIZE);          //绘制球的形状
    }
}
```

（2）创建内容面板 BallPanel 类，在其中定义球类集合，往集合中添加新生成的球对象，并填充球的颜色，代码如下。

```
package game;
import java.awt.Color;
```

```
import java.awt.Graphics;
import java.awt.Graphics2D;
import java.util.ArrayList;
import javax.swing.JPanel;
class BallPanel extends JPanel
{
    private ArrayList<Ball> balls = new ArrayList<Ball>();
    public void addBall(Ball b)
    {
        balls.add(b);
    }
    public void paintComponent(Graphics g)
    {
        super.paintComponent(g);
        Graphics2D g2 = (Graphics2D)g;

        for(Ball b:balls){
            g2.setColor(Color.pink);
            g2.fill(b.getShape());
        }
    }
}
```

（3）创建 BallRunnable 类，以实现 Runnable 接口的方式来实现多线程，在其中的 run()方法中实现球类线程所要完成的功能，包括球的移动、绘制和速度控制，代码如下。

```
package game;
import java.awt.Component;
class BallRunnable implements Runnable
{
    private Ball ball;
    private BounceFrame bf;
    private Component component;
    public BallRunnable(Ball aBall,Component aComponent)
    {
        ball = aBall;
        component = aComponent;
    }
    public void run()
    {
        try{
            do{
                ball.move(component.getBounds());
                component.repaint();
                Thread.sleep(5);
            }while(bf.flag);
        }catch(InterruptedException e)
        {
            Thread.currentThread().interrupt();
        }
    }
}
```

（4）创建 BounceFrame，绘制本游戏的界面框架，加入内容面板、“开始”和“终止”按钮，设置好界面布局，并实现对两个按钮单击事件的监听和处理，代码如下。

```
package game;
import java.awt.BorderLayout;
import java.awt.event.ActionEvent;
import java.awt.event.ActionListener;
import javax.swing.JButton;
```

```
import javax.swing.JFrame;
import javax.swing.JPanel;
import java.util.ArrayList;

class BounceFrame extends JFrame
{
    private BallPanel panel;
    static boolean flag = true;
    public BounceFrame()
    {
        setSize(500,400);
        setTitle("弹球游戏");
        panel = new BallPanel();
        add(panel,BorderLayout.CENTER);
        JPanel buttonPanel = new JPanel();

        JButton btnOK = new JButton("开始");
        buttonPanel.add(btnOK);
        btnOK.addActionListener(new ActionListener()
        {
            public void actionPerformed(ActionEvent event)
            {
                flag= true;
                addBall();
            }
        });

        JButton btnClose = new JButton("终止");
        buttonPanel.add(btnClose);
        btnClose.addActionListener(new ActionListener()
        {
            public void actionPerformed(ActionEvent event)
            {
                flag= false;
            }
        });
        add(buttonPanel,BorderLayout.SOUTH);
    }

    public void addBall()
    {
        Ball b= new Ball();
        panel.addBall(b);
        Runnable r = new BallRunnable(b,panel);
        Thread t=new Thread(r);
        t.start();
    }
}
```

（5）创建主类 BounceGame，启动本游戏，并设置窗口的关闭和退出，代码如下。

```
package game;
import javax.swing.JFrame;
public class BounceGame
{
    public static void main(String[] args)
    {
        JFrame frame = new BounceFrame();
        frame.setDefaultCloseOperation(JFrame.EXIT_ON_CLOSE);
        frame.setVisible(true);
    }
}
```

9.1.2 知识集萃

1. 线程

线程（thread）是这样一种机制，它允许在程序中并发执行多个指令流，每个指令流都称为一个线程，彼此间互相独立。多线程程序是 Java 语言的一个很重要的特点。在一个 Java 程序中，可以同时并行运行多个相对独立的线程，例如，如果创建一个线程来进行数据输入/输出，而创建另一个线程在后台进行其他数据处理；那么当输入/输出线程在接收数据被阻塞时，处理数据的线程仍然可以独立地保持运行。多线程程序设计大大提高了程序的执行效率和处理能力。

线程不能独立存在，它隶属于进程（process），它们之间是包含关系。在基于线程的多任务处理环境中，线程是最小的执行单位。进程本质上是一个执行的程序，拥有自己独立的地址空间和存储空间，进程之间的通信和转换所消耗的系统资源都比较大。而线程可称为轻量级进程，它和进程一样，拥有独立的执行控制，由操作系统负责调度；但区别在于线程没有独立的地址和存储空间，而是和所隶属进程中的其他线程共享同一套地址和存储空间，这使得线程间的通信和转换较进程更简单和成本也更低。

2. 线程周期

线程在整个生命周期中，通常要经历新生、就绪、运行、阻塞和死亡 5 种状态，下面进行简要说明。

1）新生状态

新生状态是一个线程调用 new()方法产生一个线程对象之后，并在调用 start()方法之前所处的状态。线程对象已经产生，系统为之分配内存空间，但尚未被启动，所以还无法执行。处于该状态的线程可通过调用 start()方法进入就绪状态。

2）就绪状态

线程在新生状态下调用 start()方法后进入就绪状态，处于就绪状态的线程已经具备了运行的条件，但尚未分配到 CPU 资源，因而它将进入线程队列进行排队，等待系统为它分配 CPU 资源。一旦获得 CPU 资源，该线程就进入运行状态，并自动调用自己的 run()方法。此时，它脱离创建它的主线程，独立开始自己的生命周期。需要指出的是，一共有 4 种情况能使线程进入就绪状态，总结如下。

（1）线程对象调用 start()方法。

（2）本来处于阻塞状态，后来阻塞被解除。

（3）如果运行时调用 yield()方法，避免一个线程占用资源过多，暂时中断一下，会让线程重新进入就绪状态。注意，如果调用 yield()方法之后，没有其他等待执行的线程，此线程就会马上恢复执行。

（4）JVM（Java 虚拟机）本身将本地线程切换到其他线程，那么这个线程则进入就绪状态。

3）运行状态

当 CPU 选定了一个就绪状态的线程，进入执行，此时线程进入运行状态，线程真正开始执行线程体的具体代码块，主要就是 run()方法。

需要注意的是，一定是从就绪状态→运行状态，而不是从阻塞状态→运行状态的。

4）阻塞状态

阻塞状态指的是代码不继续执行，而进入等待，待阻塞解除后，重新进入就绪状态。阻塞状态的发生肯定是由运行状态转换的，即运行状态→阻塞状态，不会从就绪状态转换。一个正在执行的线程在某些特殊情况下，如执行了 suspend()、join()或 sleep()方法，或等待 I/O 设备的使用权，那么它将让出 CPU 并暂时终止自己的执行，进入阻塞状态。阻塞时它不能进入就绪队列，只有当引起阻塞的原因被消除后，线程才转入就绪状态，重新进入线程队列中排队等待 CPU 资源，以便从原来终止处开始继续运行。可导致线程陷入阻塞的方法有如下 4 个。

（1）sleep()方法，占用资源在休眠，可以限制等待多久。

（2）wait()方法，和 sleep()方法的不同之处在于，它是不占用资源的，限制等待多久。

（3）join()方法，加入、合并或者是插队，这个方法阻塞当前线程直到另一个线程完成以后再继续执行。

（4）有些 I/O 阻塞，如 write()或者 read()，因为 I/O 方法是通过操作系统调用的。

5）死亡状态

当一个线程正常结束，它便处于死亡状态。处于死亡状态的线程将永远不再执行。线程死亡有两个原因：一是正常运行的线程完成了它的全部工作。二是线程被提前强制性地终止，例如，通过执行 stop()或 destroy()方法来终止线程（但不推荐使用）。

各状态之间的转换过程如图 9.2 所示。

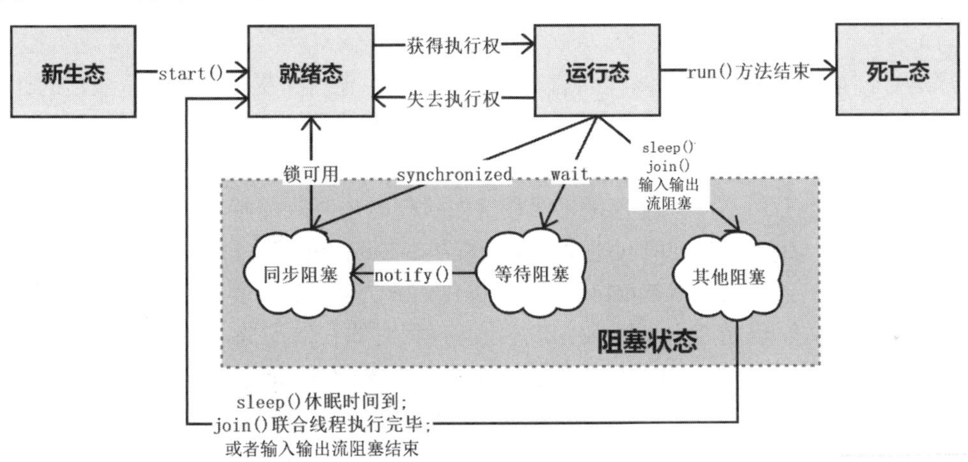

图 9.2　线程状态的转换

如表 9.1 所示，列举了各个进行线程状态转换的方法。

表 9.1　线程状态转换方法

方　法	描　述	当 前 状 态	目 的 状 态
start()	开始执行一个线程	新生	就绪
stop()	结束执行一个线程	新生或运行	死亡
sleep(long)	暂停一段时间，该时间为给定的毫秒	运行	阻塞
suspend()	挂起执行	运行	阻塞
resume()	恢复执行	阻塞	就绪
yield()	明确放弃执行	运行	就绪

3. 线程的创建与使用

在对线程有了初步认识后，现在来学习创建线程的方法。在 Java 中有两个方法可以实现线程的创建。

（1）通过继承 Thread 类创建自定义线程类，然后重写 Thread 类中的 run()方法，加入线程所要执行的代码即可。下面是创建并启动一个线程的语句。

```
Thread thread=new Thread() ;   //创建一个线程对象
Thread.start();             //用Thread类中的start()方法启动线程
```

【例 9-1】通过继承 Thread 类创建线程示例。

```
class ThreadDemo1 extends Thread{
   int count = 1, number;
   ThreadDemo1(int num){
      number = num;
      System.out.println("创建线程"+ number);
   }
   public void run(){
      while (true){
         System.out.println("线程"+ number + ": 计数"+ count);
         if (++count == 6)
            return;
      }
   }
   public static void main(String args[]){
      for (int i = 1; i < 5; i++)
         new ThreadDemo1(i).start();
   }
}
```

程序运行结果，将显示 4 个线程的启动和计数过程。值得一提的是，4 个线程的计数过程是相互混合在一起执行的，在 CPU 资源有限且各线程的优先级无差别的情况下，各线程需交替占用 CPU，因而一个程序中各线程具体执行的顺序并非完全固定不变的，可能每次程序显示的多线程计数结果都会有所不同。这也是多线程并发执行时所具有的特点之一。

（2）通过实现 Runnable 接口创建自定义线程类。Runnable 接口只有一个方法 rnn()，编程人员可以声明自己的类来实现 Runnable 接口并提供这一方法，将要执行的代码写入其中，就完成了这一线程的任务。但是 Runnable 接口并没有任何对线程的支持，所以还必须创建 Thread 类的实例，这一点可通过 Thread 类的构造函数 public Thread(Runnable target)来实现。

【例 9-2】通过实现 Runnable 接口创建线程示例。

```
class ThreadDemo2 implements Runnable {
   int count = 1, number;
   public ThreadDemo2(int num){
      number = num;
      System.out.println("创建线程"+ number);
   }
   public void run(){
      while(true){
         System.out.println("线程"+ number + ":计数"+ count);
         if (++count == 6)
            return;
      }
   }
   public static void main(String[] args) {
      for(int i = 1; i < 5; i++)
         new Thread(new ThreadDemo2(i)).start();
   }
}
```

程序运行结果，也是显示 4 个线程的启动和计数过程。同样由于多线程并发执行的特点，程序每次执行的多线程计数结果可能并不会完全相同。

注意：线程被实际创建后处于待命状态，激活（启动）线程就是启动线程的 run()方法，这是通过调用线程的 start()方法来实现的，而不能直接调用 run()方法启动线程。

从例 9-2 的程序运行结果可以看出线程交替占用 CPU，处于并行运行状态。启动线程的 run()方法是通过调用线程的 start()方法来实现的，调用 start()方法启动线程的 run()方法不同于一般的调用方法。start()方法告诉系统，该线程准备就绪可以启动 run()方法后，就返回 start()方法执行该方法语句后面的其他语句，这时 run()方法可能还在运行。这样，线程的启动和运行并行执行，实现了多任务的操作。

（3）主线程。当 Java 程序启动时，一个线程立刻运行，该线程通常叫作程序的主线程（main thread），因为它是程序开始时就被执行的。主线程的重要性主要体现在以下两个方面。

❖　它是产生其他子线程的线程。

❖　通常它必须最后完成执行，因为它执行各种关闭动作。

尽管主线程在程序启动时自动创建，但它可以由一个 Thread 对象控制。为此，可调用方法 currentThread()获得它的一个引用。currentThread()方法是 Thread 类的公有静态成员，它的通常形式如下。

```
static Thread currentThread()
```

该方法返回一个调用它的线程的引用。一旦获得主线程的引用，就可以像控制其他线程那样控制主线程。

4. 线程的优先级

对于多线程程序，每个线程的重要程度不尽相同，线程的优先级代表了该线程的重要程度，当有多个线程同时处于可执行状态并等待获得 CPU 时间时，线程调度系统根据各个线程的优先级来决定给谁分配 CPU 时间，往往优先级高的线程优先抢占到 CPU 时间得以执行。例如，多个线程交替执行时，优先级决定了级别高的线程得到 CPU 的次数多且时间长一些；这样，高优先级的线程处理任务的效率就高一些。

可以调用 Thread 类的方法 getPriority()和 setPriority()来获取和设置线程的优先级，线程的优先级界于 1（MIN_PRIORITY）和 10（MAX_PRIORITY）之间，而系统默认值是 5（NORM_PRIORITY）。

Java 中线程的优先级从低到高以整数 1～10 表示，共分为 10 级，设置优先级是通过调用线程对象的 setPriority()方法实现的，通过 getPriority()方法来获取优先级。

设置优先级的有关语句示例如下。

```
Thread thread1=new thread1();                //用Thread类的子类创建线程
Thread thread2=new Thread(new thread2());    //用实现Runnable接口类的对象创建线程
thread1.setPriority(6);                      //设置thread1的优先级为6
thread2.setPriority(3);                      //设置thread2的优先级为3
thread1.start();
thread2.start();
```

经过上面的设置，线程 thread1 将会优先于线程 thread2 执行，并将占有更多的 CPU 时间。优先级设置可以放在线程启动前，也可以在启动后进行设置，以满足不同的优先级需求。

5. 线程的同步

一个 Java 程序的多线程之间可以共享数据。当线程以异步方式访问共享数据时，有时是不安全的或者不合逻辑的。例如，同一时刻一个线程在读取数据，另一个线程在处理数据，当处

理数据的线程没有等读取数据的线程读完就去处理同一数据，必然得到错误的处理结果。

1）对象互斥锁

在 Java 语言中，为保证共享数据操作的完整性，引入了对象互斥锁的概念。每个对象都对应于一个可称为"互斥锁"的标记，这个标记用来保证在任一时刻，只能有一个线程访问该对象。

例如，学校中的多媒体教室使用规则：在同一时间，某一教室只能有一个班级上课使用，课前上课教师从值班室领取该教室的钥匙，让学生进入上课，下课后将该教室锁住，将钥匙归还值班室，下一位上课教师才能领取该教室的钥匙让学生进入上课。这样，就保证了在同一时间只能有一个班级上课，不会冲突。

在现实生活中人们使用锁来管理教室，在 Java 系统中，临界区程序段用关键字 synchronized 来标明。当执行以 synchronized 关键字标明的程序段即临界区程序时，线程调度器将这段程序（访问的临界资源）加锁；此时，称该线程占有临界资源，直到这段程序执行完，才释放锁。只有锁被释放后，其他线程才可以访问该临界资源。用关键字 synchronized 定义临界区的语句格式如下。

```
synchronized statement
```

statement 可以是一个方法，也可以是一个语句或一个语句块，最常见的是一个方法。将方法声明为"同步"的关键代码如下。

```
class Store{
   public synchonized void store_in(){
   }
   public synchonized void store_out(){
   }
}
```

2）利用 wait()、notify()及 notifyAll()方法进行通信实现线程间的同步

Java 程序中多个线程是通过消息来实现互相联系的，这几种方法实现了线程间的消息发送。例如，定义一个对象的 synchronized()方法，同一时刻只能有一个线程访问该对象中的同步方法，其他线程将被阻塞。通常可以用 notify()或 notifyAll()方法唤醒其他一个或所有线程，而使用 wait()方法来使该线程处于阻塞状态，等待其他线程用 notify()唤醒。

生产者—消费者问题是多线程同步处理的典型案例，模拟了资源的生产和消费同步执行的情况，代码如例 9-3 所示。

【例 9-3】生产者—消费者同步处理示例。

```
class SyncStack{                                    //同步堆栈类
   private int index = 0;                           //堆栈指针初始值为0
   private char[] buffer = new char[6];             //堆栈有6个字符的空间
   public synchronized void push(char c){           //入栈时加上互斥锁
      while(index == buffer.length){                //堆栈已满，不能入栈
         try{
            this.wait();                            //等待其他线程把数据出栈
         }catch(InterruptedException e){}
      }
      this.notify();                                //通知其他线程把数据出栈
      buffer[index] = c;                            //数据入栈
      index++;                                      //指针向上移动
   }
   public synchronized char pop(){                  //出栈时加上互斥锁
      while(index ==0){                             //堆栈无数据，不能出栈
         try{
            this.wait();                            //等待其他线程把数据入栈
```

```
            }catch(InterruptedException e){}
        }
        this.notify();                              //通知其他线程把数据入栈
        index--;                                    //指针向下移动
        return buffer[index];                       //数据出栈
    }
}

class Producer implements Runnable {                //生产者类
    SyncStack theStack;
    //生产者类生成的字母都保存到同步堆栈中
    public Producer(SyncStack s){
        theStack = s;
    }
    public void run(){
        char c;
        for(int i=0; i<10; i++){
            c =(char)(Math.random()*26+'A');
            //随机产生10个字符
            theStack.push(c);                       //把字符入栈
            System.out.println("Produced: "+c);  //把字符入栈
            try{
                Thread.sleep((int)(Math.random()*1000));
                //每生成一个字符，线程就休眠
            }catch(InterruptedException e){}
        }
    }
}

class Consumer implements Runnable {                //消费者类
    SyncStack theStack;
    //消费者类获得的字符都来自同步堆栈
    public Consumer(SyncStack s){
        theStack = s;
    }
    public void run(){
        char c;
        for(int i=0;i<10;i++){
            c = theStack.pop();                     //从堆栈中读取字符
            System.out.println("Consumed: "+c);
            //打印字符
            try{
                Thread.sleep((int)(Math.random()*1000));
                //每读取一个字符，线程就休眠
            }catch(InterruptedException e){}
        }
    }
}

class SyncDemo{
    public static void main(String args[]){
        SyncStack stack = new SyncStack();
        //下面的消费者类对象和生产者类对象所操作的是同一个同步堆栈对象
        Runnable source=new Producer(stack);
        Runnable sink = new Consumer(stack);
        Thread t1 = new Thread(source);             //线程实例化
        Thread t2 = new Thread(sink);               //线程实例化
        t1.start();                                 //线程启动
        t2.start();                                 //线程启动
    }
}
```

程序执行结果，打印生产者 Producer 随机产生并入栈的 10 个字符和消费者 Consumer 出栈的对应 10 个字符。限于篇幅，就不再一一罗列了。

上述例子包含有 4 个类，具体如下。

（1）SyncStack 类提供同步堆栈功能。

（2）Producer 类是生产者模型，其中的 run()方法中定义了生产者线程所做的操作，循环调用 push()方法，将生产的 10 个字符送入堆栈中，每次执行完 push 操作后，调用 sleep()方法休眠一段随机时间，以给其他线程执行的机会。

（3）Consumer 类是消费者模型，循环调用 pop()方法，从堆栈中取出一个数据，一共取 10 次，每次执行完 pop 操作后，调用 sleep()方法休眠一段随机时间，以给其他线程执行的机会。

（4）SyncDemo 类作为应用程序，创建两个线程 t1 和 t2，分别利用 Producer 对象和 Consumer 对象操纵同一个堆栈（SyncStack 对象），并通过同步方法及 wait()方法/notify()方法实现两个线程的同步。

以上通过运用 wait()和 notify()方法来实现线程的同步，在同步中还会用到 notifyAll()方法。一般来说，每个共享对象的互斥锁存在两个队列：一个是锁等待队列；另一个是锁申请队列，锁申请队列中的第一个线程可以对该共享对象进行操作，而锁等待队列中的线程在某些情况下将移入锁申请队列。

在线程同步过程中，所用到的 wait()、notify()和 notifyAll()方法的说明如下。

- final void wait() throws InterruptedException：释放已持有的锁，进入等待队列。该方法告知被调用的线程进入休眠状态，直到其他线程调用 notify()方法将其唤醒。可以通过 wait(long timeout)设置等待的超时时间。
- final void notify()：唤醒 wait 队列中的第一个线程并把它移入锁申请队列，队列中的其他线程继续等待。
- final void notifyAll()：唤醒 wait 队列中的所有线程并把它们移入锁申请队列，具有最高优先级的线程最先运行。

需要注意，wait()、nofity()、notifyAll()方法必须在已经持有锁的情况下执行，所以它们只能出现在 synchronized 作用的范围内，也就是出现在用 synchronized 修饰的方法或类中。

6. isAlive()和 join()的使用

通常，多线程程序执行过程中，希望主线程最后结束。在前面的例子中，这点是通过在 main()中调用 sleep()来实现的，经过足够长时间的延迟以确保所有子线程都先于主线程结束。然而，这不是一个令人满意的解决方法，它也带来一个大问题：一个线程如何知道另一线程已经结束？幸运的是，Thread 类提供了回答此问题的方法。

有两种方法可以判定一个线程是否结束。第一，可以在线程中调用 isAlive()。这种方法由 Thread 定义，它的通常形式如下。

```
final boolean isAlive()
```

如果所调用线程仍在运行，isAlive()方法返回 true，如果不是则返回 false。但 isAlive()方法很少用到，等待线程结束的更常用的方法是调用 join()，描述如下。

```
final void join() throws InterruptedException
```

该方法用于等待所调用线程的结束。该方法名字来自要求线程等待直到指定线程参与的概念。join()的附加形式允许给等待指定线程结束定义一个最大时间。下面的例子演示了如何运用 join()方法以确保主线程最后结束，同样，它也演示了 isAlive()方法。

【例 9-4】join()和 isAlive()方法示例。

```
class NewThread implements Runnable {
   String name;
   Thread t;
   NewThread(String threadname) {
      name = threadname;
      t = new Thread(this, name);
      System.out.println("New thread: " + t);
      t.start();
   }
   public void run() {
      try {
         for(int i = 5; i > 0; i--) {
            System.out.println(name + ": " + i);
            Thread.sleep(1000);
         }
         } catch (InterruptedException e) {
            System.out.println(name + " interrupted.");
         }
         System.out.println(name + " exiting.");
      }
}
class JoinDemo {
   public static void main(String[] args) {
      NewThread ob1 = new NewThread("One");
      NewThread ob2 = new NewThread("Two");
      NewThread ob3 = new NewThread("Three");
      System.out.println("Thread One is alive: "+ ob1.t.isAlive());
      System.out.println("Thread Two is alive: "+ ob2.t.isAlive());
      System.out.println("Thread Three is alive: "+ ob3.t.isAlive());
      try {
         System.out.println("Waiting for threads to finish.");
         ob1.t.join();
         ob2.t.join();
         ob3.t.join();
      } catch (InterruptedException e) {
         System.out.println("Main thread Interrupted");
      }
      System.out.println("Thread One is alive: "+ ob1.t.isAlive());
      System.out.println("Thread Two is alive: "+ ob2.t.isAlive());
      System.out.println("Thread Three is alive: "+ ob3.t.isAlive());
      System.out.println("Main thread exiting.");
   }
}
```

限于篇幅，就不全部罗列程序运行结果了。但从结果可见，程序中调用 join()后返回，线程终止执行。

9.1.3　拓展知识

在编写多任务处理程序时，需要避免的一类特殊错误叫死锁（deadlock）。所谓死锁，就是指两个或两个以上的线程（进程）在执行的过程中，因争夺资源而造成的一种相互等到的现象，如果没有外力作用，它们将无法进行下去。

为充分理解死锁，观察它的行为是很有用的。下面的例子生成了两个类：TA 和 TB，分别有 foo()和 bar()方法。这两个方法在调用其他类的方法前有一个短暂的停顿。此例的主类名为 DeadlockDemo，创建了 TA 和 TB 的实例，然后启动第二个线程去设置死锁环境。foo()和 bar()

方法使用 sleep()强迫死锁现象发生。

【例 9-5】线程死锁示例。

```
class TA {
    synchronized void foo(TB b) {
        String name = Thread.currentThread().getName();
        System.out.println(name + " entered A.foo");
        try {
            Thread.sleep(1000);
        }catch(Exception e) {
            System.out.println("A Interrupted");
        }
        System.out.println(name + " trying to call B.last()");
        b.last();
    }
    synchronized void last() {
        System.out.println("Inside A.last");
    }
}

class TB {
    synchronized void bar(TA a) {
        String name = Thread.currentThread().getName();
        System.out.println(name + " entered B.bar");
        try {
            Thread.sleep(1000);
        } catch(Exception e) {
            System.out.println("B Interrupted");
        }
        System.out.println(name + " trying to call A.last()");
        a.last();
    }
    synchronized void last() {
        System.out.println("Inside A.last");
    }
}

class DeadlockDemo implements Runnable {
    TA a = new TA();
    TB b = new TB();
    DeadlockDemo() {
        Thread.currentThread().setName("MainThread");
        Thread t = new Thread(this, "RacingThread");
        t.start();
        a.foo(b);         //在一个线程中，通过TA的实例a得到锁
        System.out.println("Back in main thread");
    }
    public void run() {
        b.bar(a);         //在另一个线程中，通过TB的实例b得到锁
        System.out.println("Back in other thread");
    }
    public static void main(String args[]) {
        new DeadlockDemo();
    }
}
```

运行程序后，输出如下。

```
MainThread entered A.foo
RacingThread entered B.bar
MainThread trying to call B.last()
RacingThread trying to call A.last()
```

在此程序中，RacingThread 在等待 a 时占用 b，同时，MainThread 在占用 a 时等待 b，该程序永远都不会结束。因为程序死锁，需要按 Ctrl+C 快捷键来结束程序。

1. 导致死锁的原因

产生死锁的可能原因如下。

（1）系统资源不足。

（2）资源分配不当。

（3）线程（进程）运行推进的顺序不合适。

要产生死锁，需要满足以下 4 个必要条件。

（1）互斥条件：指分配的资源进行排他性使用，即在一定的时间内该资源只能被一个线程（进程）占用，如果此时还有其他进程/线程请求该资源，则只能等待，直到该资源占用者自己使用完成后释放。

（2）请求与保持条件：指线程（进程）已经获得资源，且又提出新的资源请求，而这个资源已经被其他线程（进程）占有，此时请求线程（进程）阻塞，但自己之前已经获得的资源继续保持占有。

（3）不可剥夺条件：指线程（进程）已经获得资源，在没有使用完成之前，不能被抢占剥夺，只能使用完成后自己释放。

（4）循环等待条件：指发生死锁时，必然存在一个资源占用链，即 P1 等待 P2 正在占用的资源，P2 等待 P3 正在占用的资源，……，Pn 等待 P1 正在占用的资源，形成一个闭环。

2. 死锁的处理方法

（1）预防死锁。这是一种较简单和直观的事先预防的方法。该方法是通过设置某些限制条件，去破坏产生死锁的 4 个必要条件中的一个或者几个，来预防发生死锁。例如，如果所有的线程（进程）以固定的顺序来获得锁，并且整个应用中都按照这个固定顺序来获取锁，那么在程序中就不会出现获取顺序不当造成死锁的问题。预防死锁是一种较易实现的方法，已被广泛使用。但是由于所施加的限制条件往往太严格，可能会导致系统资源利用率和系统吞吐量降低。

（2）避免死锁。该方法同样是属于事先预防的策略，但它并不需事先采取各种限制措施去破坏产生死锁的 4 个必要条件，而是在资源的动态分配过程中，用某种方法去防止系统进入不安全状态，从而避免发生死锁。

（3）检测死锁。这种方法并不需事先采取任何限制性措施，也不必检查系统是否已经进入不安全区，此方法允许系统在运行过程中发生死锁。但可通过系统所设置的检测机构，及时地检测出死锁的发生，并精确地确定与死锁有关的进程和资源；然后采取适当措施，从系统中将已发生的死锁清除掉。

（4）解除死锁。这是与检测死锁相配套的一种措施。当检测到系统中已发生死锁时，需将进程从死锁状态中解脱出来。常用的实施方法是撤销或挂起一些进程，以便回收一些资源，再将这些资源分配给已处于阻塞状态的进程，使之转换为就绪状态，以继续运行。死锁的检测和解除措施，有可能使系统获得较好的资源利用率和吞吐量，但在实现上难度也最大。

9.2　第 9 章小结

本章主要讲解了 Java 多线程编程的有关知识，包括线程的有关概念、特点、线程运行机制和生命周期，阐述了程序、进程与线程之间的关系。学习了 Java 多线程的两种基本实现方式，线程的创建、启动，线程优先级的设置、线程的调度和线程的通信及同步处理机制等，最后对死锁可能产生的原因及处理方法进行了讲解。

9.3 育人进阶——细节决定成败

我们的生活总是由一个个容易被忽视的小细节构成的。在工作中，如果我们关注了细节，就可以把握创新之源，为后面的成功奠定基础。

世界 500 强——海尔电器公司的总裁张瑞敏说过："把每一件简单的事做好就是不简单，把每一件平凡的事做好就是不平凡。"

小事成就大事，细节成就完美。

在工作或生活中，一些不起眼的小事往往会对最后的结果产生很大的影响。细节往往决定成败，如果想要成功，就一定要注重细节。

古今中外，因为细节决定成败的例子屡见不鲜。

牛顿是伟大的物理学家，当苹果掉到他头上的时候，如果他忽略了这个细节，不仔细思考，又怎会发现物理学中经典的定律？

小事情往往发挥着重大的作用，一个细节，可以使你走向自己的目的地，也可以使你饱受失败的痛苦。每一件事情都是由无数个小的细节组成的，每一个细节都很重要。这就好比一条铁链，由无数节小铁环组成，每一节都很重要，若其中的哪一节断了，整条铁链就没用了。

百分之一的错误会导致最终百分之百的失败。

20 世纪中叶，苏联发射的宇宙飞船因一个小小的计算错误而导致坠毁，航天员遇难；1986 年美国的"挑战者"号航天飞机，因为连接两个部件的密封圈不牢固而导致升空后爆炸，7 名宇航员全部遇难。

泰山不拒细壤，故能成其高；江海不择细流，故能就其深。

一心追求伟大，好高骛远，伟大却了无踪影；而甘于平淡，认真做好每个细节，伟大却不期而至。这就是细节的魅力。

9.4 巩 固 练 习

一、选择题

1．下面是关于进程和线程的说法，错误的是（　　）。

A．每个进程都有自己的内存区域　　B．一个进程中可以运行多个线程
C．线程是 Java 程序的并发机制　　D．线程可以脱离进程单独运行

2．以下方法中，用于定义线程执行体的方法是（　　）。

A．start()　　B．main()　　C．init()　　D．run()

3．下列说法中，错误的是（　　）。

A．Java 中线程是抢占式的　　B．Java 中线程是分时式的
C．Java 中线程可以共享数据　　D．Java 中线程不能共享数据

4．下面是关于线程调度方法的一些说法，其中错误的是（　　）。

A．sleep()方法可以让当前线程放弃 CPU 资源
B．调用 yield()方法后线程进入就绪状态

C．join()方法使当前线程执行完毕再执行其他线程

D．以上说法都错误

5．下面用于声明同步方法的关键字是（　　）。

A．yield　　B．start　　C．run　　D．synchronized

6．下列说法中，错误的是（　　）。

A．线程的调度执行是按照其优先级的高低顺序执行的

B．一个线程创建好后即可立即运行

C．用户程序类可以通过实现 Runnable 接口来定义程序线程

D．解除处于阻塞状态的线程后，线程便进入就绪状态

7．一个线程的 run()方法代码如下。

```
try{
     sleep(100);
}catch(InterruptedException e) { }
```

假设线程没有被中断，正确的是（　　）。

A．代码不会被编译，因为异常不会在线程的 run()方法中捕获

B．在代码的第 2 行，线程将停止运行，至多 100ms 后恢复执行

C．在代码的第 2 行，线程将停止运行，恰好在 100ms 恢复执行

D．在代码的第 2 行，线程将停止运行，在 100ms 后的某个时间恢复执行

8．编译和运行下列代码时，输出正确的是（　　）。

```
public class MyThread implements Runnable {
    String myString = "Yes ";
    public void run() {
         this.myString = "No";
    }
    public static void main(String[] args) {
       MyThread  t = new MyThread();
       new Thread(t).start();
       for (int  i=0; i<10; i++)
          System. out. print(t.myString);
       }
}
```

A．编译错

B．输出：Yes Yes Yes Yes Yes Yes Yes Yes Yes Yes and so on.

C．输出：No No No No No No No No No No and so on.

D．输出：Yes No Yes No Yes No Yes No Yes No and so on.

E．输出不确定

9．如果在使用多线程生成整数 myCount 的过程中用到了多个 MyClass 对象。当其他线程使用下列代码时，会发生（　　）。

```
class MyClass{
    static private int myCount = 0;
    int yourNumber;
    private static synchronized int nextCount() {
         return ++myCount;
    }
    public void getYourNumber() {
           yourNumber = nextCount();
    }
}
```

A．代码出现编译错误　　B．代码出现运行错误

C．每个线程将得到不同的数字　　D．不能保证不同线程中得到的数字唯一

10．下列关于线程优先级的说法中，正确的是（　　）。

A．线程的优先级是不能改变的

B．线程的优先级是在创建线程时设置的

C．在创建线程后的任何时候都可以设置

D．B 和 C

11．下列方法中执行线程的方法是（　　）。

A．run()　　B．start()　　C．sleep()　　D．suspend()

二、填空题

1．线程的启动是通过引用其______方法而实现的。

2．Java 虚拟机中的线程调度器负责管理线程，调度器把线程的优先级分为 10 个级别，分别用 Thread 类中的类常量表示。每个 Java 线程的优先级都在常数______和______之间，即 Thread.MIN_PRIORITY 和 Thread.MAX_PRIORITY 之间。

三、判断题

1．一个线程想让另一个线程不能执行，它可以对第二个线程调用 yield()方法。（　　）

2．一个线程对象的具体操作是由 run()方法的内容确定的。但是 Thread 类的 run()方法是空的，其中没有内容，所以用户程序要么派生一个 Thread 的子类并在子类里重新定义 run()方法，要么使一个类实现 Runnable 接口并书写其中 run()方法的方法体。（　　）

3．一个 Java 多线程的程序不论在什么计算机上运行，其结果始终是一样的。（　　）

4. Java 线程有 5 种不同的状态，这 5 种状态中的任何两种状态之间都可以相互转换。（　　）

5．使用 Thread 子类创建线程的优点是可以在子类中增加新的成员变量，使线程具有某种属性，也可以在子类中新增加方法，使线程具有某种功能。但是，Java 不支持多继承，Thread 类的子类不能再扩展其他的类。（　　）

6．当线程类所定义的 run()方法执行完毕，线程的运行就会终止。（　　）

四、简答题

1．什么是进程和线程？两者的区别是什么？

2．线程的生命周期中都有哪些状态？它们之间如何转换？

3．Java 中创建线程的两种方式是什么？

4．线程的调度有哪些方法？各有什么功能？

5．为什么多线程中要引入同步机制？Java 中如何实现线程的同步？

五、编程题

1．模拟 3 个人排队买票，张某、王某和李某买电影票，售票员只有 3 张 5 元的钱，电影票 5 元一张，张某用一张 20 元的人民币排在王某的前面买票，王某排在李某的前面用一张 10 元的人民币买票，李某用一张 5 元的人民币买票。

2．编写一个程序，该程序由两个线程组成，第一个线程用来输出 2～1000 的质数，第二个线程用来输出 1000～2000 的质数。

第 10 章　数据库编程

学习目标与要求

本章主要介绍数据库编程的有关知识。通过本章的学习，读者应能够掌握以下知识点。

- ❖ 了解 ODBC 与 JDBC 的概念。
- ❖ 了解 ODBC 和 JDBC 的体系结构。
- ❖ 掌握 ODBC 连接数据库的配置方法。
- ❖ 掌握 JDBC 驱动的配置方法。
- ❖ 掌握使用 ODBC 编写访问和操作数据库程序的方法。
- ❖ 掌握使用 JDBC 编写访问和操作数据库程序的方法。
- ❖ 掌握事务处理的有关操作。
- ❖ 掌握预处理语句的使用。
- ❖ 了解存储过程的创建和使用。

学习重点

- ❖ 使用 ODBC 和 JDBC 编写访问和操作数据库的程序。
- ❖ 事务处理和预处理语句的使用。

10.1　任务案例：向数据库中添加职员信息

10.1.1　实现过程

【任务说明】

随着公司业务的发展，小王所在的公司需要创建一个数据库来保存职员数据信息。本次任务就是要求小王编写 Java 程序连接 SQL Server 数据库，并往数据库中插入一职员数据。以职员信息管理系统为例，在数据库表中添加新招聘职员张三，其详细信息为：编号 006，男，技术开发部，基本工资 6000，级别为普通职员，当月薪水 7200。

编写 Java 程序，将职员张三的数据信息输入并保存至数据库中。

【任务目的】

（1）掌握加载数据库驱动程序。

（2）掌握编写 Java 程序，运用 JDBC 和数据库通信的技术连接 SQL Server 数据库。

（3）掌握添加数据到数据库中。

【技术要点】

（1）加载 JDBC 数据库驱动程序。

（2）在数据库中建立职员信息表（employees）。

（3）编写 Java 程序，运用 JDBC 和数据库通信的技术连接数据库。

（4）将用户输入的数据添加到数据库中。

【实现步骤】

（1）启动 SQL Server 数据库服务器，创建数据库 company，然后创建职员信息表 employees，表结构如图 10.1 所示。

列名	数据类型	允许 Null 值
employeeID	varchar(50)	☐
name	varchar(50)	☑
sex	varchar(10)	☑
department	varchar(50)	☑
baseSalary	money	☑
salary	money	☑
classes	varchar(50)	☑

图 10.1　employees 表设计图

（2）使用 NetBeans 新建数据库操作类 EmployeeManage 类并编写添加职员方法，其中包括连接数据库、执行插入数据功能，代码如下。

```
import java.sql.*;
public class EmployeeManage {
    public boolean addEmployee() {
        boolean flag = false;
        String employeeID = "006";                //编号
        String name = "张三";                     //姓名
        String sex = "男";                        //性别
        String department = "技术开发部";          //部门
        double baseSalary = 6000.00;              //基本工资
        double salary = 7200.00;                  //薪资
        String classes = "普通职员";               //类别
        //添加职员的SQL语句
        String sql = "insert into employees(employeeID,name,sex,department,baseSalary,
salary,classes) " + "values('" + employeeID + "','" + name + "','" + sex + "','" + department
+ "'," + baseSalary + "," + salary + ",'" + classes + "')";
        Connection dbConn = this.getConnection();
        try{
            Statement s = dbConn.createStatement();
            s.executeUpdate(sql);
            s.close();
            dbConn.close();
            System.out.println("该职员信息已经添加到数据库中! ");
            flag = true;
        }catch (java.sql.SQLException sqle){
            sqle.printStackTrace();
        }
        return flag;
    }

    public Connection getConnection() {
        String driverName = "com.microsoft.jdbc.sqlserver.SQLServerDriver";
        String dbURL = "jdbc:microsoft:sqlserver://localhost:1433;DatabaseName=company";
        String userName = "sa";
        String userPwd = "sa";                    //假设登录密码为sa
        Connection dbConn = null;
        try{
            Class.forName(driverName);
            dbConn = DriverManager.getConnection(dbURL, userName, userPwd);
        }catch (Exception e){
            e.printStackTrace();
        }
        return dbConn;
    }

    public static void main(String args[]){
        EmployeeManage em = new EmployeeManage();
        em.addEmployee();
    }
}
```

（3）导入驱动程序。在微软的网站上下载 Microsoft SQL Server Driver for JDBC 驱动程序，

安装后获得 3 个 jar 文件：msbase.jar、mssqlserver.jar 和 msutil.jar，然后引入到该项目中，引入过程如下。

① 选择所选项目名称并右击，在弹出的快捷菜单中选择“属性”命令，打开“项目属性”对话框，选择“库”→“添加库”命令，打开“添加库”对话框，单击“创建”按钮，接着继续单击“下一步”按钮，打开“创建新库”对话框，如图 10.2 和图 10.3 所示。

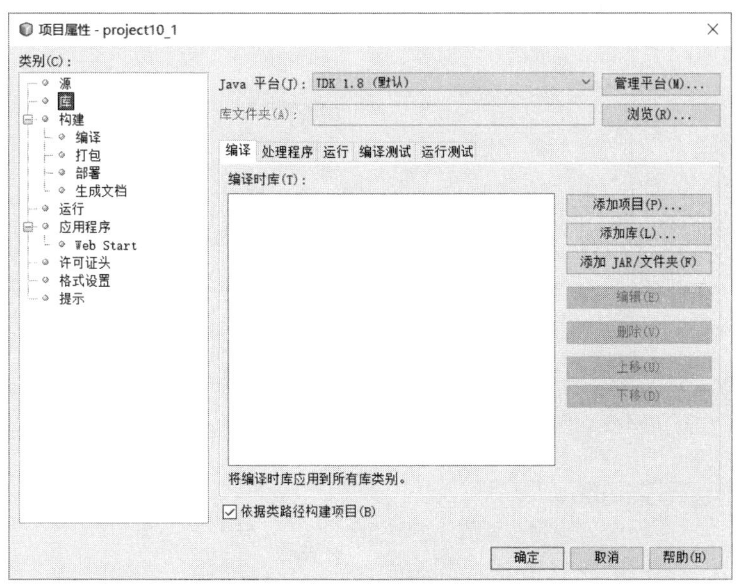

图 10.2　“项目属性”对话框

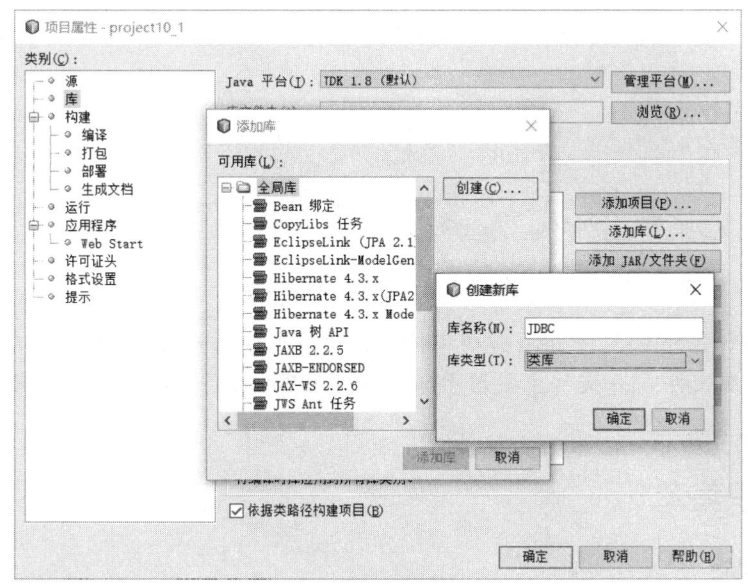

图 10.3　创建新库

② 单击“确定”按钮，打开“定制库”对话框，单击“添加 JAR/文件夹”按钮，打开“浏览 JAR/文件夹”对话框，如图 10.4 和图 10.5 所示。

③ 导入所需要添加的数据库驱动 JAR 包，选择好 3 个 jar 文件，单击“添加 JAR/文件夹”按钮，依次返回主窗口，驱动程序包添加成功。

（4）执行本项目程序，运行结果显示“该职员信息已经添加到数据库中！”，则表示该职员的信息已经添加完成至所建好的数据库中。

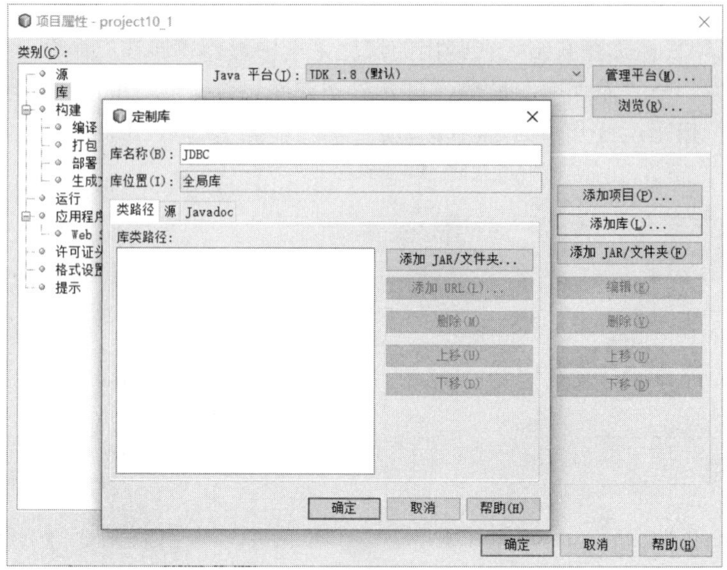

图 10.4 “定制库”对话框

图 10.5 找到数据库驱动包

注意： jar（java archive，即 Java 归档文件），是与平台无关的文件格式，它允许将许多文件组合成一个压缩文件。jar 文件主要用于部署和封装库、组件和插件程序，它可被像编译器和 JVM 这样的工具直接使用。

10.1.2 知识集萃

1. JDBC 概述

Java DataBase Connectivity（Java 数据库连接器）是将 Java 程序与数据库相结合且独立于特定数据库系统的应用程序的编程接口（即 API，是一种由 Java 语言所编写的、专门用于访问和操作数据库的类与接口的集合）。

有了 JDBC 后，Java 程序员可以使用 Java 语言来编写完整的数据库方面的应用程序；另外，它也可以操作保存多种不同数据库管理系统中的数据，而与数据库管理系统中数据存储的格式无关；同时 Java 语言与平台的无关性，使编程人员不必在不同的系统平台下编写不同的数据库应用程序。JDBC 通过针对特定数据库的 JDBC 接口即驱动程序（Driver），来实现对不同关系型数据库的访问和操作。

JDBC 定义的一组 API（JDBC API）对象和方法，用于同数据库进行交互。该 API 接口通过 java.sql 包中的 java.sql.DriverManager 来处理驱动的调入并且对产生的新的数据库连接提供支持，然后通过底层的 JDBC 驱动程序来驱动具体的数据库。java.sql 包如表 10.1 所示。

表 10.1 java.sql 包

类（接口）名	功 能 说 明
DriverManager（驱动程序管理器）	加载数据库驱动并管理应用程序与驱动程序之间的连接
Connection（连接）	一个应用程序与一个数据库之间的会话
Statement（语句）	此接口执行一项查询或更新操作的 SQL 语句
PreparedStatement（预处理语句）	此接口用于执行预编译的 SQL 语句
ResultSet（结果集）	由执行一条语句得到的列和行数据的逻辑集合

1）JDBC 的任务

JDBC 的任务，主要有以下 3 项。

（1）与一个数据库建立连接。

（2）向数据库发送 SQL 语句。

（3）处理数据库返回的结果。

JDBC 和 ODBC 及其他 API 的比较如下。

（1）JDBC 是一种低级的 API。

（2）ODBC 不适合在 Java 中直接使用，因为它是一个 C 语言实现的 API，从 Java 程序中调用本地的 C 程序会在安全性、完整性、健壮性方面都有许多缺点。

（3）不能完全精确地实现从 ODBC、C、API 到 Java API 的翻译。

（4）ODBC 把简单和高级功能混杂在一起，甚至非常简单的查询选项也很复杂；而 JDBC 恰好相反，它尽量保证简单功能的简便性，同时在必要时允许使用高级功能。

2）JDBC 驱动程序的类型

目前，比较常见的 JDBC 驱动程序可分为以下 4 种类型。

（1）JDBC-ODBC 桥和 ODBC 驱动程序。JDBC-ODBC 桥接方式利用微软所提供的开放数据库互连接口（ODBC API）同数据库服务器通信，客户端计算机首先应该安装并配置 JDBC-ODBC Bridge 和 ODBC Driver 两种驱动程序。

ODBC 驱动程序可提供对 JDBC 的访问。需注意，必须将 ODBC 二进制代码加载到使用该驱动程序的每个客户机上。因此，这种类型的驱动程序最适合于企业网或者是用 Java 编写的三层结构的应用程序服务器。

（2）本地 API。这种类型的驱动程序把客户机 API 上的 JDBC 调用转换为 Oracle、Sybase、Informix、DB2 或其他 DBMS 的调用。需注意，像桥驱动程序一样，这种类型的驱动程序要求将某些二进制代码加载到每台客户机上。这种驱动方式将数据库厂商的特殊协议转换成 Java 代码及二进制类码，使 Java 数据库客户方与数据库服务器方通信。例如，Oracle 使用 SQLNet 协议，DB2 使用 IBM 的数据库协议等。数据库厂商的特殊协议也应该被安装在客户机上。

（3）JDBC 网络纯 Java 驱动程序。这种方式下，数据库客户通过标准网络协议（如 HTTP、SHTTP）与数据库服务器通信。Java 驱动程序被自动的、以透明的方式自 Web 服务器下载并安装到用户计算机上，该驱动程序将 JDBC 转换为与 DBMS 无关的网络协议，之后这种协议又被某个服务器转换为一种 DBMS 协议来访问数据库。这种网络服务器中间件能够将它的纯 Java

客户机连接到多种不同的数据库上，所用的具体协议取决于驱动提供者。

这种方式是纯 Java Driver。通常，这是最为灵活的 JDBC 驱动程序。为了支持 Internet 的访问，这种驱动程序还必须处理 Web 所提出的安全性、通过防火墙的访问等方面的额外要求。

（4）本地协议纯 Java 驱动程序。这种类型的驱动程序将 JDBC 调用直接转换为 DBMS 使用的网络协议，这将允许从客户机上直接调用 DBMS 服务器，是 Intranet 访问的一个很实用的解决方法。

这种方式也是纯 Java Driver。数据库厂商提供了特殊的 JDBC 协议，使 Java 数据库客户与数据库服务器通信。然而，改用数据库厂商的特殊 JDBC Driver，这对 Intranet 应用是高效的，但是数据库厂商的协议可能不被防火墙支持，而缺乏防火墙支持在 Internet 应用中会存在潜在的安全隐患。

注意：（1）这 4 种类型的 JDBC 驱动程序各有不同的适用场合。其中，JDBC-ODBC 桥也是一个 JDBC 驱动程序，它通过将 JDBC 操作转换为 ODBC 操作来实现对数据库的操作能力。这种方式只适用于微软平台的操作系统，并且由于增加了 ODBC 环节，故执行效率相对较低。但是它的优点是微软系统提供了统一的驱动程序管理接口，不需要用户自行寻找和安装额外的驱动程序；所以在微软 OS 平台上使用起来非常方便。除此之外，目前使用更为普遍的是本地协议纯 Java 驱动程序，该方式不受平台限制，执行效率比较高，对于不同的数据库只需下载不同的驱动程序即可。

（2）Java 程序由于可连接的后台数据库种类众多，而不同类型数据库所需用到的 JDBC 驱动程序各不相同；为了便于管理，Java 系统通过 JDBC 驱动程序管理器（DriverManager）来管理各种驱动程序。JDBC 驱动程序管理器是 JDBC 体系结构的支柱，它实际上很小，也很简单，其主要作用是把 Java 应用程序连接到正确的 JDBC 驱动程序上。DriverManager 类中存有已注册的 Driver 类的清单。当调用方法 getConnection()时，它将检查清单中的每个驱动程序，直到找到可与 URL 中指定的数据库进行连接的驱动程序为止。

2. JDBC 的使用

JDBC 本身是一个固定的标准，所以其操作也是相对固定的，不管访问的是什么数据库，往往只需修改很少的一部分代码就可以达到对不同数据库的访问转换，基本步骤如下。

（1）加载数据库驱动。

（2）连接数据库。

（3）使用语句进行数据库操作。

（4）关闭数据库连接。

数据库驱动程序都是各个厂商提供的，都是以.jar 或.zip 包的形式导入到程序中。

这里着重介绍使用 JDBC-ODBC 桥和本地协议纯 Java 驱动程序两种方式，来访问和操作 SQL Server 数据库。

假设本地计算机上已导入好任务案例 10.1 中的数据库 company，并且在 SQL Server 的配置管理器中已启用 TCP/IP 协议，如图 10.6 所示。

1）JDBC-ODBC 桥方式访问数据库

（1）创建与数据源的连接，数据源的连接配置步骤如下。

① 打开 Windows“开始”菜单，选择“Windows 系统”→“控制面板”→“管理工具”→“ODBC 数据源”命令，打开“ODBC 数据源管理程序”对话框，如图 10.7 所示。

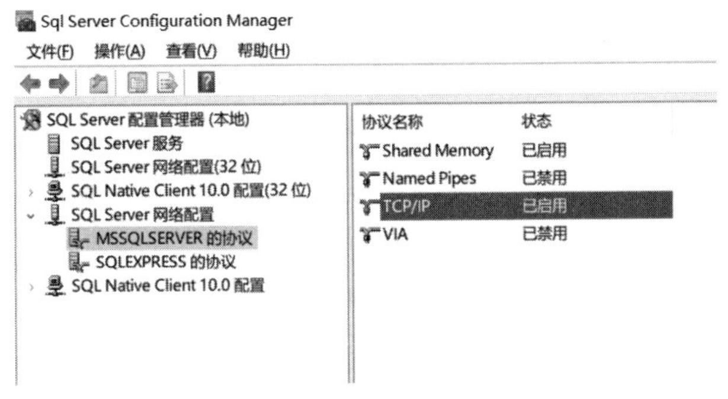

图 10.6　启用 TCP/IP 协议

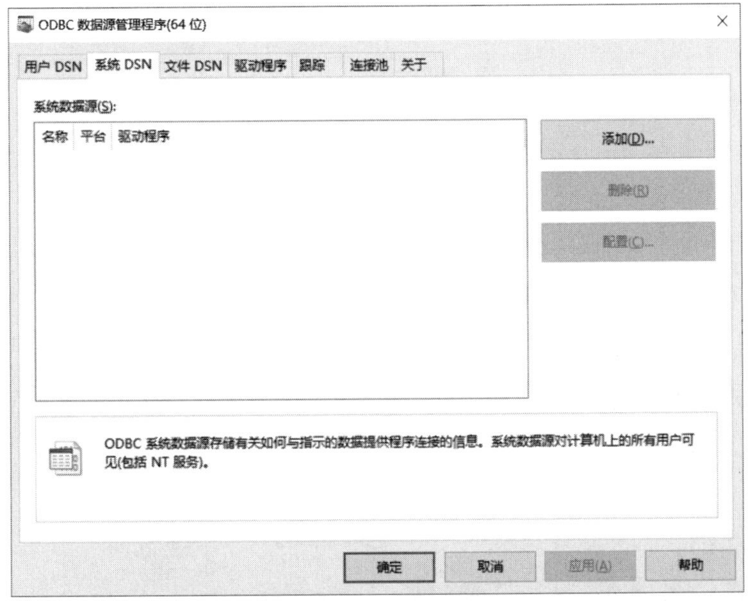

图 10.7　“ODBC 数据源管理程序”对话框

② 选择“系统 DSN”选项卡，单击“添加”按钮，打开“创建新数据源”对话框，选择其中的 SQL Server 命令，如图 10.8 所示。

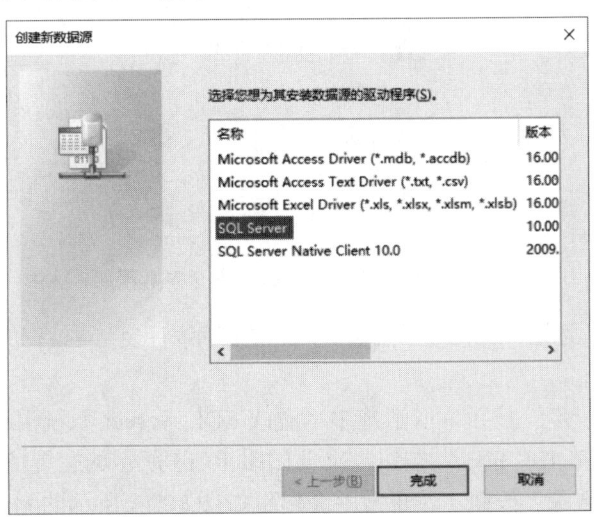

图 10.8　添加 SQL Server 数据源的驱动程序

③ 单击“完成”按钮，进入“创建到 SQL Server 的新数据源”对话框，在其中命好数据源的名称（该名称可以跟实际数据库的名称不一致），写好连接的服务器（可以用 IP 地址，此例中“.”代表本地服务器），如图 10.9 所示。

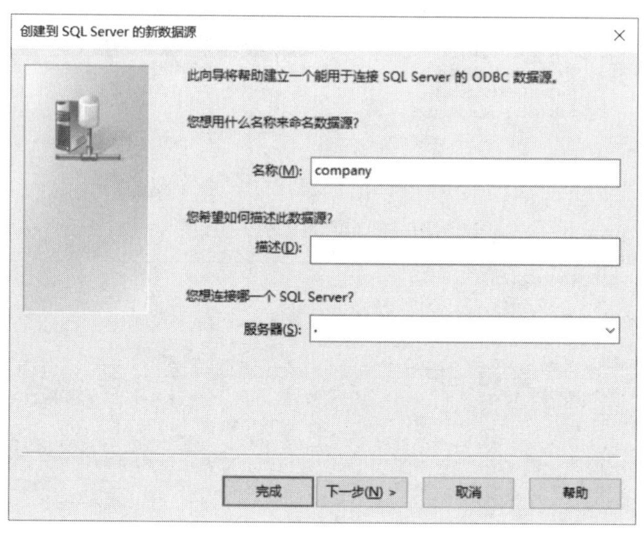

图 10.9　创建连接到 SQL Server 的数据源

④ 单击“下一步”按钮，选择第二种登录方式，以登录 SQL Server 数据库的 ID（sa）和密码进行验证，取消选中“连接 SQL Server 以获得其他配置选项的默认设置”复选框，如图 10.10 所示。

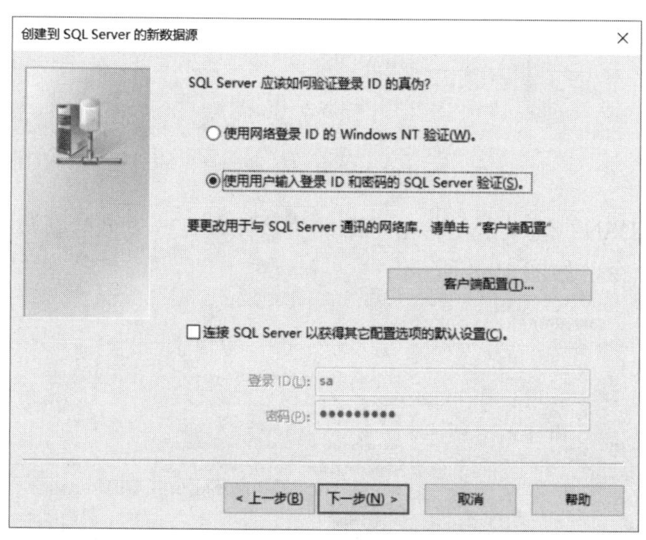

图 10.10　以 SQL Server 身份登录数据库

⑤ 继续单击“下一步”按钮，选中“更改默认的数据库为”复选框，在文本框中输入 company，如图 10.11 所示。

⑥ 继续单击“下一步”按钮，取消选中“更改 SQL Server 系统消息的语言为”复选框，如图 10.12 所示，最后单击“完成”按钮，出现如图 10.13 所示的配置信息提示框。

⑦ 单击“测试数据源”按钮，若正常则会出现如图 10.14 所示的测试成功界面，这表明数据源连接配置成功。单击“确定”按钮返回。

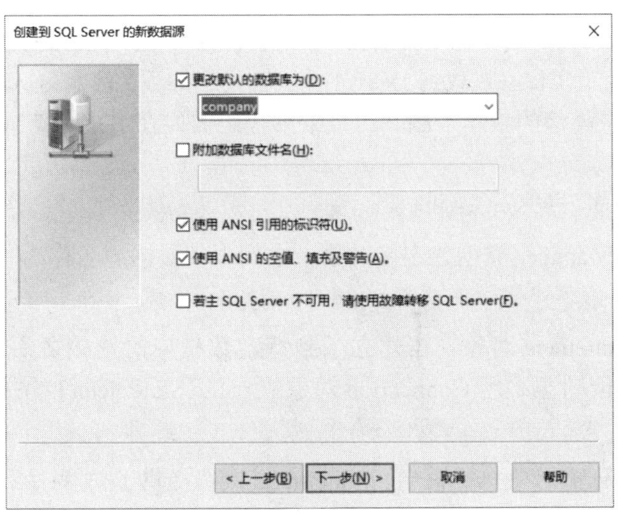

图 10.11　选取需要使用的数据库

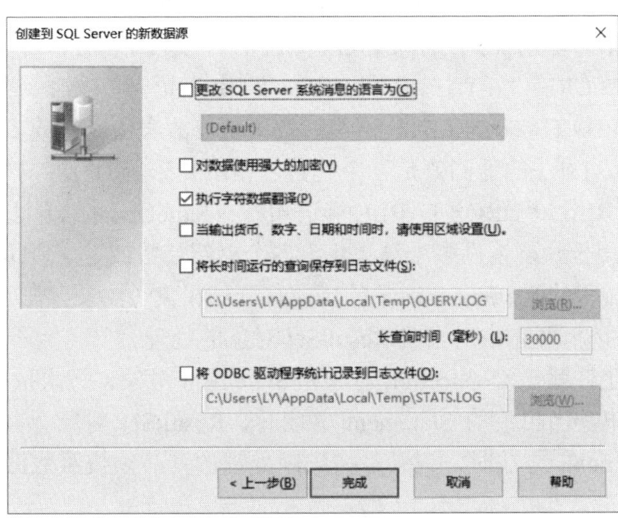

图 10.12　保留系统默认的消息语言

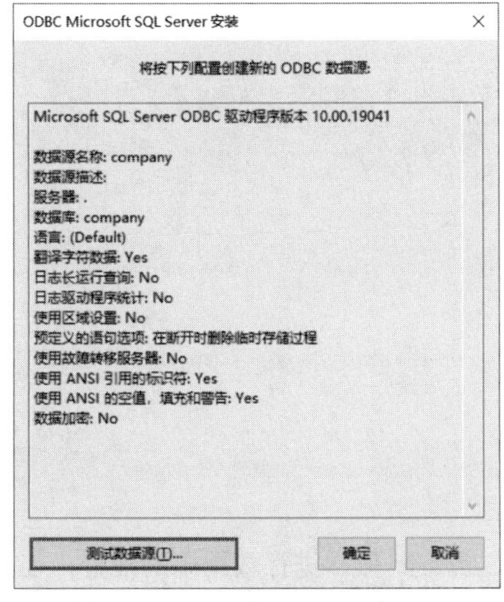

图 10.13　数据源配置信息

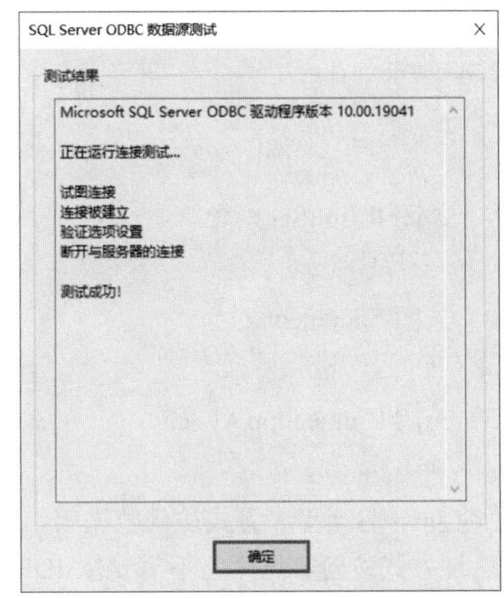

图 10.14　数据源测试成功

（2）加载并注册 JDBC 驱动程序。数据源配置成功后，进入代码编辑界面。加载连接数据库的驱动程序（把指定的 Class 装载到 JVM 中来），代码如下（注意：从 JDK 1.8 开始，ODBC Bridge 已从此版本及更高级的版本中删除；故下列代码需要在 JDK 1.7 或者更低版本的系统上才能运行）。

```
Class.forName("sun.jdbc.odbc.JdbcOdbcDriver");
```

（3）使用 DriverManager 类创建连接对象。本例中，数据源名称为 company，代码如下。

```
Connection con = DriverManager.getConnection("jdbc:odbc:company");
```

（4）创建一个 Statement 对象。在建立了到特定数据库的连接之后，就可用该连接发送 SQL 语句了。Statement 对象采用 Connection 对象的 createStatement()方法创建，代码如下。

```
Statement stmt = con.createStatement();
```

（5）使用 Statement 对象执行语句。Statement 接口提供了 3 种执行 SQL 语句的方法：executeQuery()、executeUpdate()和 execute()。使用哪种方法由 SQL 语句要执行的功能决定。

① executeQuery()方法用于执行产生单个结果集（ResultSet）的语句，如 SELECT 语句。

② executeUpdate()方法用于执行 INSERT、UPDATE 或 DELETE 语句以及 SQL DDL（数据定义语言）语句，如 CREATE TABLE 和 DROP TABLE 语句。

- INSERT、UPDATE 或 DELETE 语句的效果是修改表中零行或多行中的一列或多列，executeUpdate()方法的返回值是一个整数，指示受影响的行数（即更新计数）。
- CREATE TABLE 或 DROP TABLE 等语句，executeUpdate()方法的返回值为零。

③ execute()方法用于执行返回多个结果集、多个更新计数或是二者组合的语句。执行语句的所有方法都将关闭调用的 Statement 对象的当前打开结果集（如果存在），这意味着在重新执行 Statement 对象之前，需要完成对当前 ResultSet 对象的处理。

ResultSet 对象完全依赖于 Connection 对象和 Statement 对象，每次执行 SQL 语句时，都会用新的结果重写结果集，当相关的 Statement 关闭时，ResultSet 对象会自动关闭。它在显示对当前行的处理并使用 next()方法时，记录是按顺序处理的，必须按照数据返回的顺序处理每行中的数据，代码如下。

```
ResultSet rs=stmt.executeQuery("select * from employees");
```

（6）从返回的 ResultSet 中获取数据，代码如下。

```
while(rs.next()){
    String name=rs.getString("name") ;   //从结果集中获取查询记录的某一字段
    int sex=rs.getInt("sex");
}
```

（7）关闭 ResultSet 对象。

```
rs.close();
```

（8）关闭 Statement 对象。

```
stmt.close();
```

（9）关闭 Connection 对象。

```
con.close();
```

2）纯 Java 驱动程序方式访问数据库

以这种方式访问数据库，不需要像 JDBC-ODBC 桥方式那样进行数据源的配置，但却需要首先从网上下载驱动程序的 jar 包。SQL Server JDBC 驱动程序的 jar 包可以从微软的官网下载。

其主要有 msbase.jar、mssqlserver.jar 和 msutil.jar 这 3 个文件。

这 3 个文件需要放在创建项目的引用库中，才能被正常使用。对于 NetBeans IDE，导入这 3 个 jar 文件的操作步骤可参看案例 10.1 中的图 10.2～图 10.5，而对于 MyEclipse 中的项目，具体导入步骤如图 10.15～图 10.17 所示。

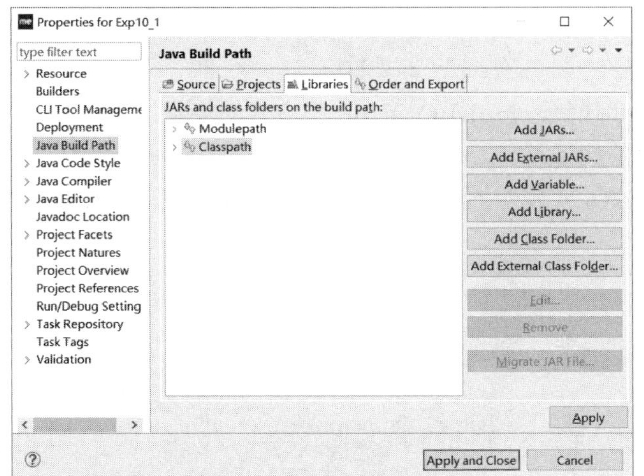

图 10.15　打开建立路径对话框

图 10.16　选好 jar 文件

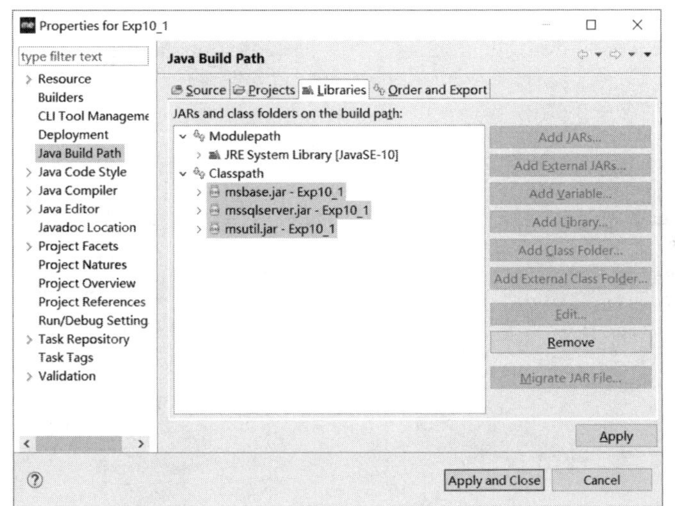

图 10.17　把 3 个 jar 文件应用到项目中

（1）建立路径。右击所创建 Java 项目的 JRE System Library 文件夹，在弹出的快捷菜单中选择 Build Path→Configure Build Path 命令，进入 Java Build Path 界面，选择 Libraries 选项卡，选择 Classpath，如图 10.15 所示。

（2）添加 JAR 文件。单击 Add JARs...按钮，找到下载的 3 个 jar 文件，选择这 3 个文件，如图 10.16 所示。

（3）应用至项目中。单击 OK 按钮，回到建立路径对话框，如图 10.17 所示，单击 Apply and Close 按钮，将 3 个 jar 文件应用到项目中。

（4）加载并注册 JDBC 驱动程序。驱动程序 jar 文件添加完成后，便可进入代码编辑界面。加载连接数据库的驱动程序，代码如下（暂时只提供加载驱动的关键代码，完整的示例在后面介绍）。

```
Class.forName("com.microsoft.jdbc.sqlserver.SQLServerDriver");
```

（5）使用 DriverManager 类创建连接对象。仍然使用数据库 company，代码如下。

```
//定义所连接数据库的地址和名称
String dbURL = "jdbc:microsoft:sqlserver://localhost:1433;DatabaseName=company";
//参数user和pwd分别表示登录数据库的用户名和密码
Connection con = DriverManager.getConnection(dbURL,user,pwd);
```

做到这一步之后，剩余的操作步骤和代码，与 JDBC-ODBC 桥方式的步骤（4）～（9）完全一致，不再赘述。下面来看一个完整的例子。

【例10-1】以纯 Java 驱动程序的方式，实现对 company 数据库的职员信息表 employees 的访问。

```
import java.sql.*;
class JDBCDemo{
  public static void main(String[] args) {
    try {
      //第一步：注册 JDBC Driver
      Class.forName("com.microsoft.jdbc.sqlserver.SQLServerDriver");
      //第二步：建立与数据库的连接，假设密码为sa
      String dbURL = "jdbc:microsoft:sqlserver://localhost:1433;DatabaseName=company";
      Connection dbConn = DriverManager.getConnection(dbURL,"sa","sa");
      //第三步：声明Statement 来传送 SQL statements到database
      Statement stmt = dbConn.createStatement();
      String query = "Select employeeID, name, classes From employees";
      ResultSet rs = stmt.executeQuery(query);          //执行SQL语句
      while (rs.next()) {
        String name = rs.getString("name");
        String id = rs.getString("employeeID");
        String type= rs.getString("classes");
        System.out.println(name + "\t" + id + "\t" + type);
      }
      rs.close();
      stmt.close();
      dbConn.close();
    }catch(Exception e){
      e.printStackTrace();
    }
  }
}
```

10.1.3 拓展知识

1. 通过 JDBC 访问其他数据库

使用 JDBC 以纯 Java 驱动程序的方式访问不同数据库时，需要加载的驱动程序和连接数据库的 url 的写法各不相同，这里把几种常见数据库的驱动程序名称和 url 写法总结如下。

1）连接 Oracle 8/8i/9i 数据库（用 thin 模式）

（1）加载驱动程序。

```
Class.forName("oracle.jdbc.driver.OracleDriver");
```

（2）建立连接。

```
String url="jdbc:oracle:thin:@localhost:1521:orcl";       //orcl为数据库的SID
Connection conn=DriverManager.getConnection(url,user,password);
```

2）连接 Sybase 数据库

（1）加载驱动程序。

```
    Class.forName("com.sybase.jdbc.SybDriver");
```

（2）建立连接。

```
    String url =" jdbc:sybase:Tds:localhost:5007/myDB";  //myDB为数据库名
    Properties sysProps = System.getProperties();
    SysProps.put("user","userid");
    SysProps.put("password","user_password");
    Connection conn= DriverManager.getConnection(url,SysProps);
```

3）连接 DB2 数据库

（1）加载驱动程序。

```
    Class.forName("com.ibm.db2.jdbc.app.DB2Driver");
```

（2）建立连接。

```
    String url="jdbc:db2://localhost:5000/myDB";          //myDB为数据库名
    Connection conn= DriverManager.getConnection(url,user,password);
```

4）连接 MySQL 数据库

（1）加载驱动程序。

```
    Class.forName("org.gjt.mm.mysql.Driver");
```

（2）建立连接。

```
    String url ="jdbc:mysql://localhost/myDB?user=sa&password=sa&useUnicode=
true&characterEncoding=UTF-8";                            //myDB为数据库名，登录名和密码为sa
    Connection conn= DriverManager.getConnection(url);
```

5）连接 Informix 数据库

（1）加载驱动程序。

```
    Class.forName("com.informix.jdbc.IfxDriver");
```

（2）建立连接。

```
    String url ="jdbc:informix-sqli://localhost:1533/myDB:INFORMIXSERVER=myserver;user=sa;
password=sa";                                             //myDB为数据库名，登录名和密码为sa
    Connection conn= DriverManager.getConnection(url);
```

2. 事务处理

事务：就是保证操作的一致性，所有操作要么全部成功，要么全部失败。事务本身具有原子性（Atomicity）、一致性（Consistency）、隔离性或独立性（Isolation）、永久性（Durabilily）4 个特征，也称 ACID。

原子性：事务是一个完整的操作。事务的各步操作是不可分的（原子的），要么都执行，要么都不执行。

一致性：当事务完成时，数据必须处于一致状态。

隔离性或独立性：对数据进行修改的所有并发事务是彼此隔离的，这表明事务必须是独立的，它不应以任何方式依赖于或影响其他事务。

永久性：事务完成后，它对数据库的修改被永久保持，事务日志能够保持事务的永久性。

如果要进行事务处理，一般需按照以下步骤完成。

（1）取消自动提交（每次执行数据库更新时，实际上发出 SQL 命令之后就已经提交至数据库了）。

（2）开始事务。

（3）进行数据库操作。

（4）如果操作全部合格，则提交事务。

（5）如果发现有一个操作产生问题，则可以进行回滚。

（6）设置一个 Savepoint 保存事务的提交点。

在 JDBC 中，进行事务处理的具体步骤如下。

（1）取消掉 Connection 中设置的自动提交方式。

```
conn.setAutoCommit(false);
```

（2）如果一系列数据库操作都成功了，则执行提交事务。

```
conn.commit();
```

（3）如果有一个操作失败，则肯定会引发异常，在异常处理中让事务回滚。

```
conn.rollback();
```

（4）如果需要，还可以设置回滚的具体位置。

```
Savepoint sp = conn.setSavepoint();
```

注意：在正常情况下，可以通过 Savepoint 保存事务的操作点，因为默认情况下为回滚所有，即取消全部的操作，而通过 Savepoint 可以设置回滚的位置。

【例 10-2】事务处理示例。

```
//仍然采用纯Java驱动程序的方式连接数据库，有关配置不再赘述
import java.sql.*;
class TransactionDemo{
public static void main(String[] args) {
    Connection dbConn = null;
    Statement stmt = null;
    try{
        Class.forName("com.microsoft.jdbc.sqlserver.SQLServerDriver");
        String dbURL = "jdbc:microsoft:sqlserver://localhost:1433;DatabaseName=company";
        dbConn = DriverManager.getConnection(dbURL,"sa","sa"); //假设密码为sa
        dbConn.setAutoCommit(false);                            //自动提交设置为false
        stmt = dbConn.createStatement();
        String query1 = "insert into employees(employeeID,name,sex,department,baseSalary,
salary,classes) values('007','赵红','女','市场部',5000.00,6000.00,'普通职员')";
        stmt.executeUpdate(query1);                             //执行插入SQL语句
        String query2 ="update employees set name = '王宁',department = '销售部'  where
employeeID = '007'";
        stmt.executeUpdate(query2);                             //执行修改SQL语句
        dbConn.commit();                                        //一并提交
        dbConn.setAutoCommit(true);
        System.out.println("执行成功！");
    }catch(Exception e){
        try {
            System.out.println("执行失败！");
            dbConn.rollback();                                  //如果产生错误，执行回滚
        }catch(SQLException se1){}
        e.printStackTrace();
    }finally{
        try {
            if(stmt != null)
                stmt.close();
            if(dbConn != null)
                dbConn.close();
```

```
        }catch(SQLException se2){}
      }
    }
  }
```

在上面的例子中，一共执行了两个数据库操作：新增一条记录和修改此条记录。大家可以尝试一下：人为改错这两个操作所对应 SQL 语句中的任意一条，都会导致两条语句“执行失败！”，并产生回滚；只有当两条 SQL 语句都正确无误，才会使两个操作都能正常完成并提交，显示“执行成功！”。这正反映出了事务处理的特性。

10.2　任务案例：职员信息的增、删、改、查

10.2.1　实现过程

【任务说明】

随着公司业务的发展，公司职员越来越多，先前开发的职员信息管理系统的数据虽保存在 SQL Server 数据库中，但不便于维护；现要求实现对数据库中的职员信息进行增加、修改、删除等操作，并能按职员的编号进行查询操作。

【任务目的】

（1）熟练运用 JDBC 与数据库通信技术连接 SQL Server 数据库。

（2）熟练运用 JDBC 对 SQL Server 数据库进行增、删、改、查等操作的方法。

（3）掌握 PreparedStatement 预处理语句的使用。

（4）对前面所学的数据类型、数组、字符串、类与对象、异常处理、用户图形界面和数据库连接及操作等技术的综合应用。

【技术要点】

（1）操作界面由 javax.swing 包中的 JFrame、JMenu、Jbuttont 和 JTable 等图形用户界面组件组成。

（2）加载所有职员信息至界面，并运用 PreparedStatement 预处理语句实现增加职员信息、修改职员信息、删除职员信息、查询职员信息等操作。

【实现步骤】

（1）打开 NetBeans，新建项目 project10_2，在 src 目录下新建 bean 包，在其中定义职员类 Employee，在类中封装职员的有关属性，并定义访问和获取这些属性值的 get()和 set()方法。

```
  package employee.bean;
  public class Employee{
    String employeeID;                        //编号
    String name;                              //姓名
    String sex;                               //性别
    String department;                        //部门
    double baseSalary;                        //基本工资
    double salary;                            //当月薪水
    String classes;                           //类别
    public Employee(){}                       //无参构造函数
    public Employee(String employeeID,String name,String sex,String department,double
baseSalary,double salary,String classes){     //有参构造函数
      this.employeeID = employeeID;
      this.name = name;
      this.sex =sex;
```

```
        this.department =department;
        this.baseSalary =baseSalary;
        this.salary = salary;
        this.classes = classes;
    }
    public String getEmployeeID() {
        return employeeID;
    }
    public void setEmployeeID(String employeeID) {
        this.employeeID = employeeID;
    }
    public String getName() {
        return name;
    }
    public void setName(String name) {
        this.name = name;
    }
    public String getSex() {
        return sex;
    }
    public void setSex(String sex) {
        this.sex = sex;
    }
    public String getDepartment() {
        return department;
    }
    public void setDepartment(String department) {
        this.department = department;
    }
    public double getBaseSalary() {
        return baseSalary;
    }
    public void setBaseSalary(double baseSalary) {
        this.baseSalary = baseSalary;
    }
    public double getSalary() {
        return salary;
    }
    public void setSalary(double salary) {
        this.salary = salary;
    }
    public String getClasses() {
        return classes;
    }
    public void setClasses(String classes) {
        this.classes = classes;
    }

    /** 对Employee的文本描述 **/
    public String toString(){
        return "[职员ID:" + employeeID + "|姓名:" + name + "|性别:" + sex + "|部门:" + department
+ "|基本工资:" + baseSalary + "|当月薪水:" + salary + "|类别:" + classes + "]";
    }
}
```

（2）新建 em 包，在包中建立职员管理类 EmployeeManage，在其中定义连接数据库的方法，并运用 PreparedStatement 预处理语句，实现向数据库中进行增加、删除、修改和查询职员信息操作的方法。

```
package employee.em;
```

```
    import employee.bean.Employee;                              //引入职员类
    import java.util.*;
    import java.sql.*;
    import javax.swing.table.DefaultTableModel;
    public class EmployeeManage {
        //增加职员
        public boolean addEmployee(Employee employee) {
            boolean flag = false;
            String employeeID = employee.getEmployeeID();      //编号
            String name = employee.getName();                  //姓名
            String sex = employee.getSex();                    //性别
            String department = employee.getDepartment();      //部门
            double baseSalary = employee.getBaseSalary();      //基本工资
            double salary = employee.getSalary();              //当月薪水
            String classes = employee.getClasses();            //类别
            String sql = "insert into employees(employeeID,name,sex,department,baseSalary,
salary,classes) values(?,?,?,?,?,?,?)";
            Connection dbConn = this.getConnection();
            try {
                PreparedStatement pStmt = dbConn.prepareStatement(sql);
                pStmt.setString(1, employeeID);
                pStmt.setString(2, name);
                pStmt.setString(3, sex);
                pStmt.setString(4, department);
                pStmt.setDouble(5, baseSalary);
                pStmt.setDouble(6, salary);
                pStmt.setString(7, classes);
                pStmt.executeUpdate();
                pStmt.close();
                dbConn.close();
                flag = true;
            } catch (java.sql.SQLException sqle) {
                sqle.printStackTrace();
            }
            return flag;
        }

        //修改职员
        public boolean editEmployee(Employee employee) {
            boolean flag = true;
            String employeeID = employee.getEmployeeID();      //编号
            String name = employee.getName();                  //姓名
            String sex = employee.getSex();                    //性别
            String department = employee.getDepartment();      //部门
            double baseSalary = employee.getBaseSalary();      //基本工资
            double salary = employee.getSalary();              //当月薪水
            String classes = employee.getClasses();            //类别
            String sql = "update employees set name=?,sex=?,department=?,baseSalary=?,
salary=?,classes=? where employeeID=?";
            Connection dbConn = this.getConnection();
            try {
                PreparedStatement pStmt = dbConn.prepareStatement(sql);
                pStmt.setString(1, name);
                pStmt.setString(2, sex);
                pStmt.setString(3, department);
                pStmt.setDouble(4, baseSalary);
                pStmt.setDouble(5, salary);
                pStmt.setString(6, classes);
                pStmt.setString(7, employeeID);
                pStmt.executeUpdate();
                pStmt.close();
                dbConn.close();
```

```
        } catch (java.sql.SQLException sqle) {
            sqle.printStackTrace();
            flag = false;
        }
        return flag;
    }

    //删除职员
    public void deleteEmployee(String employeeID) {
        String sql = "delete from employees where employeeID =?";
        Connection dbConn = this.getConnection();
        try {
            PreparedStatement pStmt = dbConn.prepareStatement(sql);
            pStmt.setString(1, employeeID);
            pStmt.executeUpdate();
            pStmt.close();
            dbConn.close();
        } catch (java.sql.SQLException sqle) {
            sqle.printStackTrace();
        }
    }

    //查询指定编号职员
    public Employee getEmployee(String employeeID){         //返回Employee类型的结果
        String sql = "select * from employees where employeeID =?";
        Employee employee = new Employee();
        Connection dbConn = this.getConnection();
        try {
            PreparedStatement pStmt = dbConn.prepareStatement(sql);
            pStmt.setString(1, employeeID);
            ResultSet rs = pStmt.executeQuery();
            while(rs.next()) {
                employee.setEmployeeID(rs.getString("employeeID"));
                employee.setName(rs.getString("name"));
                employee.setSex(rs.getString("sex"));
                employee.setDepartment(rs.getString("department"));
                employee.setBaseSalary(rs.getDouble("baseSalary"));
                employee.setSalary(rs.getDouble("salary"));
                employee.setClasses(rs.getString("classes"));
            }
            pStmt.close();
            dbConn.close();
        } catch (java.sql.SQLException sqle) {
            sqle.printStackTrace();
        }
        return employee;
    }

    //查询指定编号职员，返回DefaultTableModel类型的结果
    public DefaultTableModel getEmployeeTable(String employeeID){
        String sql = "select * from employees where employeeID =?";
        Object[][] data = new Object[1][7];
        DefaultTableModel dtm=null;
        Employee employee = new Employee();
        Connection dbConn = this.getConnection();
        try {
            PreparedStatement pStmt = dbConn.prepareStatement(sql);
            pStmt.setString(1, employeeID);
            ResultSet rs = pStmt.executeQuery();
            String field[] = {"职员编号","姓名","性别","部门","基本工资","当月薪水","类别"};
            while (rs.next()) {
                data[0][0] = rs.getString("employeeID");
                data[0][1] = rs.getString("name");
```

```
            data[0][2] = rs.getString("sex");
            data[0][3] = rs.getString("department");
            data[0][4] = rs.getDouble("baseSalary");
            data[0][5] = rs.getDouble("salary");
            data[0][6] = rs.getString("classes");
        }
        pStmt.close();
        dbConn.close();
        dtm = new DefaultTableModel(data,field);
    } catch (java.sql.SQLException sqle) {
        sqle.printStackTrace();
    }
    return dtm;
}

//载入全部职员
public DefaultTableModel getEmpoyees(){
    String sql = "select * from employees";
    ResultSetMetaData rsmd;
    Employee employee = new Employee();
    Connection dbConn = this.getConnection();
    Vector columnHeads = new Vector();
    Vector rows = new Vector();
    DefaultTableModel dtm=null;
    try {
        PreparedStatement pStmt = dbConn.prepareStatement(sql);
        ResultSet rs = pStmt.executeQuery();
        columnHeads.addElement("职员编号");
        columnHeads.addElement("姓名");
        columnHeads.addElement("性别");
        columnHeads.addElement("部门");
        columnHeads.addElement("基本工资");
        columnHeads.addElement("当月薪水");
        columnHeads.addElement("类别");
        while (rs.next()) {
            Vector currentRow = new Vector();
            currentRow.addElement(rs.getString("employeeID"));
            currentRow.addElement(rs.getString("name"));
            currentRow.addElement(rs.getString("sex"));
            currentRow.addElement(rs.getString("department"));
            currentRow.addElement(rs.getDouble("baseSalary"));
            currentRow.addElement(rs.getDouble("salary"));
            currentRow.addElement(rs.getString("classes"));
            rows.addElement(currentRow);
        }
        pStmt.close();
        dbConn.close();
        dtm = new DefaultTableModel(rows,columnHeads);
    } catch (java.sql.SQLException sqle) {
        sqle.printStackTrace();
    }
    return dtm;
}
//连接数据库
public Connection getConnection() {
    String driverName = "com.microsoft.jdbc.sqlserver.SQLServerDriver";
    String dbURL = "jdbc:microsoft:sqlserver://localhost:1433;DatabaseName=company";
    String userName = "sa";
    String userPwd = "sa";                          //假设登录密码为sa
    Connection dbConn = null;
    try {
```

```
            Class.forName(driverName);
            dbConn = DriverManager.getConnection(dbURL, userName, userPwd);
        } catch (Exception e) {
            e.printStackTrace();
        }
        return dbConn;
    }
}
```

（3）新建一个包 frame，在包中创建主窗口类 MainJFrame，在其中实现菜单项选择，如图 10.18 所示。

图 10.18 职员信息管理系统主界面

主要代码如下。

```
package employee.frame;
import java.util.*;
import javax.swing.*;
public class MainJFrame extends javax.swing.JFrame {
    public MainJFrame() {
        initComponents();
    }
    javax.swing.JInternalFrame internaleFrame = null;
    Hashtable hashtable=new Hashtable();
    private void initComponents() {
        jMenuBar1 = new javax.swing.JMenuBar();
        jMenu1 = new javax.swing.JMenu();
        jMenuItem1 = new javax.swing.JMenuItem();
        jMenu2 = new javax.swing.JMenu();
        jMenu3 = new javax.swing.JMenu();
        jMenu4 = new javax.swing.JMenu();
        setDefaultCloseOperation(javax.swing.WindowConstants.EXIT_ON_CLOSE);
        setTitle("职员信息管理系统");
        jMenu1.setText("职员管理");
        jMenuItem1.setText("职员信息");
        jMenuItem1.addActionListener(new java.awt.event.ActionListener() {
            public void actionPerformed(java.awt.event.ActionEvent evt) {
                loadActionPerformed(evt);
            }
        });
        jMenu1.add(jMenuItem1);
```

```
        jMenuBar1.add(jMenu1);
        jMenu2.setText("部门管理");
        jMenuBar1.add(jMenu2);
        jMenu3.setText("考勤管理");
        jMenuBar1.add(jMenu3);
        jMenu4.setText("帮助");
        jMenuBar1.add(jMenu4);
        setJMenuBar(jMenuBar1);
    }

    private void loadActionPerformed(java.awt.event.ActionEvent evt) {
            if(internaleFrame!=null){
                internaleFrame.dispose();
            }
            if(hashtable.get("EmployeeManage")==null){
                internaleFrame=(JInternalFrame)new EmployeeJFrame();
                hashtable.put("EmployeeManage",internaleFrame);
                internaleFrame.setVisible(true);
                setLocation(this,internaleFrame);
                this.add(internaleFrame);
                try {
                    internaleFrame.setSelected(true);
                } catch (java.beans.PropertyVetoException e) {
                   e.printStackTrace();
                }
            }
    }
    public static void main(String args[]) {
        java.awt.EventQueue.invokeLater(new Runnable() {
            public void run() {
                new MainJFrame().setVisible(true);
            }
        });
    }
}
```

（4）选择“职员管理”→“职员信息”命令，打开“职员信息”管理操作界面，如图 10.19 所示。

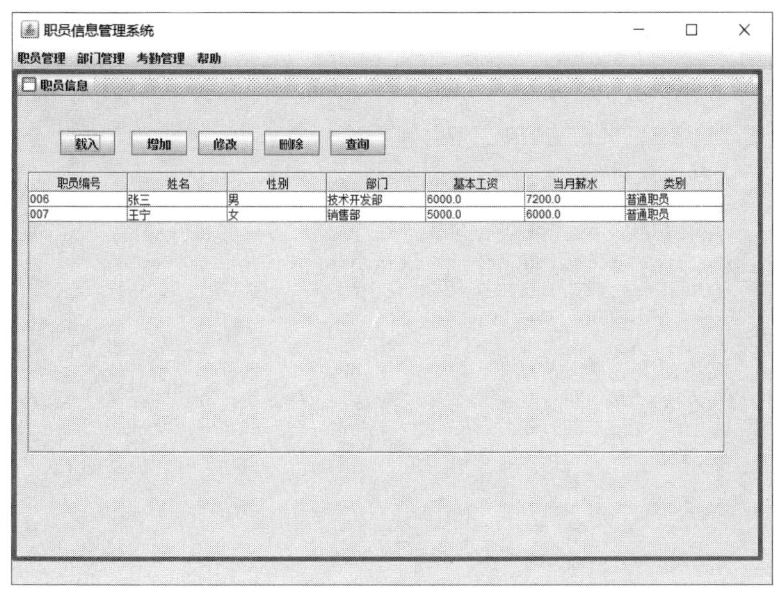

图 10.19　“职员信息”管理操作界面

该操作界面由 EmployeeJFrame 类所生成，主要代码如下。

```
package employee.frame;
import employee.em.EmployeeManage; //引入职员管理类实现增、删、改、查
import java.awt.Container;
import javax.swing.*;
import javax.swing.table.DefaultTableModel;
public class EmployeeJFrame extends javax.swing.JInternalFrame {
    EmployeeManage em = new EmployeeManage();
    String employeeID = "";
    public EmployeeJFrame() {
        initComponents();
    }
    private void initComponents() {
        jScrollPane1 = new javax.swing.JScrollPane();
        jTable1 = new javax.swing.JTable();
        jButton1 = new javax.swing.JButton();
        jButton2 = new javax.swing.JButton();
        jButton3 = new javax.swing.JButton();
        jButton4 = new javax.swing.JButton();
        jButton5 = new javax.swing.JButton();
        setDefaultCloseOperation(javax.swing.WindowConstants.DISPOSE_ON_CLOSE);
        setTitle("职员信息");
        javax.swing.table.DefaultTableModel model= em.getEmpoyees();
        jTable1.setModel(model);
        jScrollPane1.setViewportView(jTable1);
        jButton1.setText("载入");
        jButton1.addActionListener(new java.awt.event.ActionListener() {
            public void actionPerformed(java.awt.event.ActionEvent evt) {
                LoadActionPerformed(evt);
            }
        });
        jButton2.setText("增加");
        jButton2.addActionListener(new java.awt.event.ActionListener() {
            public void actionPerformed(java.awt.event.ActionEvent evt) {
                addActionPerformed(evt);
            }
        });
        jButton3.setText("修改");
        jButton3.addActionListener(new java.awt.event.ActionListener() {
            public void actionPerformed(java.awt.event.ActionEvent evt) {
                editActionPerformed(evt);
            }
        });
        jButton4.setText("删除");
        jButton4.addActionListener(new java.awt.event.ActionListener() {
            public void actionPerformed(java.awt.event.ActionEvent evt) {
                deleteActionPerformed(evt);
            }
        });
        jButton5.setText("查询");
        jButton5.addActionListener(new java.awt.event.ActionListener() {
            public void actionPerformed(java.awt.event.ActionEvent evt) {
                SelectActionPerformed(evt);
            }
        });
    }
    public void loadData(){
        javax.swing.table.DefaultTableModel d= em.getEmpoyees();
        jTable1.setModel(d);
```

```
    }
    //单击载入按钮，加载职员信息
    private void LoadActionPerformed(java.awt.event.ActionEvent evt) {
        javax.swing.table.DefaultTableModel d= em.getEmpoyees();
        jTable1.setModel(d);
    }
    //单击增加按钮，创建新增职员界面
    private void addActionPerformed(java.awt.event.ActionEvent evt) {
        AddEmpJFrame addFrame = new AddEmpJFrame(this);
        addFrame.setVisible(true);
    }
    //单击修改按钮，创建修改职员界面
    private void editActionPerformed(java.awt.event.ActionEvent evt) {
        int row = jTable1.getSelectedRow();
        employeeID = (String) jTable1.getValueAt(row, 0);
        EditEmpJFrame editJFrame = new EditEmpJFrame(this,employeeID);
        editJFrame.setVisible(true);
    }
    //单击删除按钮，调用删除职员函数
    private void deleteActionPerformed(java.awt.event.ActionEvent evt) {
        int row = jTable1.getSelectedRow();
        String employeeID = (String) jTable1.getValueAt(row, 0);
        em.deleteEmployee(employeeID);
        jTable1.setModel(em.getEmpoyees());
    }
    //单击查询按钮，创建查询职员界面
    private void SelectActionPerformed(java.awt.event.ActionEvent evt) {
        SeachByIDJFrame seachByIDJFrame1 = new SeachByIDJFrame();
        seachByIDJFrame1.setVisible(true);
    }
}
```

（5）单击 EmployeeJFrame 操作界面中的“增加”按钮，打开“添加职员信息”操作界面，如图 10.20 所示。

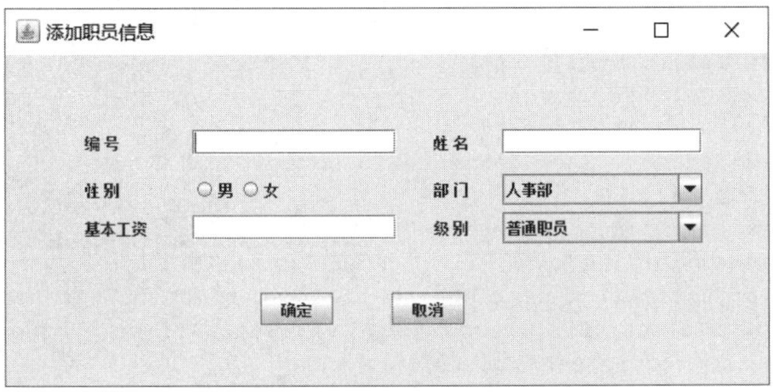

图 10.20 “添加职员信息”操作界面

该操作界面由 AddEmpJFrame 类所生成，主要代码如下。

```
package employee.frame;
import employee.bean.Employee;          //引入职员类
import javax.swing.*;
import java.awt.event.*;
import employee.em.EmployeeManage;      //引入职员管理类实现增加操作
public class AddEmpJFrame extends javax.swing.JFrame {
    EmployeeJFrame parentJFrame =null;
    public AddEmpJFrame(EmployeeJFrame employeeJframe) {
        parentJFrame = employeeJframe;
        initComponents();
```

```
    }
    private void initComponents() {
        buttonGroup1 = new javax.swing.ButtonGroup();
        jLabel1 = new javax.swing.JLabel();
        employeeIDText = new javax.swing.JTextField();
        baseSalaryText = new javax.swing.JTextField();
        jRadioButton1 = new javax.swing.JRadioButton();
        jRadioButton2 = new javax.swing.JRadioButton();
        jLabel3 = new javax.swing.JLabel();
        jLabel5 = new javax.swing.JLabel();
        jLabel6 = new javax.swing.JLabel();
        jLabel2 = new javax.swing.JLabel();
        jLabel4 = new javax.swing.JLabel();
        departmentText = new javax.swing.JComboBox();
        nameText = new javax.swing.JTextField();
        classesText = new javax.swing.JComboBox();
        jButton1 = new javax.swing.JButton();
        jButton2 = new javax.swing.JButton();
        setDefaultCloseOperation(javax.swing.WindowConstants.EXIT_ON_CLOSE);
        setTitle("添加职员信息");
        jLabel1.setText("编 号");
        employeeIDText.setColumns(15);
        employeeIDText.setName("employeeIDText");
        baseSalaryText.setColumns(15);
        baseSalaryText.setName("baseSalaryText");
        buttonGroup1.add(jRadioButton1);
        jRadioButton1.setText("男");
        buttonGroup1.add(jRadioButton2);
        jRadioButton2.setText("女");
        jLabel3.setText("性 别");
        jLabel5.setText("基本工资");
        jLabel6.setText("级 别");
        jLabel2.setText("姓 名");
        jLabel4.setText("部 门");
        departmentText.setModel(new javax.swing.DefaultComboBoxModel(new String[] {"人事
部", "开发部", "市场部"}));
        departmentText.setName("departmentText");
        nameText.setColumns(15);
        nameText.setName("");
        classesText.setModel(new javax.swing.DefaultComboBoxModel(new String[] {"普通职
员", "销售职员", "部门经理" }));
        classesText.setName("classesText");
        jButton1.setText("确定");
        jButton1.addActionListener(new java.awt.event.ActionListener() {
            public void actionPerformed(java.awt.event.ActionEvent evt) {
                jButton1ActionPerformed(evt);
            }
        });
        jButton2.setText("取消");
        jButton2.addActionListener(new java.awt.event.ActionListener() {
            public void actionPerformed(java.awt.event.ActionEvent evt) {
                jButton2ActionPerformed(evt);
            }
        });
    }
    private void jButton1ActionPerformed(java.awt.event.ActionEvent evt) {
        String employeeID = this.employeeIDText.getText();
        String name = this.nameText.getText();
        String sex;
        if(this.jRadioButton1.isSelected()){
```

```
            sex = "男";
        }else{
            sex ="女";
        }
        String department = this.departmentText.getSelectedItem().toString();
        double baseSalary = Double.parseDouble(this.baseSalaryText.getText());
        String classes = this.classesText.getSelectedItem().toString();
        double salary;
        if(classes.equals("普通职员")){          //假设不同类型的职员的薪水计算方法不同
            salary = baseSalary + baseSalary * 0.1;
        }else if(classes.equals("销售职员")){
            salary = baseSalary + baseSalary * 0.15;
        }else
            salary = baseSalary + baseSalary * 0.2;
        Employee employee = new Employee(employeeID, name, sex, department, baseSalary,
salary, classes);
        EmployeeManage em = new EmployeeManage();
        if(em.addEmployee(employee)){
            if(JOptionPane.showConfirmDialog(this, "继续添加? ", "添加成功! ", JOptionPane.
OK_CANCEL_OPTION,JOptionPane.INFORMATION_MESSAGE)==JOptionPane.OK_OPTION){
            System.out.println("添加成功! ");
            parentJFrame.loadData();
            }else{
                this.dispose();
                parentJFrame.loadData();
            }
        }else{
                JOptionPane.showMessageDialog(this, "添加失败! ");
        }
    }

    private void jButton2ActionPerformed(java.awt.event.ActionEvent evt) {
        this.dispose();
    }
}
```

（6）在 EmployeeJFrame 的职员列表中选择某个职员，单击“修改”按钮，打开“修改职员信息”操作界面，如图 10.21 所示。

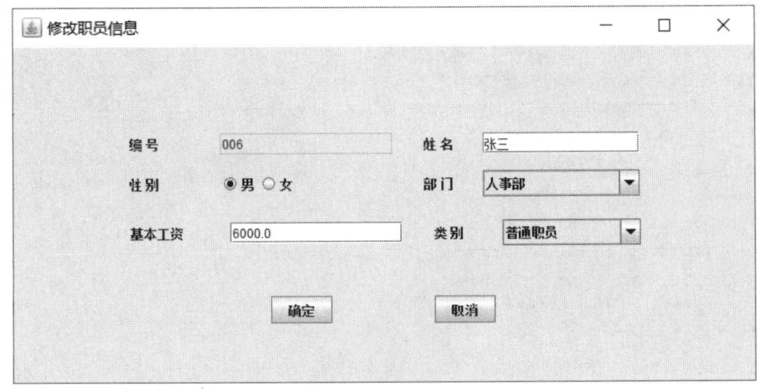

图 10.21　“修改职员信息”操作界面

该操作界面由 EditEmpJFrame 类所生成，主要代码如下。

```
package employee.frame;
import employee.bean.Employee;          //引入职员类
import javax.swing.*;
import java.awt.event.*;
```

```
    import employee.em.EmployeeManage;      //引入职员管理类实现修改操作
    public class EditEmpJFrame extends javax.swing.JFrame {
        EmployeeJFrame parentJFrame =null;
        public EditEmpJFrame(EmployeeJFrame employeeJframe,String employeeID) {
            parentJFrame = employeeJframe;
            this.setTitle("修改职员信息");
            initComponents();
            loadData(employeeID);
        }
        private void loadData(String employeeID){
            EmployeeManage em = new EmployeeManage();
            Employee employee = em.getEmployee(employeeID);
            employeeIDText.setText(employeeID);
            nameText.setText(employee.getName());
            jRadioButton1.setSelected(employee.getSex().equals("男"));
            jRadioButton2.setSelected(employee.getSex().equals("女"));
            departmentText.setSelectedItem(employee.getDepartment());
            baseSalaryText.setText(String.valueOf(employee.getBaseSalary()));
            classesText.setSelectedItem(employee.getClasses());
        }
        private void initComponents() {
            buttonGroup1 = new javax.swing.ButtonGroup();
            jLabel1 = new javax.swing.JLabel();
            employeeIDText = new javax.swing.JTextField();
            baseSalaryText = new javax.swing.JTextField();
            jRadioButton1 = new javax.swing.JRadioButton();
            jRadioButton2 = new javax.swing.JRadioButton();
            jLabel3 = new javax.swing.JLabel();
            jLabel5 = new javax.swing.JLabel();
            jLabel6 = new javax.swing.JLabel();
            jLabel2 = new javax.swing.JLabel();
            jLabel4 = new javax.swing.JLabel();
            departmentText = new javax.swing.JComboBox();
            nameText = new javax.swing.JTextField();
            classesText = new javax.swing.JComboBox();
            jButton1 = new javax.swing.JButton();
            jButton2 = new javax.swing.JButton();
            setDefaultCloseOperation(javax.swing.WindowConstants.EXIT_ON_CLOSE);
            setTitle("修改职员信息");
            jLabel1.setText("编 号");
            employeeIDText.setEditable(false);
            employeeIDText.setColumns(15);
            employeeIDText.setName("employeeIDText");
            baseSalaryText.setColumns(15);
            baseSalaryText.setName("baseSalaryText");
            buttonGroup1.add(jRadioButton1);
            jRadioButton1.setText("男");
            buttonGroup1.add(jRadioButton2);
            jRadioButton2.setText("女");
            jLabel3.setText("性 别");
            jLabel5.setText("基本工资");
            jLabel6.setText("类 别");
            jLabel2.setText("姓 名");
            jLabel4.setText("部 门");
            departmentText.setModel(new javax.swing.DefaultComboBoxModel(new String[] {"人事
部", "市场部", "开发部"}));
            departmentText.setName("departmentText");
            nameText.setColumns(15);
            nameText.setName("");
```

```
        classesText.setModel(new javax.swing.DefaultComboBoxModel(new String[] {"普通职
员", "销售职员", "业务经理"}));
        classesText.setName("classesText");
        jButton1.setText("确定");
        jButton1.addActionListener(new java.awt.event.ActionListener() {
            public void actionPerformed(java.awt.event.ActionEvent evt) {
                jButton1ActionPerformed(evt);
            }
        });
        jButton2.setText("取消");
        jButton2.addActionListener(new java.awt.event.ActionListener() {
            public void actionPerformed(java.awt.event.ActionEvent evt) {
                jButton2ActionPerformed(evt);
            }
        });
    }
    private void jButton1ActionPerformed(java.awt.event.ActionEvent evt) {
        String employeeID = this.employeeIDText.getText();
        String name = this.nameText.getText();
        String sex;
        if(this.jRadioButton1.isSelected()){
            sex = "男";
        }else{
            sex ="女";
        }
        String department = this.departmentText.getSelectedItem().toString();
        double baseSalary  = Double.parseDouble(this.baseSalaryText.getText());
        String classes = this.classesText.getSelectedItem().toString();
        double salary;
        if(classes.equals("普通职员")){    //假设不同类型的职员的薪水计算方法不同
            salary = baseSalary + baseSalary * 0.1;
        }else if(classes.equals("销售职员")){
            salary = baseSalary + baseSalary * 0.15;
        }else
            salary = baseSalary + baseSalary * 0.2;
        Employee employee = new
        Employee(employeeID,name,sex,department,baseSalary, salary,classes);
        EmployeeManage em = new EmployeeManage();
        if(em.editEmployee(employee)){
            if(JOptionPane.showConfirmDialog(this, "", "修改成功! ", JOptionPane.OK_CANCEL_
OPTION,JOptionPane.INFORMATION_MESSAGE)==JOptionPane.OK_OPTION){
                this.dispose();
                parentJFrame.loadData();
            }else{
                this.dispose();
                parentJFrame.loadData();
            }
        }else{
            JOptionPane.showMessageDialog(this,"修改失败! ");
        }
    }
    private void jButton2ActionPerformed(java.awt.event.ActionEvent evt) {
        this.dispose();
    }
}
```

（7）在 EmployeeJFrame 操作界面所列出的职员列表中选择某个职员，单击“删除”按钮，可删除指定职员。该操作功能在 EmployeeJFrame 类中，由“删除”按钮单击事件函数 deleteActionPerformed()，调用职员管理类 EmployeeManage 中的删除方法来实现，具体代码可参看前面的 EmployeeJFrame 类。

（8）单击 EmployeeJFrame 操作界面中的“查询”按钮，打开“按编号查询”操作界面，如图 10.22 所示。

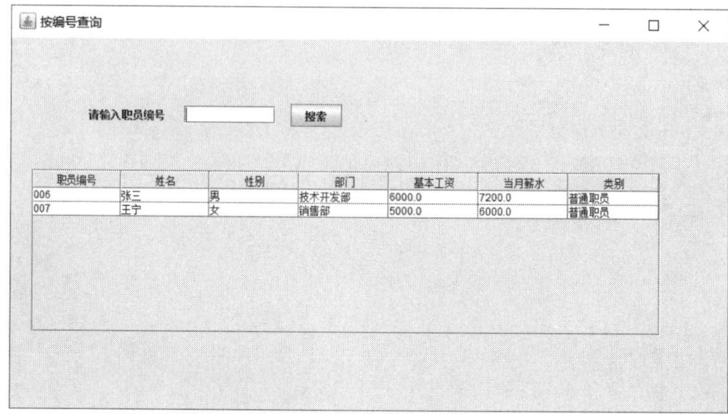

图 10.22　查询职员信息操作界面

该操作界面由 SeachByIDJFrame 类所生成，主要代码如下。

```
package employee.frame;
import employee.em.EmployeeManage; //引入职员管理类实现查询操作
public class SeachByIDJFrame extends javax.swing.JFrame{
    public SeachByIDJFrame() {
        initComponents();
    }
    private void initComponents() {
        jPanel1 = new javax.swing.JPanel();
        jLabel1 = new javax.swing.JLabel();
        textNO = new javax.swing.JTextField();
        jButton1 = new javax.swing.JButton();
        jScrollPane1 = new javax.swing.JScrollPane();
        jTable1 = new javax.swing.JTable();

        setDefaultCloseOperation(javax.swing.WindowConstants.EXIT_ON_CLOSE);
        setTitle("按编号查询");
        setPreferredSize(new java.awt.Dimension(868, 472));
        jLabel1.setText("请输入职员编号");
        jButton1.setText("搜索");
        jButton1.addActionListener(new java.awt.event.ActionListener() {
            public void actionPerformed(java.awt.event.ActionEvent evt) {
                jButton1ActionPerformed(evt);
            }
        });
        EmployeeManage em = new EmployeeManage();
        javax.swing.table.DefaultTableModel d= em.getEmpoyees();
        jTable1.setModel(d);
        jScrollPane1.setViewportView(jTable1);
    }
    private void jButton1ActionPerformed(java.awt.event.ActionEvent evt) {
        String employeeID = textNO.getText();
        EmployeeManage em = new EmployeeManage();
        javax.swing.table.DefaultTableModel d= em.getEmpoyeeTable(employeeID);
        jTable1.setModel(d);
        jTable1.repaint();
    }
}
```

10.2.2 知识集萃

1. PreparedStatement 接口

1）PreparedStatement 的使用

PreparedsStatement 是 Statement 的子接口，属于预处理操作，与直接使用 Statement 不同的是 PreparedStatement 在操作时，是先在数据表之中准备好了一条 SQL 语句，但是此 SQL 语句中的具体参数暂时不设置，而是用符号“?”表示，后面再根据不同数据类型的参数值采用对应方法来进行设置。

此接口的实例通过 Connection 的 preparedStatement()方法来获取，然后使用一系列的 setXXX()方法设置参数内容，根据位置，如果执行更新语句，则会返回更新数据的记录数。

以插入数据为例，使用 PreparedStatement 插入数据时，数据表中的指针先指向最后一条数据之后，但是里面的内容是不知道的，而是等待用户分别设置。示例代码如下。

```
sql ="insert into ksInfo(考号,姓名,成绩,地址,简历)values(?,?,?,?,?)";
PreparedStatement pStmt = connect.prepareStatement(sql);
pStmt.setString(1, "202101");                //向考号字段填入数据
pStmt.setString(2, "王大卫");                //向名字字段填入数据
pStmt.setInt(3,658);                         //向成绩字段填入数据
pStmt.setString(4, "长沙市望城区丁字镇28号");  //向地址字段填入数据
pStmt.setString(5, "爱好看书、旅游和运动");    //向简历字段填入数据
pStmt.executeUpdate();
```

2）PreparedStatement 的优点

Statement 对象和 PreparedStatement 对象都能实现对数据库的操作，采用后者的优点主要体现为以下几个方面。

（1）访问速度快。PreparedStatement 会先初始化 SQL，把这个 SQL 提交到数据库中进行预处理，多次使用可提高效率。而 Statement 不会初始化，没有预处理，每次都是从头开始执行 SQL。

PreparedStatement 对象不仅包含 SQL 语句，而且大多数情况下这个语句已经被预编译过，因而当其执行时，只需 DBMS 运行 SQL 语句，而不必先编译。当你需要执行 Statement 对象多次的时候，PreparedStatement 对象将会大大降低运行时间，当然也加快了访问数据库的速度。

这种转换会带来很大的便利，不必重复 SQL 语句的句法，只需更改其中变量的值，便可重新执行 SQL 语句。是否选择 PreparedStatement 对象，在于相同句法的 SQL 语句是否执行了多次，而且两次之间的差别仅仅是变量的不同。如果仅仅执行了一次，它应该和普通的 Statement 对象毫无差异，体现不出它预编译的优越性。

（2）可以批量执行。当向数据库中更新的数据量很大时，先构建一个 INSERT 语句再多次地执行，会导致很多次的网络连接。而要减少 JDBC 的调用次数改善性能，可以使用 PreparedStatement 的 AddBatch()方法，一次性发送多个查询给数据库。

（3）提高程序的可维护性。采用 Statement 对象来访问数据库，其中的 SQL 语句所需要的参数依赖变量，编写代码较为复杂，在组织 SQL 语句时很容易出错。而采用 PreparedStatement 预处理语句，SQL 中的参数采用“?”占位符来代替，事后再使用 setXXX()方法来设置参数的内容，这样做既增加了程序的可维护性，也增加了程序的安全性。

（4）防止 SQL 注入漏洞。先来看下列代码。

```
Statement stmt = connect.createStatement();
String sql= "SELECT * FROM cg_user WHERE name LIKE " + name;
```

```
ResultSet rs = stmt.executeUpdate(sql);
```

假如把上述 SQL 语句中的参数 name 设置为“'' or '1' = '1'”，那么拼接起来后的完整 SQL 语句如下。

```
SELECT * FROM cg_user WHERE name LIKE ' ' or '1' = '1';
```

很显然该 SQL 语句的条件总是满足的，会返回所有数据；又或者把 name 设置成这个值“''; drop table cg_user ;”，拼起来后的完整 SQL 语句如下。

```
SELECT * FROM cg_user WHERE name LIKE ' ' ; drop table cg_user ;
```

执行该 SQL 语句会把数据库表 cg_user 予以删除，后果难以想象。这种不安全访问数据库的现象称为 SQL 注入漏洞。

但如果在本例中使用 PrepareStatement 进行预编译，就不会出现上述漏洞。因为 SQL 语句在程序运行前已经进行了预编译，在程序运行时第一次操作数据库之前，SQL 语句已经被数据库分析和编译过了，对应的执行计划也会缓存下来，之后数据库就会以参数化的形式进行查询。setXXX()方法永远把占位符当成数据值进行处理，而不会把其中的符号当作命令符号处理，从而达到预防 SQL 注入攻击的目的。

2. ResultSet 类

ResultSet 类的对象实际上是一个查询结果数据的表，是一个管式数据集，由统一形式的数据行组成，一行对应一条查询记录。在 ResultSet 对象中隐含着一个游标，一次只能获得游标当前所指的数据行，用 next()方法可取下一个数据行。用数据行的字段（列）名称或位置索引（注意：自 1 开始）调用形如 getXXX()方法获得记录的字段值。

1）ResultSet 类常用方法

以下是 ResultSet 类的部分常用方法。

❖ byte getByte(int columnIndex)：返回指定字段的字节值。
❖ Date getDate(int columnIndex)：返回指定字段的日期值。
❖ float getFloat(int columnIndex)：返回指定字段的浮点值。
❖ int getInt(int columnIndex)：返回指定字段的整数值。
❖ String getString(int columnIndex)：返回指定字段的字符串值。
❖ double getDouble(String columnName)：返回指定字段的双精度值。
❖ long getLong(String columnName)：返回指定字段的 long 型整值。
❖ boolean next()：返回是否还有下一字段。

以上方法中的 columnIndex 是位置索引，用于指定字段，columnName 是字段名。

2）可滚动结果集

用户需要在查询结果集上进行浏览，或前后移动、或显示结果集的指定记录，这称为可滚动结果集。程序要获得一个可滚动结果集，只要在获得 SQL 的语句对象时，增加指定结果集的两个参数即可，代码如下。

```
Statement stmt = con.createStatement(type,concurrency);
ResultSet rs = stmt.executeQuery(SQL语句);
```

上述语句对象 stmt 的 SQL 查询能得到相应类型的结果集。

int 型的 type 参数决定可滚动集的滚动方式如下。

❖ ResultSet.TYPE_FORWORD_ONLY：表示结果集的游标只能向下滚动。
❖ ResultSet.TYPE_SCROLL_INSENSITIVE：表示游标可上下移动，当数据库变化时，当

前结果集不变。

- ResultSet.TYPE_SCROLL_SENSITIVE：表示游标可上下移动，当数据库变化时，当前结果集同步改变。

int 型的 concurrency 参数决定数据库是否与可滚动集同步更新。

- ResultSet.CONCUR_READ_ONLY：不能用结果集更新数据库中的表。
- ResultSet.CONCUR_UPDATETABLE：能用结果集更新数据库中的表。

例如，以下代码实现，利用连接对象 connect，创建 Statement 对象 stmt，指定结果集可滚动，并以只读方式读数据库。

```
    stmt = connect.createStatement(ResultSet.TYPE_SCROLL_SENSITIVE, ResultSet.CONCUR_
READ_ONLY);
```

可滚动集上另外一些常用方法如下。

- boolean previous()：将游标向上移动，当移到结果集的第一行时，返回 false。
- void beforeFirst()：将游标移到结果集的第一行之前。
- void afterLast()：将游标移到结果集的最后一行之后。
- void first()：将游标移到第一行。
- void last()：将游标移到最后一行。
- boolean isAfterLast()：判断游标是否在最后一行之后。
- boolean isBeforeFirst()：判断游标是否在第一行之前。
- boolean isLast()：判断游标是否在最后一行。
- boolean isFirst()：判断游标是否在第一行。
- int getRow()：获取当前所指的行（行号自 1 开始编号，结果集空，返回 0）。
- boolean absolute(int row)：将游标移到 row 行。

10.2.3　拓展知识

1. 存储过程概述

一般的 SQL 语句需要先编译然后才能执行，而存储过程是一组为了完成特定功能的 SQL 语句，已提前编译好存放在数据库中，用户可以通过给定所需要的参数去调用。在 Java 程序中，通过调用存储过程去访问数据库，有以下优点。

（1）增强 SQL 的功能和灵活性：存储过程可以用控制语句编写，有很强的灵活性，能完成复杂的判断和较复杂的运算。

（2）组件式编程：存储过程被创建后，可以在程序中被多次调用，而且可以随时对存储过程进行修改，对应用程序源代码毫无影响。

（3）较快的执行速度：存储过程是预编译的。在首次运行一个存储过程时，查询优化器对其进行分析优化，并且给出最终被存储在系统表中的执行计划；而采用批处理的 Transaction-SQL 语句，在每次运行时都要进行编译和优化，速度相对要慢一些。

（4）减少网络流量：在调用存储过程时，网络中传送的只是该调用语句，大大减少网络流量并降低了网络负载。

（5）使用更为安全：通过对执行某一存储过程的权限进行限制，能够实现对相应数据的访问权限的限制，避免了非授权用户对数据的访问，从而保证了数据的安全性。

2. 创建存储过程

在 SQL Server 中，创建存储过程的基本语法格式如下（“[ ]”表示可选）。

```
CREATE PROC [EDURE] procedure_name [ ; number ]
    [ { @parameter data_type }
        [ VARYING ] [ = default ] [ OUTPUT ]
    ] [ ,...n ]
[ WITH
    { RECOMPILE | ENCRYPTION | RECOMPILE , ENCRYPTION } ]
[ FOR REPLICATION ]
AS
[ begin ]
    T-SQL 语句
[ end ]
```

3. 调用存储过程

存储过程有多种类型，包括不带参数的存储过程、带有输入参数的存储过程、带有输出参数的存储过程、带有返回状态的存储过程、带有更新计数的存储过程等。限于篇幅，这里简要介绍如何调用不带参数、带输入参数和带输出参数的存储过程。

在 Java 中，通过 JDBC 调用存储过程，需要使用 CallableStatement 接口，它和 PreparedStatement 类似，也是 Statement 接口的子接口。CallableStatement 为所有的 DBMS 提供了一种标准的形式去调用数据库中已存在的存储过程。

（1）调用不带参数存储过程。在 SQL Server 数据库中创建名为 selectAllInfo 的存储过程，代码如下。

```
--SQLQuery1.sql
if exists(select * from sysobjects where name='selectAllInfo')
drop proc selectAllInfo
go
--创建存储过程
create procedure selectAllInfo
as
select employeeID, name, sex, department, salary, classes from employees
go
```

那么，在 Java 应用程序中调用该存储过程的代码见例 10-3。

【例 10-3】调用不带参数存储过程示例。

```
import java.sql.*;
class excprocNoParams {
   public static void main(String[] args) {
      try {
         Class.forName("com.microsoft.jdbc.sqlserver.SQLServerDriver");
         String dbURL = "jdbc:microsoft:sqlserver://localhost:1433;DatabaseName=company";
         Connection dbConn = DriverManager.getConnection(dbURL,"sa","sa");
         //声明CallableStatement对象，使用execute命令执行存储过程selectAllInfo
         CallableStatement cs = dbConn.prepareCall("execute selectAllInfo");
         ResultSet rs = cs.executeQuery();    //执行SQL语句
         while (rs.next()) {
            String name = rs.getString("name");
            String id = rs.getString("employeeID");
            String type= rs.getString("classes");
            System.out.println(name + "\t" + id + "\t" + type);
         }
         rs.close();
         cs.close();
         dbConn.close();
      }catch(Exception e){
         e.printStackTrace();
```

```
        }
    }
}
```

（2）调用带输入参数存储过程。在 SQL Server 数据库中创建名为 searchByName 的存储过程，代码如下。

```
--SQLQuery2.sql
if exists(select * from sysobjects where name='searchByName')
drop proc searchByName
go
--创建带输入参数存储过程
create proc searchByName
@name nvarchar(50)
as
select employeeID, name, sex, department, salary, classes from employees
where name like '%'+@name+'%'
go
```

那么，在 Java 应用程序中调用该存储过程的代码见例 10-4。

【例 10-4】调用带输入参数存储过程示例。

```
import java.sql.*;
class excprocInParams{
   public static void main(String[] args) {
      try {
         Class.forName("com.microsoft.jdbc.sqlserver.SQLServerDriver");
         String dbURL = "jdbc:microsoft:sqlserver://localhost:1433;DatabaseName=company";
         Connection dbConn = DriverManager.getConnection(dbURL,"sa","sa");
         //声明CallableStatement对象，?占位符表示输入参数
         CallableStatement cs = dbConn.prepareCall("execute searchByName ?");
         cs.setString(1, "张三");
         ResultSet rs = cs.executeQuery();      //执行SQL语句
         while (rs.next()) {
            String name = rs.getString("name");
            String id = rs.getString("employeeID");
            String type= rs.getString("classes");
            System.out.println(name + "\t" + id + "\t" + type);
         }
         rs.close();
         cs.close();
         dbConn.close();
      }catch(Exception e){
         e.printStackTrace();
      }
   }
}
```

（3）调用带输出参数存储过程。在 SQL Server 数据库中创建名为 query_num 的存储过程，代码如下。

```
--SQLQuery3.sql
if exists(select * from sysobjects where name='query_num')
drop proc query_num
go
--创建带输出参数存储过程
create proc query_num
@num int output
as
--统计employees表中记录条数
select @num=count(1) from employees
```

```
go
```

那么，在 Java 应用程序中调用该存储过程的代码见例 10-5。

【例 10-5】调用带输出参数存储过程示例。

```
import java.sql.*;
class excprocInParams{
   public static void main(String[] args) {
      try {
         Class.forName("com.microsoft.jdbc.sqlserver.SQLServerDriver");
         String dbURL = "jdbc:microsoft:sqlserver://localhost:1433;DatabaseName=company";
         Connection dbConn = DriverManager.getConnection(dbURL,"sa","sa");
         //声明CallableStatement对象，?占位符表示输出参数
         CallableStatement cs = dbConn.prepareCall("execute query_num ?");
         //registerOutParameter()方法为OUT参数指定值
         cs.registerOutParameter(1,Types.INTEGER);
         cs.execute();
         int num = cs.getInt(1);
         System.out.println("num = " + num);
         cs.close();
         dbConn.close();
      }catch(Exception e){
         e.printStackTrace();
      }
   }
}
```

在上例中，对于 OUT 参数向 registerOutParameter()方法传递一个值时，不仅必须指定用于此参数的数据类型，而且必须在存储过程中指定此参数的序号位置（或此参数的名称）。例如，如果存储过程包含单个 OUT 参数，则其序数值为 1；如果存储过程包含两个参数，则第一个序数值为 1，第二个序数值为 2。

10.3　第 10 章小结

本章学习了 ODBC 和 JDBC 的有关概念和使用方法，重点讲解了利用 JDBC 来访问 SQL 数据库的两种方法和操作步骤；了解了连接访问其他常见数据库的步骤；学习了如何通过 Statement 实例构建并执行 SQL 语句，并对比了采用 PreparedStatement 接口预编译 SQL 语句的优缺点；还介绍了事务处理的有关概念和操作方法，以及结果集 ResultSet 类的使用方法；最后，讲解了存储过程的有关创建和调用方法。

10.4　育人进阶——聪明人懂得下笨功夫

1. 笨方法，却能成为打败瞬间的妙手

下围棋的人都知道一句话，叫“善弈者，通盘无妙手”。这句话说的是，很会下棋的人，往往一整盘棋里是看不到那种神奇的一招或者力挽狂澜的一手的。这就是高手的策略，他能累积优势于点滴、化危机于无形，最终取得胜利，体现的是不同于“妙手”的另一种智慧。

2. 急功近利，是现代人的通病

想迅速出人头地，是我们踏入社会时的普遍心愿。每个人都敢拍着胸脯说自己不怕吃苦，但每个人又都只喜欢简单粗暴的努力，最好是连拼三天三夜，一周后就有回报。急功近利成了

许多人的通病。

如果可以，谁都愿意去做见效快、短时间内就能看得到成果的事情。可是，这样的事情有多少呢？短时间内在哪个行业都不可能做出巨大的成果，你见过别人一夜之间平步青云，但机遇背后的积累也许是你见不到的。

别因为不够努力，就觉得自己怀才不遇。所有的成功都是慢慢熬出来的，不做好厚积薄发的准备，再好的机遇也是白搭。

我们以为聪明人成功靠的都是天赋，但真正的聪明人却从不指望天赋。他们明白天赋是努力达到一定程度后的锦上添花，并不能成为努力的替代品。

我们传颂“愚公移山”的故事，因为愚公是一个真正有远见的人，他知道想要得到最好的结果，就得承受最艰难的过程，他知道再大的困难，也抵不过滴水穿石的认真。

遇山敢开路，遇河敢搭桥，这世上能难住他的事情还有多少呢？

胡适说过：“这个世界聪明人太多，肯下笨功夫的人太少，所以成功者只是少数人。”

大多数情况下，普通人没得选，只能以勤补拙，认准一条路走到底。聪明人因为聪明，选择的机会比普通人要多得多，同时，面对的诱惑也要多得多。

聪明人比普通人领悟能力更强，很多东西，他们只要稍微用心就能学会。久而久之，就会产生一种自己无所不能的错觉，慢慢变得不屑于用普通人的方法学习和做事。

因此，聪明人若想成功，更需要时刻保持清醒，天资很重要，但心态更重要。如果不摆正心态，你只会变得越来越迷失，最后被自己的自负和傲慢坑害。

沉得住气，发得了力，才是人生的大智慧。人要有所执，方能有所成。

3. 写在文末的话

所以，聪明人要想成功，需要加倍努力，更要下笨功夫。踏实、坚持、低调、谦和，才是通用法则。

这并不是说天资不重要，而是心态、坚持太重要。笨办法并不是指笨人用的方法，而是指普通人的方法，这些方法太不起眼，不容易让人夸奖，可是，却是最务实的方法。

所以，世界上最可怕的事，不是比你聪明的人比你努力，而是比你聪明的人，都在偷偷地下着“笨功夫”。

本文节选自 CSDN 博文，略有删减。

原文链接：https://blog.csdn.net/yellowzf3/java/article/details/105571143

10.5　巩固练习

一、选择题

1．下面是一组对 JDBC 的描述，正确的是（　　）。

A．JDBC 是一个数据库管理系统　　B．JDBC 是一个由类和接口组成的 API

C．JDBC 是一个驱动程序　　D．JDBC 是一组命令

2．要加载 JDBC 驱动程序，可调用（　　）方法。

A．Driver.load()　　B．DriverManager.load()

C．Class.forName()　　D．DriverManager.getConnection()

3．创建数据库连接的目的是（　　）。

A．建立一条通往某个具体数据库的通道　B．加载数据库驱动程序

C．清空数据库　　D．为数据库增加记录

4．要为数据库增加记录，应调用 Statement 对象的（　　）方法。

A．addRecord()　　B．executeQuery()

C．executeUpdate()　　D．executeAdd()

5．DB、DBMS 和 DBS 三者间的关系是（　　）。

A．DB 包括 DBMS 和 DBS　　B．DBS 包括 DB 和 DBMS

C．DBMS 包括 DBS 和 DB　　D．DBS 与 DB 和 DBMS 无关

6．DBMS 的含义是（　　）。

A．数据库信息系统　　B．数据库管理系统

C．数据库维护系统　　D．数据库分类系统

7．SQL 语言的数据操纵语句中最重要、使用最频繁的是（　　）。

A．SELECT　　B．INSERT

C．UPDATE　　D．DELETE

8．下列 SQL 语句中，修改表结构的是（　　）。

A．CREATE　　B．UPDATE

C．INSERT　　D．ALTER

9．SQL 的数据定义功能包括定义数据库、定义基本表、定义视图和（　　）。

A．定义维护　　B．定义存取

C．定义查询　　D．定义索引

10．下列（　　）不属于 SQL 的操纵命令。

A．DELETE　　B．UPDATE

C．CREATE　　D．INSERT

11．SQL 的数据更新功能主要包括（　　）。

A．CREATE、SELECT、DROP　　B．CREATE、INSERT、UPDATE

C．INSERT、UPDATE、DELETE　　D．REPLACE、CHANGE、EDIT

12．提供 Java 存取数据库能力的包是（　　）。

A．java.sql　　B．java.awt

C．java.lang　　D．java.swing

13．使用下面的 Conection 的（　　）方法可以建立一个 PreparedStatement 接口。

A．createPrepareStatement()　　B．PrepareStatement()

C．createPreparedStatement()　　D．PreparedStatement()

14．在 JDBC 中可以调用数据库的存储过程的接口是（　　）。

A．Statement　　B．PreparedStatement

C．CallableStatement　　D．PrepareStatement

15．下面的描述正确的是（　　）。

A．PreparedStatement 继承自 Statement

B．Statement 继承自 PreparedStatement

C．ResultSet 继承自 Statement

D．CallableStatement 继承自 PreparedStatement

16．下面的描述错误的是（　　）。

A．Statement 的 executeQuery()方法会返回一个结果集

B．Statement 的 executeUpdate()方法会返回是否更新成功的 boolean 值

C．使用 ResultSet 中的 getString()可以获得一个对应于数据库中 char 类型的值

D．ResultSet 中的 next()方法会使结果集中的下一行成为当前行

17．如果数据库中某个字段为 numberic 型，可以通过结果集中的（　　）方法获取。

A．getNumberic()　　B．getDouble()

C．setNumberic()　　D．setDouble()

18．在 JDBC 中使用事务，想要回滚事务的方法是（　　）。

A．Connection 的 commit()　　B．Connection 的 setAutoCommit()

C．Connection 的 rollback()　　D．Connection 的 close()

二、填空题

1．______简称 DB，它是一个按数据结构来存储和管理数据的计算机软件系统。

2．数据库管理系统简称______，它是专门用于管理数据库的计算机系统。

3．数据库系统中最常使用的数据模型是层次模型、网状模型和______。

4．在关系模型中，数据的逻辑结构是一张______，它由行和列组成。

5．______语句是 SQL 语言中的数据查询语句。

6．在 SQL 查询语句中，______子句用于指明查询的数据源。

7．在 SQL 查询语句中，______子句通过条件表达式描述关系中元组的选择条件。

8．JDBC 的基本层次结构由______、______、______、______和数据库 5 部分组成。

9．根据访问数据库的技术不同，JDBC 驱动程序相应地分为______、______、______、______4 种类型。

10．JDBC API 所包含的接口和类非常多，都定义在______包和______包中。

11．使用______方法加载和注册驱动程序后，由______类负责管理并跟踪 JDBC 驱动程序，在数据库和相应驱动程序之间建立连接。

12．_______接口负责建立与指定数据库的连接。

13．_______接口的对象可以代表一个预编译的 SQL 语句，它是______接口的子接口。

14．_______接口表示从数据库中返回的结果集。

三、简答题

1．使用 JDBC 访问数据库的基本步骤是什么？

2．JDBC 驱动有哪几种类型？

3．创建数据库连接的语法是什么？URL 的语法又是什么？

4．删除、增加、修改和查询记录的 SQL 语句的语法是什么？其对应的 Statement()方法又是什么？

5．简述 Class.forName()的作用。

6．简述对 Statement 和 PreparedStatement 的理解。

四、编程题

1．设计一图形用户界面，使得用户在界面文本框中输入丛书名称，便可查找出对应的图书和作者。

2．进一步修改编程题 1，要求采用预处理语句访问数据库，并且使用户能够根据丛书名称进行模糊查询。

第 11 章　网 络 编 程

学习目标与要求

本章主要介绍网络编程的有关知识。通过本章的学习，读者应能够掌握以下知识点。

❖ 了解网络编程的基本概念。
❖ 了解 URL 的构成。
❖ 掌握利用 URL 获取网络资源。
❖ 掌握 Socket 连接的建立和基本使用方法。
❖ 掌握使用 Socket 实现客户端和服务器的通信。
❖ 掌握使用 UDP 实现客户端和服务器通信的方法。

学习重点

❖ 使用 URL 类获取网络资源。
❖ 使用 Socket 和 UDP 实现客户端和服务器的通信。

11.1　任务案例：使用 URL 获取网络资源

11.1.1　实现过程

【任务说明】

要求不使用浏览器，以编写程序的方式，获取指定网页（如百度首页）的内容。

【任务目的】

（1）使用 URL 类建立网络连接。

（2）使用 URL 类的有关方法实现对网络资源的获取。

（3）使用 Java 输入流类读取 URL 位置处的数据信息。

【技术要点】

（1）使用 URL 类创建对指定网页的连接。

（2）使用 BufferedReader 类创建一个缓冲区输入流对象，逐行读取 URL 位置处的数据。

【实现步骤】

（1）在 MyEclipse 中创建一个 Java 项目，在 src 目录下新建一个主类 URLReader。

（2）在代码编辑窗口中，输入以下代码。

```
import java.net.*;
import java.io.*;

public class URLReader{
   public static void main(String[] args) throws Exception{
      URL baidu = new URL("http://www.baidu.com/index.html");
      BufferedReader in = new BufferedReader(
         new InputStreamReader(baidu.openStream()));
      String inputLine;
```

```
        while((inputLine = in.readLine()) != null)
            System.out.println(inputLine);
        in.close();
    }
}
```

程序运行后，将在命令窗口中显示 http://www.baidu.com/index.html 网页的内容，代码如下（限于篇幅，列出一部分）。

```
<!DOCTYPE html>
<!--STATUS OK--><html> <head><meta http-equiv=content-type content=text/html;charset=
utf-8>
...
```

11.1.2 知识集萃

1. 网络编程基础

目前较为流行的网络编程模型是客户端/服务器（C/S）结构，即通信双方的一方作为服务器，另一方作为客户端。服务器端等待客户端提出请求并予以响应，客户端则在需要时向服务器提出申请。服务器作为守护进程始终运行，并监听网络端口，一旦客户端有请求，它就会启动一个服务进程来响应客户端，同时自己继续监听服务器端口，使后来请求的客户端也能及时地得到服务。

网络编程的目的是一台计算机直接或间接地通过网络协议与其他计算机进行通信。网络编程中的问题主要有两个：一是如何准确定位网络上的一台或多台主机；二是找到主机后如何可靠地、高效地进行数据传输。由于互联网上具有海量的各类数据资源，要安全、高效地做到这两点并不容易，需要遵守一定的网络规则和协议。

1）网络协议

互联网上遵循的网络协议有很多，其中最为广泛使用的是 TCP/IP 协议。在 TCP/IP 网络协议中，IP 可以唯一地确定 Internet 上的一台主机，TCP 则能提供可靠的或非可靠的数据传输机制。

（1）TCP/IP 协议。TCP/IP（Transmission Control Protocol/Internet Protocol，传输控制协议/因特网互联协议），又叫网络通信协议。这个协议是 Internet 最基本的协议，是供已连接因特网的计算机进行通信的最基本协议。TCP/IP 协议由网络层的 IP 协议和传输层的 TCP 协议组成。简单地说，TCP/IP 定义了电子设备（如计算机）如何连入因特网，以及数据如何在它们之间传输的标准。

TCP 协议作为传输控制协议，负责聚集信息或把文件拆分成更小的包。这些包通过网络传送到接收端的 TCP 层，接收端的 TCP 层再把包还原为原始文件。

IP 协议是网际协议，它处理每个包的地址部分，使这些包能正确到达目的地。网络上的网关计算机根据信息的地址来进行路由选择。即使来自同一文件的多个包，它们各自的路由也有可能不同，但最后会在目的地汇合。

TCP/IP 使用客户端/服务器模式进行通信，且通信是点对点的，即通信是在网络中的两台主机之间进行的。

注意：计算机网络体系结构分为七层，自下而上依次为物理层、数据链路层、传输层、网络层、会话层、表示层和应用层。网络通信的每一层都提供不同的网络协议，读者可以参考与网络相关的资料。TCP/IP 协议的高层应用协议，如万维网的超文本传输协议（HTTP）、文件传输协议（FTP）、远程网络访问协议（Telnet）和简单邮件传输协议（SMTP）等，这些协议通

常和 TCP/IP 协议打包在一起。

（2）TCP 协议与 UDP 协议。TCP 协议是在端点与端点之间建立持续的连接而进行通信。建立连接后，发送端将发送的数据以字节流的方式发送出去；接收端则对数据流按顺序接收并整理好，数据在需要时可以重新发送。这与两个人打电话的情形很相似。

因此，TCP 协议具有可靠性和有序性，并且以字节流的方式发送数据，是一种面向连接、无差错的传输协议。

UDP 协议是一种无连接的传输协议。利用 UDP 协议进行数据传输时，首先需要将要传输的数据定义成数据报（Datagram）。在数据报中指明数据所要到达的端点（Socket，主机地址和端口号），然后再将数据报发送出去。这种传输方式是无序的，也不能确保绝对的安全可靠，但它很简单而且具有比较高的效率，这与通过邮局发送邮件的情形非常相似。

注意：对这两种协议，可以做一个简单的比较，如下所示。

❖ 使用 UDP 协议时，每个数据报需要给出完整的目的地址信息，无须建立客户端和服务器的连接；而 TCP 协议要求在传输数据之前建立连接，所以在 TCP 协议中多了一个建立连接的时间。

❖ 使用 UDP 协议传输数据的大小限定在 64KB 之内，而通过 TCP 协议进行传输时，只要通信双方建立起连接，便可以传输大容量的数据。由于 UDP 是一个不可靠的协议，它不能保证客户端发送的数据报一定按次序到达服务器；而 TCP 是一个可靠的协议，它确保服务器能正确地接收到客户端发送的全部数据。

2）网络地址

（1）IP 地址。为了使连入 Internet 的众多主机在通信时能相互识别，Internet 中的每一台主机都分配有一个唯一的地址，该地址称为 IP 地址。现有的 IP 地址主要由 32 位二进制数表示，它又可由用“.”分隔的 4 个十进制数来标识，如 202.115.66.32 或 218.98.136.252。网络上的每个主机都有唯一的 IP 地址，计算机相互间通过 IP 地址找到发送信息的目的地。

在 Java 中，用 InetAddress 类来描述 IP 地址。这个类没有公共的构造方法，但是它提供了 3 个用来获得 InetAddress 对象的静态方法。这 3 个方法如下。

❖ InetAddress getLocalHost()：返回一个本地主机的 InetAddress 对象。

❖ InetAddress getByName(String host)：返回主机名指定的 Inetddress 对象。

❖ InetAddress getAllByName()：对于某个多 IP 地址的主机，可用该方法得到一个 IP 地址数组。

此外，InetAddress 类还提供了如下方法。

❖ String getHostAddress()：返回 IP 地址字符串。

❖ String getHostName()：返回主机名。

【例 11-1】使用 InetAddress 类获取百度网首页的相关信息。

```
import java.net.InetAddress;
public class InetAddressDemo{
public static void main(String[] args) throws Exception{
    InetAddress ia;
    //获得本地主机的InetAddress对象
    ia = InetAddress.getLocalHost();
    //输出本地主机IP地址
    System.out.println("本地主机IP地址："+ia.getHostAddress());
    //输出本地主机名
    System.out.println("本地主机名："+ia.getHostName());
```

```
        //获得百度网主机的InetAddress对象
        ia = InetAddress.getByName("www.baidu.com");
        //输出百度网主机IP地址
        System.out.println("百度网主机IP地址: "+ia.getHostAddress());
        //输出百度网主机名
        System.out.println("百度网主机名: "+ia.getHostName());
    }
}
```

程序的运行结果如下。

```
本地主机IP地址: 192.168.0.104
本地主机名: LAPTOP-45HE6F89
百度网主机IP地址: 14.215.177.39
百度网主机名: www.baidu.com
```

（2）端口。如何在网络上建立客户机与服务器之间的通信链路？一台机器通常只通过一条链路连接到网络上，即它只有一个 IP 地址，但一台机器中往往有很多应用程序需要进行网络通信，这就要依靠网络端口号（port）加以区分。端口号是一个标记机器的逻辑通信信道的正整数，但端口号不是一个物理实体。

TCP/IP 中的端口号是一个 16 位的数字，它的范围是 0～65535。其中 0～1023 为系统所保留，专门留给那些通用的服务使用，如 HTTP 服务的端口号为 80、TELNET 服务的端口号为 21、FTP 服务的端口号为 23。因此，编写网络通信程序时，应选择一个大于 1023 的数作为端口号，以免发生冲突。IP 地址与端口号组合才可以完全分辨 Internet 上某台计算机运行的某一程序。

客户机和服务器必须事先约定所使用的端口号。如果系统两部分所使用的端口不一致，则不能进行通信。客户端与服务器端建立连接的过程如图 11.1 所示。

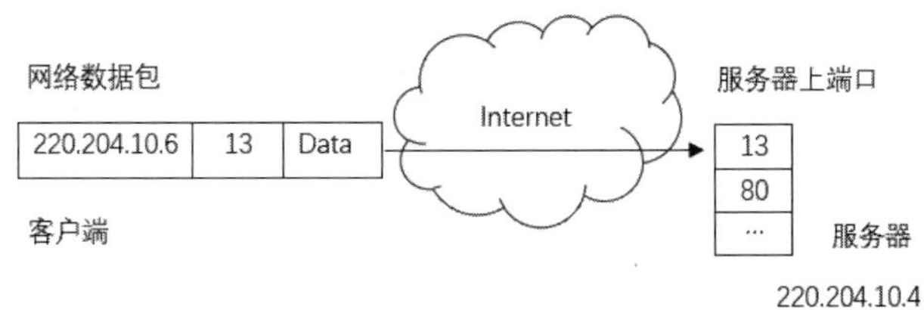

图 11.1　客户端与服务器端的连接过程

服务器端软件在远程计算机上连续不断地运行，监听各端口上的通信请求。当服务器端接收到一个对某一端口的连接请求时，就唤醒正在运行的服务器软件，建立连接。该连接将一直保持下去，直到通信的某一方将它中断。

2. Java 中的网络功能

Java 最初是作为一种网络编程语言出现的，它能够使用网络上的各种资源和数据，与服务器建立各种传输通道，将自己的数据传送到网络的各个地方。Java 提供了许多内置的网络功能，使开发基于 Internet 和 Web 的应用程序更为容易。Java 中有关网络方面的功能都定义在 java.net 包中。

Java 实现网络功能主要靠 InetAddress 类、URL 类、URLConection 类、Socket 类和 Datagram 类。

- InetAddress：主要用于标识网络上硬件资源的地址。
- URL 和 URLConnection：是四大类功能中最高级的一种。通过 URL 网络资源表达方式，可以很容易确定网络上数据的位置。利用 URL 的表示和建立，Java 程序可以直接读入网络上所具有的数据，或把自己的数据传送到网络的另一端。
- Socket：又称“套接字”，用于描述 IP 地址和端口（在 Internet 中，网络中的每台主机都有一个唯一的 IP 地址，而每台主机又通过提供多个不同端口来提供多种服务）。

在客户/服务器网络中，当客户机中运行的应用程序（如网页浏览器）需要访问网络中的服务器时，客户机会被临时分配一个 Socket，然后通过服务器的 Socket 向服务器发出请求。换句话讲，网络中的数据发送和接收都是通过 Socket 来完成的，Socket 就像一个文件句柄（读写文件时的一个唯一的顺序号），用户可以通过读写 Socket 来完成客户机、服务器之间的通信。

❖ Datagram：是这些类中功能最低级的一种。其他网络数据传送方式都假想在程序执行时建立一条安全稳定的通道，但是以 Datagram 方式传送数据时，只是把数据的目的地记录在数据包中，然后直接放在网络上传输，系统不保证数据一定能够安全送到，也不能确定什么时候可以送到。也就是说，Datagram 不能保证传送的最终质量。

3. 使用 URL 类访问网络资源

1）URL 简介

URL（Uniform Resource Locator）是统一资源定位符的简称，它是对 Internet 资源的一个引用。在大多数情况下，资源表示为一个文件，如一个 HTML 文档、一个图像文件或一个声音片段等。因此，可以将 URL 理解为一个 Internet 资源的地址，它的通用格式如下。

```
<PROTOCOL>://<HOSTNAME:PORT>/<PATH>/<FILE>#ANCHOR
```

其中：

❖ PROTOCOL 表示 Internet 协议，常用的协议有 HTTP、FTP 与 SMTP 等。

❖ HOSTNAME 表示资源所在的 Internet 主机名。主机名和 IP 地址是一一对应的，通过域名解析可以由主机名得到 IP 地址。

❖ PORT 表示端口号，每一个 Internet 协议都有自己对应的端口号。

❖ PATH 和 FILE 分别表示资源的路径名和文件名。

❖ ANCHOR 是指锚点标记，是可选部分，主要用于指定文件中有特定标记的位置。

下面是 4 个合法的 URL 例子。

（1）http://jyt.hunan.gov.cn/news/huojiang.html。

（2）http://java.sun.com:80/docs/books。

（3）http://java.sun.com/index.jsp#chapter2。

（4）ftp://local/demo/readme.txt。

第（3）个例子中 URL 加上符号“#”，用于指定在文件 index.jsp 中标记为 chapter2 的部分。

2）创建 URL 对象

在 Java 中，可以使用 URL 类来访问 Internet 资源，URL 类的构造方法如下。

（1）URL(URL absoluteURL)。该构造方法主要功能是利用绝对 URL 地址，创建一个 URL 对象。其中，absoluteURL 参数表示绝对 URL 地址。例如：

```
URL myURL = URL("http://www.hnwmxy.com/index.html");
```

（2）URL(URL url, String relativeURL)。该方法主要功能是利用已建立的 URL 对象和相对 URL 地址，创建一个 URL 对象。其中，url 参数表示 URL 对象，relativeURL 参数表示相对 URL 地址。例如：

```
URL myURL = URL("http://www.hnwmxy.com/index.html");
URL mydoc = URL(myURL, "mydoc.html");
```

（3）URL(String protocol,String host,String resourcename)。该方法主要功能是利用 protocol、host、resourcename 创建一个 URL 对象。其中，protocol 参数表示所用网络协议，host 参数表示

主机，resourcename 参数表示资源名。例如：

```
URL myURL = URL("http","www.hnwmxy.com","/index.html");
```

这种方式与如下方法是等价的。

```
URL myURL = URL("http://www.hnwmxy.com/index.html");
```

（4）URL(String protocol,String host,int port,String resourcename)。该方法主要功能是利用 protocol、host、port、resourcename 创建一个 URL 对象。其中，protocol 参数表示所用网络协议，host 参数表示主机，port 参数表示端口号，resourcename 参数表示资源名。例如：

```
URL myURL=URL("http","www.hnwmxy.com","80","/index.html");
```

这种方式与如下方法是等价的。

```
URL myURL = URL("http://www.hnwmxy.com:80/index.html");
```

3）构造 URL 对象中的异常

URL 类的构造函数中的参数如果无效就会抛出 MalformedURLException 异常。一般情况下，程序员需要捕获并处理这个异常。其异常捕获和处理程序语法格式如下。

```
try{
   URL exampleURL = new URL(...);
}catch(MalformedURLException eURL){
   ... //异常处理
}
```

4）获取 URL 特征的方法

URL 类提供的方法主要包括对 URL 类对象特征（如协议名、主机名、文件名、端口号和标记）的查询和对 URL 类对象的读操作，主要方法如下。

（1）String getProtocol()：返回 URL 的协议名。

（2）String getHost()：返回 URL 的主机名。

（3）int getPort()：返回 URL 的端口号，如果没有设置端口号则返回值为-1。

（4）String getFile()：返回 URL 的文件名及路径。

（5）String getRef()：返回 URL 的标记。

注意： *并不是所有的 URL 地址都包括这些组成部分。无论使用什么构造函数来创建 URL 对象，都可以使用 getXxx()方法来获取该 URL 对象特征的信息。*

5）从 URL 读取网络资源

当成功创建了 URL 对象后，就可以利用该对象访问网络上的资源。通过 URL 可以像访问本地文件一样访问网络上其他主机中的文件。URL 对象的一种最简便的使用方式是在 Applet 中，通过调用 Applet 类的 getAudioClip()、getImage()、play()等方法直接读取或操作 URL 处的声音或图像文件。除了这种使用方法之外，还可以通过 URL 类的 openStream()方法，得到 java.io.InputStream 类的对象，从该输入流方便地读取 URL 地址处的数据。该方法的定义如下。

```
public final InputStream openStream() throws IOException;
```

具体使用示例，请参看本章开始的任务案例 11.1.1 的实现步骤。

11.1.3　拓展知识

对一个指定的 URL 数据的访问，除了使用 URL.openStream()方法实现读操作以外，还可以通过 URLConnection 类在应用程序与 URL 之间建立一个连接，然后通过 URLConnection 类的对象，对 URL 表示的资源进行写操作。所以，要通过 URL 的连接进行数据访问，首先要创建一个表示 URL 连接的 URLConnection 类的对象，然后再进行读写数据的访问。

URLConnection 类提供了很多连接设置和操作的方法，其中重要的方法是获取连接上的输入流方法 getIputStream()和输出流方法 geOutputStream()。通过返回的输入/输出流可以实现对 URL 数据的读写。

1. 创建到 URL 的连接

在 URL 连接对象的建立过程中，首先要创建 URL 对象，然后调用该 URL 对象的 openConnection()方法，创建到该 URL 的一个连接对象，代码如下。

```
try{
   URL baidu = new URL("http://www.baidu.com");
   URLConnection bd =baidu.openConnection();
}catch(MalformedURLException e ){         //创建URL对象失败
   ...
}catch(IOException e){                    //创建到URL的连接对象失败
   ...
}
```

2. 从 URLConnection 读

在 URLConnection 对象创建后，就可以从该对象获取输入流，执行对 URL 数据的读操作。

【例 11-2】利用 URLConnection 类的对象读取 http://www.baidu.com/index.html 页面的信息。

```
import java.net.*;
import java.io.*;
public class URLConnectionReader{
   public static void main(String[] args) throws Exception{
      URL baidu = new URL("http://www.baidu.com/index.html");
      URLConnection bd = baidu.openConnection();
      BufferedReader in = new BufferedReader(
                        new InputStreamReader(bd.getInputStream()));
      String inputLine;
      while((inputLine = in.readLine()) != null)
         System.out.println(inputLine);
      in.close();
   }
}
```

本例的运行结果与本章开始的任务案例 11.1.1 实现步骤相同。

3. 对 URLConnection 写

URLConnection 类支持程序向 URL 写数据。利用这个功能，Java 程序可以向服务器端的 CGI 脚本发送数据，如一些用户输入的数据等。要实现 URLConnection 写操作，一般采取如下步骤。

（1）获取 URL 的连接对象，即 URLConnection 对象。

（2）设置 URL 以及 Connection 的 output 参数。

（3）获取 URL 连接的输出流。该输出流是与服务器端 CGI 脚本的标准输入流相连的。

（4）向该输出流执行写操作。

（5）关闭输出流。

例如，下面的代码实现了向 URL 为 http://java.sun.com/cgi-bin/backwards 的 CGI 脚本进行写操作，可将从客户端 Java 程序中的输入发送给服务器中名为 backwards 的 CGI 脚本。

```
URL expURL = new URL("http://java.sun.com/cgi-bin/backwards");
```

```
//利用expURL建立一个URLConnection对象
URLConnection expConnection = expURL.openConnection();
//获取expConnection对象的数据输出流
PrintStream dout = new DataoutputStream(expConnection.getOutputStream());
//向输出流dout中输出数据
dout.println("This is a test of outputting a string to server.");
//关闭输出流
dout.close();
```

URL 类和 URLConnection 类提供了 Internet 上资源较高层次的访问机制。但是当需要实现较低层次的网络通信（如编写基于 Client/Server 的通信应用程序）时，就需要使用 Java 提供的基于 Socket 的通信机制。

11.2　任务案例：实现客、服两端的即时通信

11.2.1　实现过程

【任务说明】

采用 C/S（Client/Server）模式编写应用程序，实现客户机与服务器两端在线即时通信的功能。

【任务目的】

（1）掌握使用 TCP 协议实现基于连接的、可靠的客服两端的通信。

（2）掌握服务器和客户端套接口（Socket）的创建。

（3）掌握编写客、服两端连接建立、服务请求和服务响应的通信程序。

【技术要点】

（1）使用 ServerSocket 类创建服务器端套接口，使用 accept()方法等待客户端连接请求。

（2）使用 Socket 类创建客户端套接口。

（3）在套接口绑定的输入、输出流基础上构造数据输入流和输出流类的实例。

【实现步骤】

（1）实现客、服两端的通信，需要分别建立基于客户端（Client）和服务器端（Server）的两个通信程序。首先创建基于服务器端的通信程序 MyServer.java，可以打开一个记事本，往其中输入下列代码。

```
import java.io.*;
import java.net.*;
public class MyServer{
   public static void main (String args[]){
      try{
         //建立ServerSocket实例，假设端口号为1680
         ServerSocket server = new ServerSocket(1680);
         System.out.println("等待客户端的连接……");
         //监视端口号1680的连接请求
         Socket socket=server.accept();

         /** 连接建立后，打开与套接口socket绑定的输入流
          * 在打开输入流的基础上，构造缓冲区读对象in
          * in负责读取客户端发送过来的数据
          */
         BufferedReader in = new BufferedReader(
            new InputStreamReader(socket.getInputStream()));
         /** 打开与套接口socket绑定的输出流
```

```
        * 在打开输出流的基础上，构造过滤输出流对象out
        * out负责向客户端输出数据
        */
       PrintWriter out = new PrintWriter(socket.getOutputStream());

       //创建标准缓冲输入流对象sin，从键盘接收数据
       BufferedReader sin=new BufferedReader(
         new InputStreamReader(System.in));

       String s;
       //读取Client发送来的数据，当接收到字符串“bye”时结束通信
       while(!(s=in.readLine()).equals("bye")){
         System.out.println("# Received from Client:  "+s);
         System.out.println("输入发送客户端的信息：");
         //从sin中读取数据发送给Client
         out.println(sin.readLine());
         out.flush();
         System.out.println("等待客户端的响应……");
       }
       System.out.println("The connection is closing... ... ");

       //关闭连接
       in.close();
       out.close();
       socket.close();
       server.close();
     }catch(Exception e){
       System.out.println("Error: "+e);
     }
   }
}
```

（2）创建客户端的通信程序 MyClient.java，同样打开一个记事本，往其中输入如下代码。

```
import java.io.*;
import java.net.*;
public class MyClient{
  public static void main(String args[]){
     try {
       //创建客户端套接口Socket的实例
       //"172.28.14.51"假设为服务器IP, 1680为双方约定端口
       Socket socket = new Socket("172.28.14.51", 1680);

       //类似服务器端，在打开输入流的基础上，构造缓冲区读对象in
       BufferedReader in = new BufferedReader(new InputStreamReader(
socket.getInputStream()));
       //在打开输出流的基础上，构造过滤输出流对象out
       PrintWriter out = new PrintWriter(socket.getOutputStream());

       //创建标准输入流对象sin，从键盘接收数据
       BufferedReader sin = new BufferedReader(
           new InputStreamReader(System.in));

       String s;
       do {
         System.out.println("输入发送服务器端的信息：");
         //从标准输入流sin中读取一行，发送到服务器端
         s = sin.readLine();
         out.println(s);
         out.flush();
         System.out.println("等待服务器端的响应……");
```

```
            if (!s.equals("bye")) {  //当接收到服务器端字符串"bye"时结束通信
               System.out.println("@ Server response:  " + in.readLine());
            } else {
               System.out.println("The connection is closing... ... ");
            }
         } while (!s.equals("bye"));

         //关闭连接
         out.close();
         in.close();
         socket.close();
      } catch (Exception e) {
         System.out.println("Error" + e);
      }
   }
}
```

（3）对上述两个 java 文件分别进行编译，生成.class 的字节码文件，然后选用两台连接上局域网的计算机分别充当客户机和服务器（其中，服务器的 IP 需与 MyClient.java 程序中指定的 IP 一致），在客户端运行 MyClient.class 文件，在服务器端运行 MyServer.class 文件，模拟实现客、服两端即时在线通信（执行时，必须首先运行服务器端程序 MyServer.class，使服务器处于监听等待状态，再执行客户端的程序 MyClient.class），并以字符串 bye 作为双方结束通信的条件，运行结果如图 11.2 和图 11.3 所示。

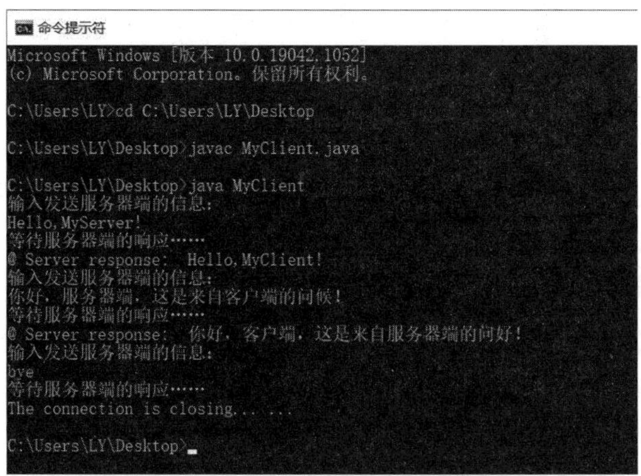

图 11.2　服务器端运行通信过程

```
命令提示符
Microsoft Windows [版本 10.0.19042.1052]
(c) Microsoft Corporation。保留所有权利。

C:\Users\LY>cd C:\Users\LY\Desktop

C:\Users\LY\Desktop>javac MyServer.java

C:\Users\LY\Desktop>java MyServer
等待客户端的连接……
# Received from Client:  Hello,MyServer!
输入发送客户端的信息：
Hello,MyClient!
等待客户端的响应……
# Received from Client:  你好，服务器端，这是来自客户端的问候！
输入发送客户端的信息：
你好，客户端，这是来自服务器端的问好！
等待客户端的响应……
The connection is closing... ...

C:\Users\LY\Desktop>
```

图 11.3　客户端运行通信过程

11.2.2 知识集萃

当计算机网络的应用层通过传输层进行数据通信时，TCP 或 UDP 协议会遇到同时为多个应用程序进程提供并发服务的问题。多个 TCP 连接或多个应用程序进程可能需要通过同一个端口传输数据。为了区别不同的连接或应用程序进程，计算机操作系统为应用程序进程采用 TCP 或 UDP 协议进行网络交互提供了称为套接字（Socket）的接口。

Socket 是两个应用程序进行双向数据传输的网络通信的端点，一般由一个地址加上一个端口号来标识。每个服务程序都在一个客、服双方都知道的端口上提供服务，而想使用该服务的客户端程序需要连接该端口。Socket 通信机制是一种底层的通信机制，通过 Socket 的数据是原始字节流信息，通信双方必须根据约定的协议（TCP 协议或 UDP 协议）对数据进行解释与处理。

Socket 通信机制提供了两种通信方式：有连接方式（使用 TCP 协议）和无连接方式（使用 UDP 协议）。在有连接方式中，通信双方在开始时必须进行一次连接过程，建立一条通信链路。通信链路提供了可靠的、全双工的字节流服务。在无连接方式中，通信双方不存在一个连接过程，一次网络 I/O 以一个数据报形式进行，而且每次网络 I/O 可以和不同主机的不同进程进行。无连接方式开销小于有连接方式，但是所提供的数据传输服务不可靠，不能保证数据报一定能到达目的地。

Java 同时支持有连接和无连接的通信方式。在这两种方式中都采用了 Socket 表示通信过程中的端点。在有连接方式中，java.net 包中的 Socket 类和 ServerSocket 类分别表示连接的客户端和服务器端；而在无连接的数据报方式中，DatagramSocket 类表示发送和接收数据报的端点。当不同机器中的两个程序要进行通信时，无论是有连接还是无连接方式，都需要知道远程主机的地址或主机名及端口号。通信中的服务器端必须运行程序等待连接或等待接收数据报。

1．有连接的 Socket 网络编程

在基于连接的方式中，采用的通信协议是 TCP。TCP 是一种可靠的、基于连接的网络传输协议，当两个网络进程准备进行通信时，都必须首先建立各自的一个套接口，其中服务器建立套接口后，侦听来自网络的客户端连接请求，客户端通过套接口，指定服务器的 IP 地址和端口号，一旦建立连接，便可与服务器进行通信。可概况为如下 4 步。

（1）服务器监听：服务器端 Socket 实时监听某个端口是否有连接请求。

（2）客户端请求：客户端 Socket 提出连接请求，连接的目标是服务器端的 Socket。客户端的 Socket 首先需要描述它要连接的服务器端 Socket 的 IP 地址和端口号，然后便可向服务器端发送连接请求。

（3）连接确认：当服务器端 Socket 监听到或者接收到客户端 Socket 的连接请求时，它便开始响应客户端的请求，建立一个新的线程，把服务器端 Socket 的描述发送给客户端。一旦客户端确认了此描述，一个连接便建立起来了。而服务器端 Socket 还可继续处于监听状态，并接收其他客户端 Socket 的连接请求。

（4）客、服通信：连接建立后，客、服两端可通过基于 Socket 创建的输入、输出流，来实现数据信息交互，并按照约定的结束标志完成整个通信过程。

一个套接口 Socket 主要由 3 个参数唯一确定：IP 地址、传输层协议（TCP 或 UDP）和端口号。在 java.net 包中定义了 Socket 类和 ServerSocket 类，它们是实现有连接网络通信的主要工具。创建 Socket 类对象就创建了一个客户端与服务器端的连接，而创建一个 ServerSocket 类对象就创建了一个监听服务。

（1）Socket 类。用户通过构造一个 Socket 对象便可以建立客户端与服务器的连接。Socket 类的构造方法有如下几种。

```
Socket(String host,int port)
Socket(InetAddress address,int port)
Socket(InetAddress address,int port,InetAddress localAddr,int localPort)
```

其中，host、 port 和 address 分别表示连接主机的主机名、端口号和 IP 地址，localAddr 表示本地主机的 IP 地址，localPort 表示本地主机端口号。例如：

```
Socket myClient = new Socket("www.hnwmxy.com",3000);
```

注意：每一个端口号提供一种特定的服务，只有给出正确的端口，才能获得相应的服务。0～1023 的端口号为系统保留。例如，http 服务的端口号为 80，telnet 服务的端口号为 21，ftp 服务的端口号为 31。所以在选择端口号时，最好选择一个大于 1023 的数字，以防止发生端口冲突。

创建一个新的 Socket 对象后，就可以使用其 getInputStream()方法获得一个 InputStream 流，然后通过 InputStream 对象从某个主机接收信息；而使用 getOutputStream()方法可以获得一个 OutputStream 对象，利用它可以发送信息到某个主机。

【例 11-3】 从香港天文台因特网时间服务器获取日期和时间。

```
import java.io.*;
import java.net.*;
public class SocketDemo{
   public static void main(String[] args) {
      try {
         //对香港天文台因特网时间服务器创建套接口
         Socket soc = new Socket("stdtime.gov.hk",13);
         BufferedReader in = new BufferedReader(new InputStreamReader
                                                (soc.getInputStream()));
         String daytime = in.readLine();       //读取服务器时间
         System.out.println("Received Time: " + daytime);
         soc.close();
      }catch(IOException e){
         System.out.println("Error: "+e);
      }
   }
}
```

程序的运行结果如下。

```
Received Time: 01 JUL 2021 10:40:31 UTC
```

【例 11-4】 首先利用 Socket 类的 getInputStream()方法得到一个输入流，然后将其包装成字符缓冲流 BufferedReader 对象，最后通过 BufferedReader 类的 readLinc()方法读取当前服务器时间。在创建 Socket 时如果发生错误，将产生 IOException 异常，因此在程序中需要做出可能的异常处理。

（2）ServerSocket 类。ServerSocket 类表示通信中的服务器套接口，它可以监听客户端发送的连接请求并进行处理。将服务器监听的端口号传递给 ServerSocket 的构造方法，就可以创建一个 ServerSocket 对象。ServerSocket 类的构造方法如下。

```
ServerSocket(int port);
ServerSocket(int port,int count);
```

其中，port 表示端口号，count 表示服务器所能支持的最大连接数。例如：

```
ServerSocket myServer = new ServerSocket(5000);
```

这里指定服务器监听的端口号是 5000。当创建一个 ServerSocket 对象后，就可以调用 accept()方法接受来自客户端的请求，其格式如下。

```
Socket soc = myServer.accept();
```

ServerSocket 对象的 accep()方法会使服务器端的程序一直处于阻塞状态，直到捕获到一个来自客户端的请求，并返回一个 Socket 类的对象来处理与客户端的通信。

当需要结束监听时，可以使用如下语句关闭这个 ServerSocket 对象。

```
myServer.close();
```

2. 无连接的 Socket 网络编程

在基于无连接的通信方式中，采用的协议是用户数据报协议（UDP）。数据报是一种在网络中可独立传播、自身包含地址信息的消息。它能否到达目的地、到达的时间以及到达时的内容能否保持不变，都是不能保证的。数据报是一种很基本的通信方式，实际上面向连接的通信是在数据报通信方式的基础上，加上对报文内容和顺序的校验、流控等处理而实现的。对许多网络应用来说，通信双方有时并不需要很高质量的通信服务，或者不适于采用面向连接的通信方式，此时便可以采用无连接的 UDP。

在 java.net 包中提供了 DatagramPacket 类和 DatagramSocket 类用来支持无连接的数据报 Socket 通信。DatagramSocket 类用于在程序之间建立传送数据报的通信连接，而 DatagramPacket 类则用于存储数据报等信息。在数据报方式实现客户端/服务器通信程序时，无论客户端还是服务器端，都需要首先建立一个 DatagramSockct 类对象，用来表示数据报通信的端点，应用程序通过该 Socket 接收或发送数据报，然后使用 DatagramPacket 类对象封装数据报信息。其整个通信过程，可概括为以下 4 步。

（1）创建数据报 DatagramSockct 的对象 soc。

（2）构造用于接收或发送的数据报 DatagramPacket 的对象 pack。

（3）调用所创建 soc 对象的 reccive()方法接收数据报 pack 或调用 send()发送数据报 pack。

（4）通信结束，关闭 soc。

① DatagramSocket 类。DatagramSocket 类的构造方法如下。

```
DatagramSocket();
DatagramSocket(int port);
DatagramSocket(int port, InetAddress localAddr);
```

其中，port 表示端口号，localAddr 表示本地地址。

由于 DatagramSocket 类的构造方法会抛出非运行异常 SocketException；因此，程序中需要进行异常捕获或声明抛出异常。

② DatagramPacket 类。DatagramPacket 对象中封装了数据报（数据）、数据长度、数据报地址等信息。DataeramPacket 类的构造方法可以用来构造两种用途的数据报：接收外来数据的数据报和要向外发送的数据报。

用于接收数据报的构造方法主要有以下两种。

❖ DatagramPacket(byte[] buf, int length)：构造用来接收长度为 length 的数据报，数据报将保存在数组 buf 中。

❖ DatagramPacket(byte[] buf, int offset, int length)：构造用来接收长度为 length 的数据报，并指定数据报在存储区 buf 中的偏移量。

同样，用于发送数据报的构造方法主要有以下两种。

❖ DatagramPacket(byte[] buf, int length, InetAddress address, int port)：构造用于发送指定长度的数据报，该数据报将发送到指定主机的指定端口。其中，buf 是数据报中的数据，length 是数据的长度，address 是目的地址，port 是目的端口。

❖ DatagramPacket(byte[] buf,int offset, int length,InetAddress address, int port)：与上一个构造方法不同的是，该构造方法还指出了数据报中的数据在缓存区 buf 中的偏移量 offset。

注意：上述方法中的 length 必须小于或等于 buf.length。

下面给出无连接数据报方式进行数据通信的例子。例 11-4 采用数据报通信方式实现客户端/服务器的通信程序。该例由客户端程序和服务器端程序两部分组成。服务器端的主机中有一个名为 myfile.txt 的文件，该文件保存了若干条英文句子。服务器端程序每接收到一个客户端的请求，就从该文件中读取一条句子发送给客户端。该文件中所有句子都发送完毕，服务器端程序就退出。客户端程序首先构造一个数据报作为请求发送给服务器端，然后等待服务器端的响应。在接收到服务器端的响应数据报后，提取其中的数据并显示出来，最后结束通信。

【例 11-5】 以无连接的数据报通信方式实现客户端/服务器的通信，将服务器端文件 myfile.txt 的内容发送并显示在客户端。

```
//服务器端程序MyUdpServer.java
import java.io.*;
import java.net.*;
public class MyUdpServer{
   DatagramSocket socket = null;
   BufferedReader in = null;
   boolean moreQuotes = true;

   public void serverWork() throws IOException{
      socket = new DatagramSocket(4445);           //创建数据报Socket
      //myfile.txt放在与该服务器端程序相同的路径下
      //对myfile.txt文件创建缓冲区读对象
      in = new BufferedReader(new FileReader("myfile.txt"));
      System.out.println("等待客户端的读取数据请求……");
      while (moreQuotes) {                          //循环逐行读取直至结束
         //构造接收数据报并启动接收
         byte[] buf = new byte[256];
         DatagramPacket packet = new DatagramPacket(buf, buf.length);
         socket.receive(packet);                    //接收客户端的数据报

         String dString = null;
         //从myfile.txt中读取一行字符串，直至结束，发送结束标志
         if ((dString = in.readLine()) == null) {
            in.close();
            moreQuotes = false;
            dString = "No more sentences. Bye.";   //以此字符串作为结束标志
         }
         //对字符串转换为字节数组，以构建发送数据报
         buf = dString.getBytes();
         //从接收数据报中获取客户端的地址和端口，构建发送数据报
         InetAddress address = packet.getAddress();
         int port = packet.getPort();
         packet = new DatagramPacket(buf, buf.length, address, port);
         socket.send(packet);                       //发送服务器端数据报
      }
```

```
        socket.close();                                    //所有句子发送完毕，关闭Socket
    }

    public static void main(String[] args) {
        MyUdpServer server = new MyUdpServer();
        try {
            server.serverWork();
        }catch (IOException e) {
        }
    }
}

//客户端程序MyUdpClient.java
import java.io.*;
import java.net.*;

public class MyUdpClient{
    public static void main(String[] args) throws IOException{
        //创建数据报Socket
        DatagramSocket socket = new DatagramSocket();
        String received;
        String str;

        //获取服务器端的IP地址
        InetAddress address = InetAddress.getByName("192.168.0.104");
        do{
        //构造字节数组
        byte[] buf = new byte[256];
        //构造请求数据报并发送
        DatagramPacket packet = new DatagramPacket(buf,buf.length,address,4445);
        socket.send(packet);

        //构造接收数据报并启动接收
        packet = new DatagramPacket(buf, buf.length);
        socket.receive(packet);

        //接收到Server端响应数据报，获取数据并显示
        received = new String(packet.getData());
        System.out.println("The sentence send by the server: \n " + received);
        str = received.trim();                                 //去掉接收到的字符串后的多余空格
        }while (!str.equals("No more sentences. Bye."));       //遇到结束标志，结束循环

        socket.close();                                        //关闭Socket
    }
}
```

本例首先需把上述客、服两端的 Java 程序编译好，分别生成 MyUdpClient.class 和 MyUdpServer.class 字节码文件，然后执行这两个字节码文件。注意，需首先执行服务器端的 MyUdpServer.class，然后执行客户端的 MyUdpClient.class，从而实现将服务器端 myfile.txt 文件的内容逐行发送并显示到客户端。

11.2.3 拓展知识

其实，不止是采用无连接的 UDP 数据报方式能够实现客、服两端的文件内容的传递，采用面向连接的 TCP 通信方式，也能够做到这一点。下面就举例进行说明。

【例 11-6】采用面向连接的套接字通信方式编写程序，允许客户端向服务器端提出一个文件的名字，如果该文件存在，就把文件的内容发送回客户端，否则指出文件不存在。

```
//服务器端程序TalkServer.java
import java.io.*;
import java.net.*;

public class TalkServer {
   public static void main(String args[]) {
      try {
         //构建服务器端套接口
         ServerSocket server = new ServerSocket(4700);
         System.out.println("Started: " + server);
         //负责服务器端通信的socket对象处于监听状态
         Socket socket = server.accept();
         System.out.println("server: " + socket);
         //获取socket的输入输出流
         BufferedReader is = new BufferedReader(new InputStreamReader(
socket.getInputStream()));
         PrintWriter os = new PrintWriter(socket.getOutputStream());
         File sourceFile;
         BufferedReader source;
         System.out.println("等待客户端的消息……");
         //读取客户端传送的文件名字符串
         String str = is.readLine();
         System.out.println("客户端要读取的文件名为: " + str); //显示文件名
         sourceFile = new File("C:\\",str);                  //假设文件保存在C盘根目录下
         System.out.println("给客户端发数据信息……");
         try {
            //为待读取文件构造缓冲区读对象
            source = new BufferedReader(new FileReader(sourceFile));
            //逐行读取文件，直至结束
            while ((str = source.readLine()) != null) {
               os.println(str);                                //向客户端发送读取的字符串
            }
            os.println("end");                                 //以"end"作为通知结束的标志
         } catch (FileNotFoundException e) {
            System.out.println("文件不存在: " + e);
            os.println("NotFile! ");
         }
         os.close();
         is.close();
         socket.close();
         server.close();
      } catch (Exception e) {
         System.out.println("Error:" + e);
      }
   }
}

//客户端程序TalkClient.java
import java.io.*;
import java.net.*;

public class TalkClient {
   public static void main(String args[]) {
```

```
        try {
            //构建客户端连接服务器并通信的套接口，第一个参数为服务器IP地址
            Socket socket = new Socket("192.168.0.104", 4700);
            System.out.println("client: " + socket);
            //获取socket的输入/输出流
            BufferedReader is = new BufferedReader(
                    new InputStreamReader(socket.getInputStream()));
            PrintWriter os = new PrintWriter(socket.getOutputStream());
            //构建标准键盘输入的缓冲区读对象
            BufferedReader sin = new BufferedReader(
                    new InputStreamReader(System.in));
            System.out.println("发送读取文件名字符串: ");
            String readline = sin.readLine();    //读取用户输入的文件名字符串
            os.println(readline);                //将字符串发送给服务器端
            os.flush();
            System.out.println("等待获取服务器发送过来的文件信息……");
            if (readline.equals("NotFile! ")) {
                System.out.println(readline);
                throw new FileNotFoundException("文件不存在异常! ");
            }
            while (true) {
                readline = is.readLine();         //逐行读取服务器发送的字符串
                if (readline.equals("end"))
                    break;                        //遇到结束标志"end"，跳出循环
                System.out.println(readline);     //打印输出所读取的字符串
            }
            os.close();
            is.close();
            socket.close();
        } catch (Exception e) {
            System.out.println("异常: " + e.toString());
        }
    }
}
```

在局域网中，分别用两台计算机模拟服务器和客户端，并分别运行对应平台的字节码文件；首先运行服务器端文件，然后在客户端输入文件名，程序执行结果如图 11.4 和图 11.5 所示。

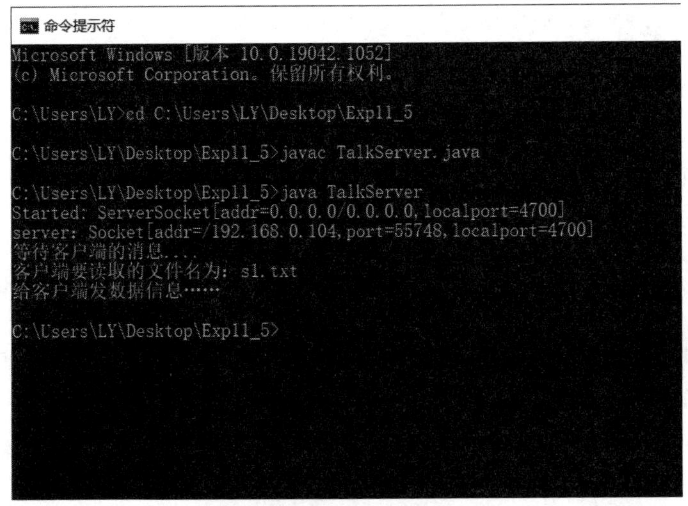

图 11.4　服务器端执行过程

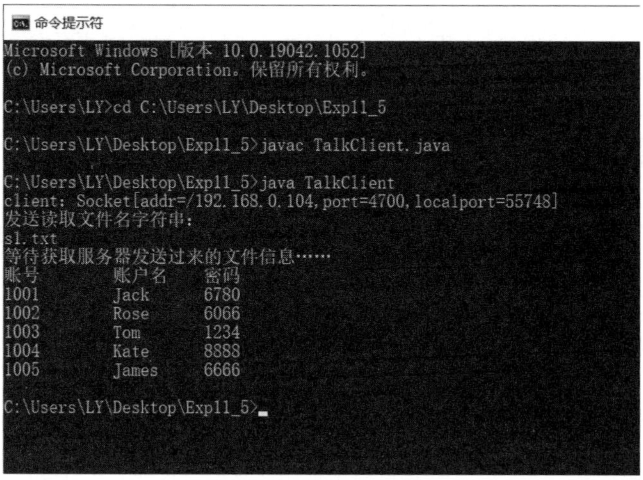

```
命令提示符
Microsoft Windows [版本 10.0.19042.1052]
(c) Microsoft Corporation。保留所有权利。

C:\Users\LY>cd C:\Users\LY\Desktop\Exp11_5

C:\Users\LY\Desktop\Exp11_5>javac TalkClient.java

C:\Users\LY\Desktop\Exp11_5>java TalkClient
client: Socket[addr=/192.168.0.104,port=4700,localport=55748]
发送读取文件名字符串:
s1.txt
等待获取服务器发送过来的文件信息……
账号        账户名    密码
1001        Jack      6780
1002        Rose      6066
1003        Tom       1234
1004        Kate      8888
1005        James     6666

C:\Users\LY\Desktop\Exp11_5>
```

图 11.5　客户端执行过程

假设要读取的文本文件 s1.txt 的内容为：

账号	账户名	密码
1001	Jack	6780
1002	Rose	6066
1003	Tom	1234
1004	Kate	8888
1005	James	6666

对例 11-5 做简要分析如下。

服务器端首先要选择一个端口注册，然后对此端口进行监听，等待其他程序的连接申请。服务器端创建了两个缓冲区读（BufferedReader）对象：一个用于读取客户端发送过来的字符串，另一个用于读取本地文件中的内容。这两个缓冲区读对象包装的输入流都不一样，切不可混淆。

客户端建立 Socket 时必须与指定服务器的地址和端口保持一致。同样在客户端也创建了两个缓冲区读对象：一个用于读取从键盘输入的文件名字符串，另一个用于读取从服务器端发送过来的文件内容。这两个缓冲区读对象包装的输入流也不一样，要注意区分。

11.3　第 11 章小结

本章主要介绍了利用 Java 进行网络通信所需要的各个类及方法的使用。现将网络通信过程中涉及的主要内容总结如下。

InetAddress 类是 java 的 IP 地址封装类，内部隐藏了 IP 地址，通过它可以很容易地使用主机名以及 IP 地址。

IP 协议属于网络层协议，是一种低级路由协议，它主要实现将传输数据分解成许多小包，接着通过网络传到一个指定地址。但是，IP 协议并不会保证传输的数据包一定到达目的地。而 TCP 协议正好弥补了 IP 协议的不足，属于一种较高级的协议，它实现了数据包的有效捆绑，通过排序和重传来确保数据传输的可靠性。

TCP 与 UDP 协议均属于传输层协议。TCP 套接字用于在主机和 Internet 之间建立的可靠、双向、点对点、持续的流式连接；UDP 协议是一种基于数据报的、快速的、无连接的、不可靠的信息包传输协议。

ServerSocket 被设计成在等待客户建立连接之前不做任何事情的监听器，Socket 类为建 立连向服务器的套接字和启动数据交换而设计，当进程通过网络进行通信时，Java 技术使用流模型来实现数据的通信。

数据报是一种在不同机器之间传递的信息包，该信息包一旦从某一机器被发送给指定目标，那么该发送过程就不会保证数据一定到达目的地，甚至不保证目的地存在的真实性。DatagramPacket 是一个数据容器，用来保存即将要传输的数据；DatagramSocket 实现了发送和接收 DatagramPacket 的机制，即实现了数据报的通信方式。

11.4 育人进阶——Java 程序性能优化技巧

提高 Java 的性能，一般考虑如下 4 个主要方面。

- ❖ 程序设计的方法和模式。
- ❖ Java 布署的环境。
- ❖ Java 应用程序的实现。
- ❖ 硬件和操作系统。

一般需要遵循如下 6 个步骤。

（1）明确对性能的具体要求。

（2）了解当前程序的性能。

（3）找到程序的性能瓶颈。

（4）采取适当的措施来提高性能。

（5）只进行某一方面的修改来提高性能。

（6）返回到步骤（3），继续做类似工作，一直达到要求的性能为止。

具体优化策略，可以从如下 10 个方面着手。

1. 生成对象时，合理分配空间和大小

Java 中的很多类都有其默认的空间分配大小，对于一些有大小的对象的初始化，应该预估对象的大小，然后进行初始化。

例如，当声明 Vector vect＝new Vector()时，系统调用：

```
public Vector() {      //默认构造函数
    this(10);      //容量是10
}
```

默认分配 10 个对象大小容量。当执行 add()方法时，可以看到具体实现如下。

```
public synchronized boolean add(Object o){
    modCount++;
    ensureCapacityHelper(elementCount+1);
    elementData[elementCount++] = o;
    return true;
}

private void ensureCapacityHelper(int minCapacity){
    int oldCapacity = elementData.length;
    if(minCapacity > oldCapacity){
        Object oldData[] = elementData;
    int newCapacity = (capacityIncrement > 0) ? (oldCapacity +
capacityIncrement):(oldCapacity * 2);
```

```
        if (newCapacity < minCapacity){
            newCapacity = minCapacity;
            }
            elementData = new Object[newCapacity];
        System.arraycopy(oldData,0,elementData,0,elementCount);
        }
    }
```

可以看到，当 Vector 大小超过原来时，一些代码的目的就是做容量的扩充，在预先知道该 Vector 大小的情况下，可以指定其大小，避免容量扩充的开销。

2. 优化循环体

循环是重复运行的地方，如果循环次数很大，循环体内不好的代码对效率的影响就会被加倍放大而变得很突出，如下面的代码片段所示。

```
Vector vect = new Vector(1000);
for( inti=0; i<vect.size(); i++){
   ...
}
```

若把 for 循环部分改写成：

```
int size = vect.size();
for( int i=0; i>size; i++){
     ...
}
```

如果 size=1000，就可以减少 1000 次 size()的系统调用开销，避免了循环体重复调用。

再看如下的代码片段。

```
for (int i = 0;i <100000;i++)
   if (i%10 == 9) {
     ...          //每10次循环执行1次
   }
```

若改写成如下片段，可以提高效率：

```
for(inti =0,j =10; i<100000; i++,j--){
      if(j == 0){
        ...       //每10次循环执行2次
        j = 10;
      }
}
```

所以，当有较大的循环时，应该检查循环内是否有效率不高的地方，寻找更优的方案加以改进。

3. 少用 new 初始化一个实例

尽量少用 new 来初始化一个类的实例，当一个对象是用 new 进行初始化时，其构造函数链的所有构造函数都被调用到，所以 new 操作符是很消耗系统资源的，其一个对象所消耗的时间往往是局部变量赋值耗时的上千倍。同时，当生成对象后，系统还要花时间进行垃圾回收和处理。

当 new 创建对象不可避免时，注意避免多次地使用 new 初始化一个对象。尽量在使用时再创建该对象。例如：

```
NewObject object = new NewObject();
int value;
if(i>0 ){
      value =object.getValue();
}
```

上面这段代码若进行优化，可以修改为

```
int value;
if(i>0){
      NewObject object = new NewObject();
      Value =object.getValue();
}
```

另外，应该尽量重复使用一个对象，而不是声明新的同类对象。一个重用对象的方法是改变对象的值，如可以通过 setValue()之类的方法改变对象的变量达到重用的目的。

4. 选择合适的方法调用

在 Java 中，一切都是对象，如果有方法（Method）调用，处理器先要检查该方法是属于哪个对象，该对象是否有效，对象属于什么类型，然后选择合适的方法并调用。可考虑尽量减少对方法的调用。

例如，有如下一个方法：

```
public void CallMethod(int i){
      if(i ==0){
         return;
      }
      ...            //其他处理
}
```

如果直接调用：

```
int i = 0;
...
       CallMethod(i);
```

上面的代码，就应该改写成：

```
int i = 0;
...
if(i !=0){
      CallMethod(i);
   }
```

此外，在不影响可读性的情况下，可以把几个小方法合成一个大的方法。

另外，在方法前面加上 final、private 等关键字，有利于编译器的优化。

5. 异常处理技巧

异常是 Java 的一种错误处理机制，对程序来说是非常有用的，但是异常对性能不利。抛出异常首先要创建一个新的对象，并进行相关的处理，造成系统的开销，所以异常应该用在错误处理的情况下，而不应用来控制程序流程，流程控制应尽量用 while、if 等处理。

在不是很影响代码健壮性（Robust）的前提下，可以把几个 try/catch 块合成一个。

异常处理尽量使用局部变量和静态变量。

（1）尽量使用局部变量。调用方法时传递的参数以及在调用中创建的临时变量都保存在栈（Stack）中，速度较快。其他变量，如静态变量、实例变量等，都在堆（Heap）中创建，速度较慢。

（2）尽量使用静态变量，即加修饰符 static，如果类中的变量不随它的实例而变化，就可以定义为静态变量，从而使该类所有的实例都共享这个变量。

6. 同步处理技巧

同步主要出现在多线程的情况，为多线程同时运行提供对象数据安全的机制。多线程是比较复杂的话题，应用多线程也是为了获得性能的提升，但应该尽可能减少同步的使用。

如果有需要同步的地方，可以尽量减少同步的代码段，如只同步某个方法或函数，而不是整个代码段。

7. 尽可能使用 Java 自身提供的 API

Java 的 API 一般都做了性能的考虑，如果完成相同的功能，优先使用 API 而不是自己写的代码，如数组复制通常的代码如下。

```
int size = 1000;
String[] strArray1 = new String[size];
String[] strArray2 = new String[size];
for(inti=0;i<size;i++){          //赋值
   strArray1 = (new String("Array: " + i));
}
for(inti=0;i<size;i++){          //复制
strArray2=(new String((String)a));
}
```

上面这段代码，如果使用 Java 提供的 API，就可以提高性能。

```
int size = 1000;
String[] strArray1 = new String[size];
String[] strArray2 = new String[size];
for(inti=0;i<size;i++){          //赋值
   strArray1 = (new String("Array: " + i));
}
//复制
System.arraycopy(strArray1,0,strArray2,0,size);
```

同样的一个规则是：当有大量数据要复制时，应该尽可能使用 System.arraycopy()。

8. 尽量减少 I/O 操作

输入/输出（I/O）包括很多方面，进行 I/O 操作是很消耗系统资源的，程序中应尽量少用 I/O 操作。使用时应该注意：合理控制输出函数 System.out.println()的使用，对于大多数时候是有用的，特别是系统调试时，它会产生大量的信息出现在控制台和日志上。在输出的同时，序列化和同步的过程，也会造成开销。

特别是在项目发行版中，要合理地控制输出。可以在项目开发时，设计好一个 Debug 的工具类，在该类中可以实现输出开关，输出的级别，可根据不同的情况进行不同输出的控制。

9. 尽量使用缓存

读写内存要比读写硬盘上的文件快很多，应尽可能使用缓冲，以便直接从内存中读取数据。

尽可能使用带有 Buffer 的类代替没有 Buffer 的类，如可以用 BufferedReader 代替 Reader，用 BufferedWriter 代替 Writer 来进行处理 I/O 操作。同样可以用 BufferedInputStream 代替 InputStream，都可以获得性能上的提高。

对于构建的业务系统，如果有些数据要经常从数据库中读取；同时，这些数据又不经常变化，就可以在系统中缓存起来，使用时直接从缓存中读取，而不要频繁地访问数据库。

缓存工作可以在系统初始化时一次性读取数据，特别是一些只读的数据。当要更新数据库内容时，可同时更新缓存的数据值。

例如，当用户登录时，可一次性将用户数据信息读入客户端缓存起来；以后编辑再使用时，就可不必再从数据库中读取，从而大大提高应用系统的访问速度。

当然，也可以将数据库中重复访问的数据缓存至应用服务器的内存中，减少对数据库的访问次数，Java 常用的缓存技术产品有 MemoryCache、OSCache 等。

10．使用快速度的 JDBC 驱动

为了提高访问数据库的性能，还可以使用 JDBC 2.0 的一些规范和特性，JDBC 是占用资源的，在使用数据库连接时可以使用连接池 Connection Pooling，避免频繁打开、关闭 Connection。而我们知道，获取 Connection 是比较消耗系统资源的。

Connection 缓冲池：当一个应用程序关闭一个数据库连接时，这个连接并不真正释放而是被循环利用，建立连接是消耗较大的操作，循环利用连接可以显著地提高性能，并可以减少新连接的建立。

一个数据源对象注册到 JNDI 名字服务后，应用程序就可以从 JNDI 服务器上取得该对象，并使用它和数据源建立连接。通过 JNDI 方式获得连接对象是占用资源的，为了避免再次被 JNDI 调用，可以在系统中缓存要使用的数据源，即时关闭已使用过的资源。

数据库应用系统一般是并发的，在每次申请和使用完资源后，应该保证彻底的释放。

本文节选自 Java 面试题网，略有删减。

原文链接：http://www.wityx.com/post/214_1_1.html

11.5 巩 固 练 习

一、选择题

1．URL 地址由（　　）组成。

A．文件名和主机名　　B．主机名和端口号

C．协议名和资源名　　D．IP 地址和主机名

2．HTTP 服务的端口号为（　　）。

A．21　　B．23　　C．80　　D．120

3．IP 地址封装类是（　　）。

A．InetAddress 类　　B．Socket 类

C．URL 类　　D．ServerSocket 类

4．InetAddress 类中可以获得主机名的方法是（　　）。

A．getFile()　　B．getHostName()

C．getPath()　　D．getHostAddress()

5．Java 中面向无连接的数据报通信的类有（　　）。

A．DatagramPacket 类　　B．DatagramSocket 类

C．DatagramPacket 类和 DatagramSocket 类　　D．Socket 类

6．DatagramSocket 允许数据报发送（　　）目的地址。

A．一个　　B．两个　　C．三个　　D．多个

7．在套接字编程中，客户方需要用到 Java（　　）类来创建 TCP 连接。

A．Socket　　B．URL

C．ServerSocket　　D．DatagramSocket

二、填空题

1．Java 的许多网络类都包含在________包中。

2．________类的对象包含一个 IP 地址。

3．用于网络通信的两种 Socket 类型为________和________。

4．TCP 网络编程中主要用到________类和________类。

5．UDP 网络编程中主要用到________类和________类。

三、简答题

1．什么是 URL？它由哪几部分组成?

2．URLConnection 类与 URL 类有什么区别?

3．简述 Socket 类和 ServerSocket 类的区别。

4．UDP 协议与 TCP 协议有什么不同？

5．如何对指定 URL 地址处的内容进行访问?

四、编程题

1．局域网的两台计算机：假定一台是服务器，另一台是客户机。编程实现服务器与客户机的通信。

提示：

（1）在假定为服务器的计算机上编写并运行基于 TCP 协议的服务器端程序。

（2）在假定为客户机的计算机上编写基于 TCP 协议的客户端程序，注意在程序中准确定义欲连接服务器的 IP 地址和端口号。

（3）运行客户端程序，实现与服务器端的通信。

2．编程实现基于 UDP 的网络通信。

提示：

（1）局域网的一台计算机假定为服务器，在该台计算机上编写并运行基于 UDP 协议的服务器端程序。

（2）另外一台计算机假定为客户端，为客户端的计算机上编写并运行基于 UDP 协议的客户端程序。

参 考 文 献

[1] 陈文兰，刘红霞．Java 基础案例教程[M]．北京：北京大学出版社，2009．

[2] 王薇，董迎红．Java 程序设计与实践教程[M]．北京：清华大学出版社，2011．

[3] 丁永卫，谢志伟，高振栋．Java 程序设计实例与操作[M]．北京：航空工业出版社，2011．

附录 A　DOS 常用命令精析

1. DOS 使用常识

DOS（Disk Operating System）是一个使用得十分广泛的磁盘操作系统，当前广为使用的Windows 操作系统都是以它为基础的。

常见的 DOS 有两种：IBM 公司的 PC-DOS 和微软公司的 MS-DOS，我们一般常用的是MS-DOS。基于该操作系统的各种命令，是一种面向磁盘的操作命令，这种命令是不区分大小写的，主要包括目录操作类命令、磁盘操作类命令、文件操作类命令和其他命令。在安装和配置 Java 工作环境，以及运行 Java 程序时，常会使用到一些 DOS 命令，熟练掌握常用的 DOS 命令，将会给我们提高操作计算机的能力和运行调试程序带来极大的好处。下面对 DOS 中的常用命令予以简要说明。

2. DOS 的内部命令

DOS 的内部命令是进行操作的基础，完成了对它们的学习就跨进了 DOS 系统的大门。内部命令，是指在 DOS 启动之后，自动通过 command.com 文件导入内存的命令。在执行这些命令的时候，是直接从内存进行调用的。

（1）dir：显示指定路径上所有文件或目录的信息。

格式：DIR [盘符:][路径][文件名] [参数]，如 DIR D:\EE.M3U。

（2）md（mkdir）：建立目录。

格式：MD [盘符][路径]，如 MD ctp。

（3）rd（rmdir）：删除目录。

格式：RD [盘符][路径]

说明：该命令只能删除空目录，不能删除当前目录。

（4）cd：进入指定目录。

格式：CD [路径]，如 CD temp。

说明：只能进入当前盘符中的目录。其中 CD \为回到根目录，CD ..为回到上一层目录。

（5）copy：复制文件。

格式：COPY [源目录或文件] [目的目录或文件]，如 COPY C:*.dat D:\。

说明：使用该命令进行文件复制时，目的目录一定要存在。

（6）del：删除文件。

格式：DEL [盘符][路径][文件名] [参数]，如 DEL C:\DATA*.BAK。它有一个可选参数/P，可以使用户在删除多个文件时对每个文件都显示删除的询问。

（7）ren（rename）：改文件（目录）名。

格式：REN [原名] [现名]，7.0 以后版本的 DOS 都支持对文件名和目录名的修改，而以前的 DOS 只能修改文件名。

（8）type：显示文本文件。

格式：TYPE [文件名]，能对文本文件进行查看。

（9）diskcopy：磁盘复制。

格式：DISKCOPY　源驱动器名　目的驱动器名

说明：复制出一个和原来磁盘内容一模一样的磁盘，它的主要用途是用来备份。

（10）deltree：删除目录树。

格式：DELTREE [盘符:]<路径名>

说明：这个命令能将整个指定目录树（包括其下属子目录和文件）全部删除，而不管它是否是只读、隐藏或系统文件，使用时务必小心。

（11）mem：查看你的计算机内存有多少，以及内存的使用情况。

格式：MEM

（12）chkdsk：检查你的磁盘的使用情况。

格式：CHKDSK　磁盘名

说明：例如要检查 C 盘使用情况，就输入 chkdsk C: ，如果直接输入 chkdsk，就检查当前磁盘的使用情况。

（13）path：路径设置命令。

格式：PATH[盘符 1]<目录路径名 1>[;盘符 2:]<目录路径名 2>…

说明：

① 当运行一个可执行文件时，DOS 会先在当前目录中搜索该文件，若找到则运行；若找不到，则根据 path 命令所设置的路径，顺序逐条地到目录中（若有两条以上，各目录路径之间以一个分号“;”隔开）搜索该文件。

② 如果只输入 path 命令，不带任何参数，则显示当前所设的路径；如果输入 path :，则取消所有设置的路径。

（14）cls：清除显示器屏幕上的内容，使 DOS 提示符回到屏幕左上角。

格式：CLS

（15）ver：显示正在运行的 DOS 系统版本号。

格式：VER

3. DOS 的外部命令

DOS 的外部命令就是一些应用程序，能够让用户的操作更加方便和深入。这些外部命令都是以文件形式存在的，对于 Windows 系统的 DOS 外部命令保存在 Windwos 主目录下的 Command 目录中。由于这些命令，相对内部命令来说，使用得不是很频繁，限于篇幅，就不再赘述，读者有兴趣可参考相关 DOS 文献。

附录 B　MyEclipse 快捷键大全

MyEclipse 作为一款经典的 Java 集成开发工具，熟练掌握其中的一些快捷键，对于提高 Java 项目应用程序的调试运行能力，会起到很大的帮助作用。下面予以总结说明，如表 B.1～表 B.5 所示。

表 B.1　Ctrl 快捷键

快　捷　键	功 能 说 明
Ctrl+1	快速修复，显示错误及提示信息
Ctrl+D	删除当前行
Ctrl+Q	定位到最后编辑的地方
Ctrl+L	弹出行定位框以便定位到某一行
Ctrl+O	快速显示 OutLine
Ctrl+T	快速显示当前类的继承结构
Ctrl+W	关闭当前 Editor
Ctrl+K	参照选中的词（Word）快速定位到下一个
Ctrl+E	快速显示当前 Editor 的下拉文档列表
Ctrl+J	正向增量查找：按下 Ctrl+J 快捷键后，所输入的每个字母，编辑器都提供快速匹配定位到某个单词；如果没有，则在 stutes line 中显示没有找到
Ctrl+Z	返回到修改前的状态
Ctrl+Y	恢复修改之后的状态
Ctrl+/	注释当前行，再按则取消注释
Ctrl+M	切换窗口的大小
Ctrl+I	格式化激活的元素 Format Active Elements
Ctrl+F6	切换到下一个 Editor
Ctrl+F7	切换到下一个 Perspective
Ctrl+F8	切换到下一个 View

表 B.2　Shift+Ctrl 快捷键

快捷键	功能说明
Shift+Ctrl+E	显示当前打开的所有的 View 管理器（可以选择关闭、激活等操作）
Shift+Ctrl+F	按照当前的配置文件格式化源代码
Shift+Ctrl+/	在代码窗口中用/*...... */注释选定行，在 JSP 文件窗口中则是<!-- -->
Shift+Ctrl+\	自动取消已经注释的代码
Shift+Ctrl+O	自动导入所有需要的包
Shift+Ctrl+M	import 当前行上需要的包（先把光标放在需导入包的类名上）
Shift+Ctrl+J	反向增量查找（和 Ctrl+J 快捷键相同，只不过是从后往前查找）
Shift+Ctrl+F4	关闭所有打开的 Editor
Shift+Ctrl+X	把当前选中的文本全部变为大写
Shift+Ctrl+Y	把当前选中的文本全部变为小写
Shift+Ctrl+P	定位到与之成对匹配的括号“{”或“)”（从前面定位到后面时，光标要在匹配符里面；从后面定位到前面时，则反之）
Shift+Ctrl+S	保存所有未保存的文件
Shift+Ctrl+Enter	在当前行插入空行

表 B.3　Alt 快捷键

快　捷　键	功 能 说 明
Alt+/	代码助手完成一些代码的插入，自动显示提示信息
Alt+↓	当前行和下面一行交互位置
Alt+↑	当前行和上面一行交互位置
Alt+←	上一个编辑的页面
Alt+→	下一个编辑的页面
Alt+Enter	显示当前选择资源（工程 or 文件）的属性

表 B.4　Ctrl（Shift）+Alt 快捷键

快　捷　键	功 能 说 明
Ctrl+Alt+↓	复制当前行到下一行（复制增加）
Ctrl+Alt+↑	复制当前行到上一行（复制增加）
Shift+Alt+R	重命名
Shift+Alt+M	抽取方法
Shift+Alt+C	修改函数结构（当有 N 个函数调用了某一方法，修改可一次搞定）
Shift+Alt+L	抽取本地变量
Shift+Alt+F	把 class 中的 local 变量变为 field 变量
Shift+Alt+I	合并变量
Shift+Alt+V	移动函数和变量
Shift+Alt+Z	撤销重构
Shift+Alt +O	当单击某个标记时（或单击工具栏中的 Toggle Mark Occurrences 按钮），可使本页面中其他地方的此标记以黄色凸显，并且窗口的右边框会出现白色的方块，当单击此方块会跳到此标记处
Shift+Enter	在当前行的下一行插入空行（这时鼠标可以在当前行的任一位置，不一定是在最后处）

表 B.5　功能快捷键

快　捷　键	功 能 说 明
F2	当鼠标放在一个标记处出现 Tooltip 时，按 F2 键能使鼠标移开时 Tooltip 还会显示（即 Show Tooltip Description）
F3	快速定位光标位置到某个类、方法和属性
F4	显示类的继承关系，并打开类继承视图
F5	当程序执行到某方法时，按 F5 键可跟踪到方法中
F6	单步执行程序
F7	执行完某方法，返回到调用此方法的后一条语句处
F8	继续执行，到下一个断点或程序结束处